现代分析化学实验

（第二版）

主编　周明达

编委　向　娟　邓飞跃　文　莉
　　　郭方道　宋　鸽　钱　频

中南大学出版社
www.csupress.com.cn

·长沙·

图书在版编目(CIP)数据

现代分析化学实验 / 周明达主编. —长沙：中南大学出版社，2014.10(2025.1 重印)

ISBN 978 – 7 – 5487 – 1199 – 5

Ⅰ. ①现… Ⅱ. ①周… Ⅲ. ①分析化学－化学实验－高等学校－教材 Ⅳ. ①O652.1

中国版本图书馆 CIP 数据核字(2014)第 222987 号

现代分析化学实验
XIANDAI FENXI HUAXUE SHIYAN

周明达　主编

□出 版 人	林绵优	
□责任编辑	刘　辉	
□责任印制	唐　曦	
□出版发行	中南大学出版社	
	社址：长沙市麓山南路	邮编：410083
	发行科电话：0731 – 88876770	传真：0731 – 88710482
□印　　装	长沙超峰印刷有限公司	

□开　　本	710 mm×1000 mm 1/16	□印张 21.5	□字数 547 千字	
□版　　次	2014 年 10 月第 1 版	□印次 2025 年 1 月第 2 次印刷		
□书　　号	ISBN 978 – 7 – 5487 – 1199 – 5			
□定　　价	58.00 元			

前　言

　　《现代分析化学实验》一本投入教学使用两年来，受到广大师生的欢迎，也发现一些问题。第二版作了如下修改：

　　(1)分析化学实验基础知识方面加大了分析数据处理的内容，删去了计量保证一节。

　　(2)根据基础分析化学实验的教学实际，取消了设计性实验项目和 X 射线荧光分析的内容。

　　(3)将毛细管电泳调整到色谱分析中，使学科体系更趋合理。

　　(4)调整了部分实验项目的实验内容，使各项目的实验量更趋均衡、饱满。

　　(5)实验项目沿袭了第一版的体例，但对各项内容都作了修订，更正了文字上的错误。

　　本书由周明达主编，具体编写分工是：周明达编写第 1 章、第 2 章中的基础知识部分以及附录，文莉、钱频编写第 2 章中的实验项目部分，宋鸽编写第 3 章中的分子光谱分析部分，邓飞跃编写第 3 章中的原子光谱分析部分，向娟编写第 4 章，郭方道编写第 5 章，唐爱东提供了第 5 章中"苯二酚异构体电迁移行为研究"实验项目。研究生王倩、张芳芳参加了校对。

　　本书的修订得到中南大学化学化工学院卢红梅副院长的支持，参考的大量教材、书籍均以参考文献列出，对其作者一并致谢。书中仍然存在的问题，欢迎使用者指正。

编　者

2014 年 8 月

目　　录

第1章　分析化学实验基础知识

1.1　分析化学实验课的目的和要求

1.1.1　分析化学实验课的目的

分析化学实验是相关专业的重要基础课程之一，它与分析化学理论课教学紧密结合，相辅相成。由于分析化学实验涉及知识的综合性、实验内容的完整性、实验方案的周密性、对结果要求的准确性、操作技术的精密性等特点，在高素质专业人才的培养中起着不可替代的重要作用。

通过本课程的学习，可以加深对分析化学基础理论的理解，正确并熟练地掌握分析化学实验基本操作，学习分析化学实验的基本知识，提高观察、分析和解决问题的能力，培养实事求是的科学态度和认真细致的工作作风，为学习后续课程打下坚实的基础。

通过本课程的学习，可以深入地了解对同一试样化学组成的研究可以有多种不同的分析方法，同一分析方法可以研究不同试样中的同一成分，而相同的分析方法其条件不同时可以得到不同的现象和结果，因而可激发学生进行创造性的思维，从而培养创新精神，提高实践能力，为将来从事科学研究打下良好的基础。

学生学习分析化学实验课应达到以下目的：

（1）加深对分析化学基础理论的理解，加深"实践出真知"的认识，克服重理论轻实践的倾向。

（2）学习分析化学实验的基本知识，严格树立准确"量"的概念，养成良好的实验习惯、严谨的科学态度和实事求是的工作作风。

（3）正确熟练地掌握分析化学实验的基本操作，提高观察、分析和解决问题的实际动手能力。

（4）学会独立自主地利用前人的工作成果，设计新的实验方案，培养创新意识和独立工作能力。

1.1.2 分析化学实验课的要求

为达上述目的，要求学生做到：

（1）课前必须认真预习，理解实验方案（弄清各种试剂的作用是什么、加入量的依据是什么，加入顺序能否变动等问题），熟悉实验步骤和注意事项，查好有关数据。对于仪器分析实验，要登录《中南大学分析仪器仿真系统》（http：//chembase. csu. edu. cn：8080/yqfz/），学习分析方法的基本原理、仪器结构及其主要部件的工作原理，熟悉仪器的操作方法和程序，完成相应的仿真实验。

（2）掌握基本操作是本课程的重要任务之一，也是课程考核的重要方面。要认真观看基本操作电视教学片（http：//chembase. its. csu. edu. cn/html/about/about－29. html）和教师的操作示范，学会正确、规范、文明的操作技术，所谓文明的操作是指身体放松，动作协调，姿势优雅。实验过程中要着意训练，不断提高技能，达到熟练、自然的程度。

（3）保持实验室安静，保持实验台面清洁，仪器摆放整齐有序。爱护实验仪器，了解实验室安全常识。严格按照操作规程进行实验，仔细观察，及时如实地将实验现象和数据记录在《分析化学实验原始数据记录卡》上，并运用所学理论知识解释。仪器分析实验中，未经教师允许不得随意改变操作参数，更不得更换、拆卸仪器的零部件。

（4）实验结束时，要做好复原工作，即要使仪器、实验台面和实验室恢复到原来的状态。仪器要罩好防尘罩，如发现仪器工作不正常，要做好记录并及时报告，由教师及实验人员进行处理。

（5）认真撰定实验报告，做到格式正确、叙述清楚、书写工整、页面整洁，对于实验中出现的问题进行深入讨论。

1.1.3 分析化学实验报告的撰写

实验报告应包含如下内容：标题、实验目的、方法原理、仪器和试剂、操作步骤、数据处理、问题讨论、思考题等。各项的具体撰写要求简述如下。

（1）标题：即实验项目的题目。

（2）实验目的：教材的实验项目中有此项内容，可以用自己的语言改写。

（3）方法原理：要求叙述既要完整，又要简练。要叙述清楚采用该方法测定的理由、方法的原理、条件控制的理由、结果计算公式等。要尽量使用化学语言。

（4）仪器和试剂：结合具体实验情况列出主要的仪器和试剂。

（5）操作步骤：写出具体的实际操作步骤。

（6）数据处理：表格或图形表达数据信息比文字更简洁明了，因此数据处理要求表格化或图形化。化学分析实验一般采用表格的形式，即以表格的形式给出测定数据、计算结果和对结果的评价三部分内容。表 1－1 给出一个以 $0.1000\ mol \cdot L^{-1}$ NaOH 标准溶液测定 HCl 样品溶液的数据处理示例。

表 1－1　HCl 溶液测定结果

序号	V_{HCl} (mL)	V_{NaOH} (mL)	c_{NaOH} (mol·L^{-1})	c_{HCl} (mol·L^{-1})	$\bar{c}_{HCl}$ (mol·L^{-1})	s (mol·L^{-1})	RSD (%)	μ (mol·L^{-1})
1	25.00	22.32		0.1122				
2	25.00	22.30	0.1000	0.1121	0.1121	0.0001	0.09	0.1121 ± 0.0003
3	25.00	22.28		0.1120				

表格一定要有表号、表题。表号、表题在表的上方居中。

表头列出数据所属项目及其单位，表内不能出现单位。各项目的先后顺序与用文字叙述的逻辑关系一致，如表 1－1 中，第一列是实验序号，第二~四列是测定数据，第五、六列是计算结果，第七~九列是对结果的评价。

表格一律采用三线表，隐去其余线条，但填写数据时要注意上下左右对齐。

表格线条要画得均匀流畅，不能有结点。因此一定要用尺子比着画表，各列的宽度要适当。

有的仪器分析实验，数据需用图的形式表达。图形表达的优点是简明，直观，可以将多条曲线同时描绘在同一图上，便于比较。在绘图时，坐标轴的分度要与仪器的精度一致，以便于从图形上读取任一点的数据。通常横轴代表可严格控制或实验误差较小的自变量，如标准溶液的浓度或含量；纵轴代表因变量如仪器响应值。图要有图号和图名，图号和图名在图的下方居中。

（7）问题讨论：问题讨论的内容和深度是考查学生实验收获的重要方面。讨论的内容可以是对实验方案的见解、对实验结果及原因的分析或者是本次实验的收获体会感想等。

（8）思考题：每个实验项目都给出了与该实验内容有关的思考题，带教教师也可能结合学生实际给出新的思考题，这些题目都是督促学生通过深入学习需要掌握的知识，因此要求学生在实验报告上作答。

实验报告撰写的整体要求是：工整、整洁。所谓工整，就是字迹不能潦草，无论你的书法水平如何，都要认真工整地书写。所谓整洁，是指整篇报告没有污损、绉褶；没有严重的涂改痕迹；有合适的字距、行距、空格、空行。

1.2　定量分析过程及分析结果的表示

1.2.1　定量分析的过程

定量分析化学的任务是测定样品中某化学成分真实值的估计值。化学定量分析一般是间接测量，即被测量 Y 是由若干个其他量 X_i 按某给定的函数关系式 $Y = f(X_1, X_2, \cdots, X_n)$ 得出，其中 Y 称为输出量，X_i 称为输入量。它们的估计值 y 与 x_i 之间也同样有 $y = f(x_1, x_2, \cdots, x_n)$。如用邻苯二甲酸氢钾（KHP）标准物质标定氢氧化钠的浓度，数学模型为：

$$c_{\text{NaOH}} = \frac{1000 m_{\text{KHP}}}{M_{\text{KHP}} V_{\text{NaOH}}}$$

通过测定 m_{KHP}，M_{KHP}，V_{NaOH}，由上式计算得出 c_{NaOH}。

定量分析的过程通常包括以下几个步骤：

（1）取样。分析时必须从研究对象的总体中取出有代表性的样本。不同的物质、物质的不同状态其取样方法各不相同，一般是从总体中取出大量的试样，经过多次缩分获得少量的具有代表性的分析试样。若所取试样的组成没有代表性，则分析测定结果是毫无意义的。

（2）试样的储存与制备。在处理和保存试样的过程中，应防止试样被污染、吸附、分解、变质等。要根据不同物质、物质的不同状态及理化特征等选择合适的处理方法和保存条件。对于固体试样，一般须处理成溶液后测定，因此，必须选择合适的试样分解方法，将欲测组分转化成溶液之后再进行测定。

（3）消除干扰。试样中若有干扰被测组分测定的其他组分存在，通常先考虑用掩蔽的方法消除其干扰，如果达不到消除干扰的效果，则必须采用适当的分离方法将干扰组分除去。

（4）选择分析方案和测定。根据被测组分的性质、含量和对分析结果准确度的要求及共存组分的情况，选择合适的分析方案和测定仪器，精心组织分析测定过程。

（5）分析结果的表达。根据分析测定方案的测量模型，由测得的输入量的有效数据及试样量，计算试样中被测组分的含量，并进行适当的统计处理，对分析结果进行合理的评价。

1.2.2 待测组分含量的表示

试样的形态不同,其分析结果的表示方法不一样。

(1)固体试样。最常用的表示方法是质量分数,即被测组分的质量 m_B 与试样质量 m_s 之比。通常情况下采用百分含量表示。

$$w_B\% = \frac{m_B}{m_s} \times 100$$

(2)液体试样。因试样的密度通常是未知的,故液体试样的分析结果最常用的表示方法是质量浓度,即被测组分的质量 m_B 与试样体积 V_s 之比,通常情况下,被测组分的质量以 g 为单位,而试样体积以 L 为单位。

$$\rho_B = \frac{m_B}{V_s}$$

(3)气体试样。气体试样分析结果的表示方法与液体试样的表示方法基本相同,有所区分的是被测组分的质量以 g 为单位,而试样体积用 dm^3 为单位。

$$\rho_B = \frac{m_B}{V_s}$$

在某些情况下,也用体积分数表示。

报告分析结果必须给出三个基本参数:平均值、标准偏差和测定次数。有了这三个参数,就可以对测定量值进行溯源,估计测定值与真实值的近似程度和不确定度。分析测试的目的是要获得测定量真值的近似值及估计近似的程度,为此应报告平均值的置信区间

$$\mu = \bar{x} \pm t_{\alpha,\nu} s_{\bar{x}}$$

如不声明,显著性水平取 0.05。

必须指出,"测量结果"的定义是由测量所得到的赋予被测量的值。作为测量结果的完整表述应包含不确定度。有关不确定度的评定与表示,实验教学不作要求。

1.2.3 有效数字

有效数字的位数表示了数据数值的大小,也表征了数据的准确度,比如,四位有效数字对应的相对误差为千分之一。因此,测定中数据的记录和运算过程中数字位数的保留,要特别重视有效数字位数,否则就改变了测定的准确度。记录测量数据时必须有一位、并且只能有一位估计值。运算中要按科学的规则对计算结果进行数值修约,得到合适位数的修约值。

国家标准《数值修约规则与极限值的表示和判定》（GB/T 8170—2008）规定的规则是：首先确定修约值的位数，再按"四舍六入五留双"的规则对数值进行进舍。对负数进行修约时，先将其绝对值按"四舍六入五留双"的规则进行修约，然后在所得修约值前面加上负号。对拟修约数值应在确定修约位数后一次性修约获得结果，不得多次按"四舍六入五留双"的规则进行连续修约。

加减运算的结果修约到参与运算的数据中小数位数最少的小数位数。

平均值应与测定值有相同的单位和小数位数。偏差是由测定值与平均值相减得到的，因此，偏差、平均偏差、标准偏差与平均值不仅有相同的单位，还应修约到相同的小数位数。平均值的置信区间是由平均值加减置信限得到的，置信限也要修约到与平均值有相同的小数位数，但对置信限进行数值修约时应采用只进不舍的原则。因为即使舍去的数值再小，都提高了估计的精度，显然是不合理的。

乘除运算的结果修约到与参与运算的数据中有效数字位数最少的数据相同位数。为避免过多的舍入误差，计算过程中可多保留一位有效数字进行运算，最后将结果修约到应该保留的位数。

相对误差、相对偏差、相对标准偏差是表征误差或偏差大小的指标，不必严格精确，因此，虽然它们是由乘除运算得到，但只保留一位最多两位有效数字，修约时也是只进不舍。

对于含有加减乘除的混合运算，运算顺序是先加减，后乘除，各步运算结果的有效数字位数按相应规则保留。

1.2.4　分析化学中的数据处理

1.2.4.1　化学分析中的数据处理

化学定量分析中的数据处理主要是对平行测定数据列的统计处理，数据处理通常包括下述四个步骤。

（1）将平行测定的数据按从小到大顺序进行排列，用合适的可疑值判定方法检验有无离群值，并将离群值舍弃。

离群值指样本中离其他观测值较远的一个或几个观测值，暗示它们可能来自不同的总体。国家标准《数据的统计处理和解释　正态样本离群值的判断和处理》（GB/T 4883—2008）规定：离群值按显著性的程度分为歧离值和统计离群值。歧离值是指在指定的检出水平下显著，而在指定的剔除水平下不显著的离群值，统计离群值是在剔除水平下统计检验为显著的离群值。除非根据本标准达成协议的各方另有协议约定，检出水平 α 值应为 0.05，剔除水平 α^* 值应为 0.01。在未知总体标准差且限定检出离群值的个数不超过 1，当 n 较小的情形下，使用格拉布斯(Grubbs)检验法和狄克逊(Dixon)检验法，可根据实际要求选定其中一种检验法[①]。对于检出的离群值，处理方式有四种：①保留离群值并用于后续数据处理。②在找到实际原因时修正离群值，否则予以保留。③剔除离群值，不追加观测值。④剔除离群值，并追加新的观测值或用适宜的插补值代替。

格拉布斯检验法需要计算样本标准差，本教材为计算简单起见，采用狄克逊检验法判断离群值，并对检出的离群值采取第三种方式处理。

单侧狄克逊检验的统计量与临界值如表 1-2。狄克逊检验法的步骤是：将测得的 n 个数据按从小到大的顺序排列；按表中公式计算出高端离群值的 D_n 和低端离群值的 D'_n；与选定显著性水平下的临界值比较，若 $D_n < D_{\alpha, n}$ 或 $D'_n < D_{\alpha, n}$，判定为非离群值，若 $D_n > D_{\alpha, n}$ 或 $D'_n > D_{\alpha, n}$，则判定相应的数据为离群值。

表 1-2 单侧狄克逊(Dixon)检验的统计量与临界值表

n	统计量	α			
		0.10	0.05	0.01	0.005
3		0.885	0.941	0.988	0.994
4		0.679	0.765	0.889	0.920
5	$\gamma_{10} = \dfrac{x_n - x_{n-1}}{x_n - x_1}$ 或 $\gamma'_{10} = \dfrac{x_2 - x_1}{x_n - x_1}$	0.557	0.642	0.782	0.823
6		0.484	0.562	0.698	0.744
7		0.434	0.507	0.637	0.680
8		0.479	0.554	0.681	0.723
9	$\gamma_{11} = \dfrac{x_n - x_{n-1}}{x_n - x_2}$ 或 $\gamma'_{11} = \dfrac{x_2 - x_1}{x_{n-1} - x_1}$	0.441	0.512	0.653	0.676
10		0.410	0.477	0.597	0.638
11		0.517	0.575	0.674	0.707
12	$\gamma_{21} = \dfrac{x_n - x_{n-2}}{x_n - x_2}$ 或 $\gamma'_{21} = \dfrac{x_3 - x_1}{x_{n-1} - x_1}$	0.490	0.546	0.642	0.675
13		0.467	0.521	0.617	0.649

---

① 在该标准的资料性附录 B"选择离群值判断方法和处理规则的指南"中指出，在未知总体标准差且限定检出离群值的个数不超过 1，当 n 较小的情形下，格拉布斯检验法具有判定离群值的功效最优性，而狄克逊检验法正确判定离群值的功效与格拉布斯检验法相差甚微，建议使用格拉布斯检验法。但限定要检出离群值个数大于 1 时，狄克逊检验法又优于格拉布斯检验法。

（2）根据测定方法依据的数学模型，用剔除离群值后的各平行测定数据分别计算出结果 x_i，并求出被测量的估计值即算术平均值 $\bar{x}$：

$$\bar{x} = \frac{x_1 + x_2 + \cdots + x_n}{n}$$

（3）计算测定结果的标准偏差 s 和/或相对标准偏差 RSD：

$$s = \sqrt{\frac{\sum\limits_{i=1}^{n}(x_i - \bar{x})^2}{n-1}} \qquad RSD\% = \frac{s}{\bar{x}} \times 100$$

（4）求出一定置信度下被测量的置信区间：

$$\mu = \bar{x} \pm t_{\alpha,\nu}\frac{s}{\sqrt{n}}$$

$t_{\alpha,\nu}$ 值由表 1-3 查得，如不声明，显著性水平 α 取 0.05。

表 1-3　 t 值表（双边）

$\nu = n-1$	1	2	3	4	5	6	7	8	9	10
$\alpha = 0.05$	12.71	4.30	3.18	2.78	2.57	2.45	2.37	2.31	2.26	2.23
$\alpha = 0.01$	63.66	9.93	5.84	4.60	4.03	3.71	3.50	3.36	3.25	3.17

1.2.4.2　仪器分析中的数据处理

绝大多数仪器分析方法都是相对测量，一般采用校准曲线法定量。如光度分析中，先测定欲测组分系列浓度标准溶液的吸光度，制作校准曲线，再由测得的样品溶液的吸光度，由校准曲线读出待测组分的浓度值。值得注意的是，由于读图有随机误差，因此，要由同一样品溶液几次测定的吸光度分别读出浓度，再计算浓度平均值，而不能由几次测定的吸光度平均值读出浓度的平均值。

校准曲线的制作有手工绘图法和计算机软件作图法。

手工绘图时，采用目测配线绘制校准曲线。作图要使用坐标纸，坐标轴的分度要与使用的测量仪器的精度一致，以便于从图形上读取任一点的数据为原则。x 轴代表可严格控制的或实验误差较小的自变量如浓度或含量，y 轴代表因变量如仪器的响应值。先将各组数据在坐标纸上描点，再进行配线。配线时要遵循两条原则：①使所配线两边的点数分布尽可能相等；②各点与所配直线纵坐标差值的绝对值和最小。此即最小二乘法原理。配线只能在试验数据区间内,不能延长。

　　显然,目测配线法作出的校准曲线本身有误差,使测出的量值结果不准,并且不能估计测定结果的置信区间或不确定度。准确的方法是进行线性回归,得出仪器响应值 y 与被测量值 x 的回归方程 $y = a + bx$,以此作出校准曲线(图1-1),再由测得的样品溶液的仪器响应值由回归方程反算被测量值,或从回归曲线上读取被测量值。

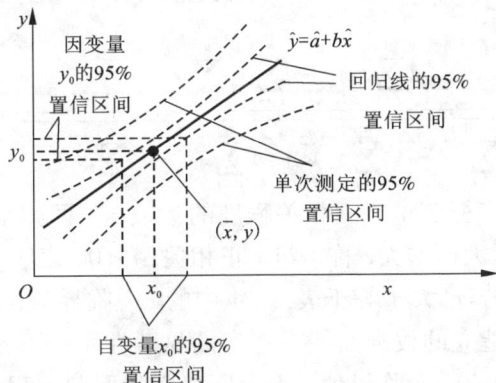

图1-1　校准曲线及其置信区间

　　用回归分析法拟合回归方程的原理仍然是最小二乘法,其斜率 b(又称回归系数)和截距 a 的估计值分别由(1)、(2)式求出。

$$\hat{b} = \frac{n \sum\limits_{i=1}^{n} x_i y_i - \sum\limits_{i=1}^{n} x_i \sum\limits_{i=1}^{n} y_i}{n \sum\limits_{i=1}^{n} x_i^2 - \left(\sum\limits_{i=1}^{n} x_i \right)^2} \tag{1}$$

$$\hat{a} = \bar{y} - \hat{b}\bar{x} \tag{2}$$

于是,可求得回归方程

$$\hat{y} = \hat{a} + \hat{b}x$$

　　$\hat{y}$ 称 y 的回归值,$\hat{a}$ 为回归直线截距 a 的估计值,与系统误差的大小有关,$\hat{b}$ 为回归直线斜率 b 的估计值,与测定方法的灵敏度有关。

　　当 $x = \bar{x}$ 时,$\hat{y} = a + b\bar{x} = (\bar{y} - b\bar{x}) + b\bar{x} = \bar{y}$,表明回归直线通过 $(\bar{x}, \bar{y})$ 点。

　　所拟合的回归方程及建立的曲线在统计上是否有意义,可用相关系数 r 进行检验。

$$r = \frac{\sum_{i=1}^{n}(x_i - \bar{x})(y_i - \bar{y})}{\sqrt{\sum_{i=1}^{n}(x_i - \bar{x})^2 \sum_{i=1}^{n}(y_i - \bar{y})^2}}$$

$$= \hat{b}\sqrt{\frac{\sum_{i=1}^{n}(x_i - \bar{x})^2}{\sum_{i=1}^{n}(y_i - \bar{y})^2}}$$

$$= \frac{n\sum_{i=1}^{n}x_i y_i - \sum_{i=1}^{n}x_i \sum_{i=1}^{n}y_i}{\sqrt{\left[n\sum_{i=1}^{n}y_i^2 - \left(\sum_{i=1}^{n}y_i\right)^2\right]\left[n\sum_{i=1}^{n}x_i^2 - \left(\sum_{i=1}^{n}x_i\right)^2\right]}} \tag{3}$$

相关系数 r 是表征变量之间相关程度的参数,与回归系数有相同的符号,$r>0$,表明 y 随 x 增大而增大,称 y 与 x 正相关;$r<0$,表明 y 随 x 增大而减小,称 y 与 x 负相关。若 $|r|$ 大于等于表 1-4 中的 $r_{\alpha,\nu}$ 临界值,表示所建立的回归方程和按回归方程建立的校准曲线在选定的显著性水平下是有意义的,反之,若 $|r|$ 小于表 1-4 中的 $r_{\alpha,\nu}$ 临界值,表示所建立的回归方程和按回归方程建立的校正曲线选定的显著性水平没有意义。$|r| \leqslant 1$,$|r|$ 越大,表示变量之间的相关性越密切。

一元线性回归分析中,由于通过 n 组数据拟合出了 $\hat{a}$、$\hat{b}$ 两个参数,对这 n 个点就有两个约束,所以计算标准偏差的自由度 $\nu = n - 2$。

表 1-4　相关系数临界值 $r_{\alpha,\nu}$ 表

$\nu = n-2$	1	2	3	4	5	6	7	8	9	10
$\alpha = 0.10$	0.988	0.900	0.805	0.729	0.669	0.622	0.582	0.549	0.521	0.497
$\alpha = 0.05$	0.997	0.950	0.878	0.811	0.755	0.707	0.666	0.632	0.602	0.576
$\alpha = 0.01$	0.9998	0.990	0.959	0.917	0.875	0.834	0.798	0.765	0.735	0.708

由于仪器响应值是具有概率分布的随机变量,即使测定同一量值,仪器各次测定的响应值也并不完全相同,那么,按实验点画出的校准曲线并不是一条线,而是以按回归方程建立的校准曲线为中心,在其上、下具有一定分布宽度的带。这个带的宽度即为回归曲线的置信区间,置信限为 $t_{\alpha,\nu} \times s_E$,其中 s_E 为

校准曲线的标准偏差，它表征所建立的校准曲线的精密度。S_E 按(4)式计算。

$$s_E = \sqrt{\frac{\sum\limits_{i=1}^{n}(y_i - \hat{y}_i)^2}{n-2}} = \sqrt{\frac{\sum\limits_{i=1}^{n}(y_i - \bar{y})^2 - \hat{b}^2 \sum\limits_{i=1}^{n}(x_i - \bar{x})^2}{n-2}} \tag{4}$$

　　如果只给出一条校准曲线，不给出其精密度或置信区间，就无法判断异常的实验点(即落在置信区间之外的点)、测定结果的精密度、置信区间及对测定结果进行溯源。严格地说，不给出置信区间的校准曲线是没有意义和用处的。

　　测得样品的仪器响应值 y_0 后，按(5)式反估 x_0 的量值。

$$x_0 = \frac{y_0 - \hat{a}}{\hat{b}} \tag{5}$$

　　要注意的是，当建立校准曲线时，依据的是仪器响应值 y 对被测量值 x 的相关关系 $y = f(x)$，而用仪器响应值 y_0 反估测定量值 x_0 时，依据的是相关关系 $y = f(y)$，通常 $y = f(x)$ 与 $y = f(y)$ 是不重合的。由回归方程或回归曲线求得的被测量值 x_0 的标准偏差 s_x 按(6)式计算。

$$s_x = \frac{s_y}{\hat{b}} \sqrt{\frac{1}{m} + \frac{1}{n} + \frac{(\bar{y}_0 - \bar{y})^2}{\hat{b}^2 \sum\limits_{i=1}^{n}(x_i - \bar{x})^2}} \tag{6}$$

式中，$\hat{b}$ 为回归曲线的斜率，$\bar{y}_0$ 为样品测定的仪器响应值(如吸光度)的平均值，m 为对被测试样进行重复测定的次数，n 为建立校准曲线的总点数，如五个实验点，每个实验点重复测定三次，$n = 5 \times 3 = 15$。如果只对样品测定一次，则(6)式退化为

$$s_x = \frac{s_y}{\hat{b}} \sqrt{1 + \frac{1}{n} + \frac{(y_0 - \bar{y})^2}{\hat{b}^2 \sum\limits_{i=1}^{n}(x_i - \bar{x})^2}} \tag{7}$$

　　因此，根据回归方程求得的被测量值 x_0 的置信区间为

$$x_0 = \frac{y_0 - \hat{a}}{\hat{b}} \pm t_{\alpha,\nu} \cdot s_x \tag{8}$$

　　从(6)式可见，若要减小 x 的置信限，可采取以下措施，①增加校准点数 n，既可以减小 $1/n$，又可以增大自由度，减小 t 值，但增加工作量，一般 n 为6、7较好。②增加 y_0 的测定次数，即为 m 次测定的均值；③控制合适的样品溶液浓度，使测定信号值接近 $\bar{y}$ 即回归线的重心，从而使第三项趋于0，当测定信号越接近回归曲线的重心，所得结果的误差越小。

　　样品的基体效应对组分测定的影响大时，可采用标准加入法克服。通常的

方法是绘出校准曲线,如图 1-2,将其外推至 $y=0$ 的 x 轴处, x 轴上的负截距即为样品中待测组分的量。

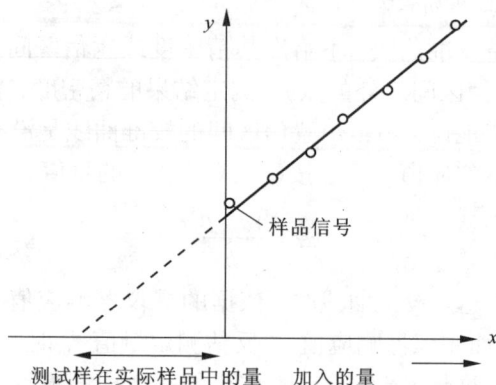

图 1-2　标准加入法示意图

采用作图法,直接由图读出 x_0。如果采用线性回归的方法,先求得回归方程 $\hat{y}=\hat{a}+\hat{b}x$,再令 $\hat{y}=0$,由(9)式计算出 x_0。

$$x_0 = \frac{\hat{a}}{\hat{b}} \tag{9}$$

由于 $\hat{a}$、$\hat{b}$ 均有误差,所以计算值 x_0 也必然包含误差。与校准曲线法的线性回归不同, x_0 的计算并不是由单一的 y_0 值而来,所以用于外推 x_0 值的标准偏差公式为

$$s_{x_E} = \frac{s_y}{\hat{b}} \sqrt{\frac{1}{n} + \frac{\overline{y}^2}{\hat{b}^2 \sum_{i=1}^{n}(x_i - \overline{x})^2}} \tag{10}$$

同样,增大 n,可提高测定精度,一般情况下,标准加入法至少应该有 6 个点,另外,可以增大加入量 x_i 的范围。

x_0 的置信区间为

$$x_0 = \frac{\hat{a}}{\hat{b}} \pm t_{\alpha,\nu} s_{x_E} \tag{11}$$

1.2.4.3　仪器分析中趋势图的绘制

趋势图是表示测量值随变化量变化趋势的图,如光度分析中吸光度随显色剂用量变化的情况。绘制趋势图时仍然遵循最小二乘法原理,将测量数据在坐

标纸上描点，连线时要连接成光滑的曲线，而不能连接成折线。

绘制曲线图可用曲线尺，曲线板。用曲板绘制曲线时，要先用铅笔手工描绘出初步的曲线，然后用曲线板在手描曲线基础上，描出清晰光滑的曲线。描好的关键在于不要一次描完曲线板与手描曲线重合部分，每次只描半段或 2/3 段。绘制曲线的技术性较强，要多加实践和体会，才能作图正确。

欲求曲线的斜率，可作曲线的切线，作切线有多种方法，下面介绍镜面法。将镜子放在曲线的切点上，转动镜子，直到镜前曲线与镜中曲线成一平滑的曲线时，如图 1 - 3 所示，沿镜子边沿作曲线的法线，再用三角板在切点上作法线的垂线，即得曲线在该点的切线。

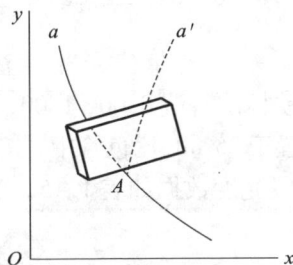

图 1 - 3 　镜面法求曲线上的斜率

除了使用坐标纸进行曲线图绘制之外，也可用采用 Microsoft Excel 或 Orgin Pro 等软件对实验数据进行回归分析和作图。

1.2.4.4 分析化学中的数据处理示例

例 1 　用 $0.1000\ mol \cdot L^{-1}$ 的 HCl 标准溶液，以甲基橙作指示剂标定 NaOH 溶液的浓度。每次取 25.00 mL NaOH 溶液，平行测定 6 次，消耗 HCl 标准溶液的体积(mL)按从小到大顺序排列如下，求 NaOH 溶液的浓度。

$$26.05 \qquad 26.08 \qquad 26.10 \qquad 26.12 \qquad 26.13 \qquad 26.25$$

解：
$$D_6 = \gamma_{10} = \frac{26.25 - 26.05}{26.25 - 26.05} = \frac{0.12}{0.20} = 0.60$$

$$D_6' = \gamma_{10}' = \frac{26.08 - 26.05}{26.25 - 26.05} = \frac{0.03}{0.20} = 0.15$$

由表 1 - 2 查得临界值 $D_{0.05, 6} = 0.562$，$D_6' < D_{0.05, 6}$，$D_6 > D_{0.05, 6}$，故 23.25 剔除(本例以 $\alpha = 0.05$ 为剔除水平)。其余数据未检出离群值。

按 $c_{NaOH} = \dfrac{c_{HCl} V_{HCl}}{V_{NaOH}}$ 计算其余 5 次测定的 NaOH 溶液的浓度分别为：

$$0.10408 \qquad 0.10424 \qquad 0.10432 \qquad 0.10436 \qquad 0.10440$$

$$\bar{c}_{NaOH} = \frac{0.10408 + 0.10424 + 0.10432 + 0.10436 + 0.10440}{5} = 0.1043\ mol \cdot L^{-1}$$

$$s = \sqrt{\frac{(-0.0002)^2 + (-0.0001)^2 + (0.0000)^2 + (0.0001)^2 + (0.0001)^2}{5 - 1}}$$

$$= 0.0002 \text{ mol} \cdot \text{L}^{-1}$$

由表 1-3 查得 $t_{0.05,4} = 2.78$，因此，NaOH 溶液浓度在 95% 置信度下的置信区间为：

$$\mu = 0.1043 \pm 2.78 \frac{0.0002}{\sqrt{5}} = (0.1043 \pm 0.0003) \text{ mol} \cdot \text{L}^{-1}$$

例2　邻二氮菲分光光度法测定试液中的铁含量。取浓度为 15.00 $\mu g \cdot mL^{-1}$ 铁标准溶液 0.00，1.00，2.00，3.00，4.00，5.00 mL 和试液 5.00 mL 3 份分别置于 25 mL 比色管中，按操作程序显色，测定。各显色溶液中铁浓度和对应的吸光度数据如表 1-5，采用校准曲线法分析试液中铁的浓度。

表 1-5　测试液中铁浓度和相应的吸光度值

比色管号	1	2	3	4	5	6	7	8	9
ρ_{Fe} 浓度 $\mu g \cdot (25\ mL)^{-1}$	0.000	15.00	30.00	45.00	60.00	75.00		试液	
A	0.000	0.157	0.290	0.444	0.582	0.743	0.465	0.468	0.462

解：由各标准溶液浓度和对应的吸光度值作校准曲线如图 1-4。

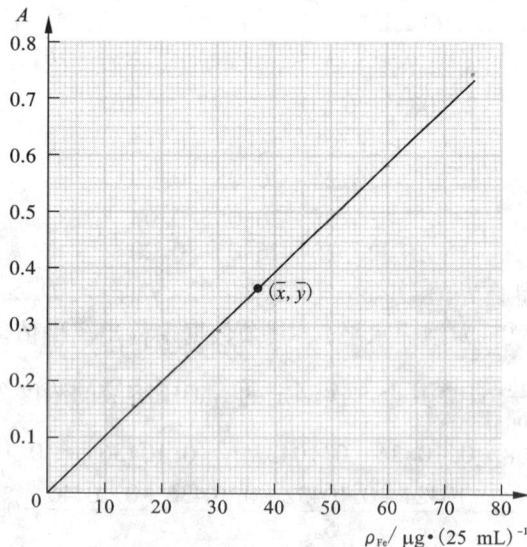

图 1-4　校准曲线

根据显色溶液的吸光度值由校准曲线图分别读出浓度为：47. 5、47. 8、47. 7 μg · (25 mL) $^{-1}$。

显色溶液中铁平均浓度为　　　$\bar{\rho}_{Fe} = \dfrac{47.5 + 47.8 + 47.7}{3} = 47.7$ μg · (25 mL) $^{-1}$

铁试液中铁浓度为　　　$\rho_{Fe} = \dfrac{47.7}{5.00} = 9.53$ μg · mL $^{-1}$

例 3　用线性回归的方法处理例 2 的数据，另外两个试液测定的吸光度分别为 0. 208，0. 210，0. 214 和 0. 712，0. 715，0. 718。

解：求出回归分析所需数据如表 1 - 6。

表 1 - 6　显色液中铁测定回归分析计算表

序号	x_i	y_i	x_i^2	y_i^2	$x_i \cdot y_i$	$(x_i - \bar{x})^2$	$(y_i - \bar{y})^2$
1	0.00	0.000	0.0000	0.0000	0.0000	1406.25	0.13640
2	15.00	0.157	225.0	0.02465	2.355	506.25	0.04508
3	30.00	0.290	900.0	0.0841	8.700	56.25	0.00629
4	45.00	0.444	2025	0.1971	19.98	56.25	0.00558
5	60.00	0.582	3600	0.3387	34.92	506.25	0.04523
6	75.00	0.743	5625	0.5520	55.73	1406.25	0.13963
Σ	225.00	2.216	12375	1.1966	121.68	3937.50	0.37821
平均值	37.50	0.3693					

由表中数据计算得

$$\hat{b} = \dfrac{n \sum\limits_{i=1}^{n} x_i y_i - \sum\limits_{i=1}^{n} x_i \sum\limits_{i=1}^{n} y_i}{n \sum\limits_{i=1}^{n} x_i^2 - \left(\sum\limits x_i \right)^2} = \dfrac{6 \times 121.68 - 225.00 \times 2.216}{6 \times 12375 - 225.00^2} = 0.009798$$

$$\hat{a} = \bar{y} - b\bar{x} = 0.3693 - 0.009798 \times 37.50 = 0.3693 - 0.3674 = -0.0019$$

回归方程为

$$A = -0.0019 + 0.009798 \rho_{Fe}$$

$$r = \frac{n\sum\limits_{i=1}^{n} x_i y_i - \sum\limits_{i=1}^{n} x_i \sum\limits_{i=1}^{n} y_i}{\sqrt{\left[n\sum\limits_{i=1}^{n} x_i^2 - \left(\sum\limits_{i=1}^{n} x_i\right)^2\right]\left[n\sum\limits_{i=1}^{n} y_i^2 - \left(\sum\limits_{i=1}^{n} y_i\right)^2\right]}}$$

$$= \frac{6 \times 121.68 - 225.00 \times 2.216}{\sqrt{(6 \times 12375 - 225.00^2)(6 \times 1.19655 - 2.216^2)}} = 0.9999$$

查表 1 - 4，$r_{0.05,4} = 0.811$，$r > r_{0.05,4}$，校准曲线具有良好线性关系。

试样显色溶液三次测定吸光度的平均值为

$$\overline{A} = \frac{0.465 + 0.468 + 0.462}{3} = 0.465$$

显色溶液中铁浓度为

$$\rho_{Fe} = \frac{0.465 - 0.0019}{0.009798} = 47.26 \ \mu g \cdot (25 \ mL)^{-1}$$

回归曲线的标准偏差为

$$s_E = \sqrt{\frac{\sum\limits_{i=1}^{n}(y_i - \bar{y})^2 - \hat{b}^2 \sum\limits_{i=1}^{n}(x_i - \bar{x})^2}{n - 2}}$$

$$= \sqrt{\frac{0.37821 - 0.009798^2 \times 3937.5}{6 - 2}} = 0.0071$$

$$s_x = \frac{s_E}{\hat{b}}\sqrt{\frac{1}{m} + \frac{1}{n} + \frac{(y_0 - \bar{y})^2}{\hat{b}^2 \sum\limits_{i=1}^{n}(x_i - \bar{x})^2}}$$

$$= \frac{0.0071}{0.009798}\sqrt{\frac{1}{3} + \frac{1}{6} + \frac{(0.465 - 0.36933)^2}{0.009798^2 \times 3937.5}} = 0.53$$

显色溶液中铁浓度的置信区间为

$$\rho_{Fe} = 47.26 \pm 2.78 \times 0.53 = (47.26 \pm 1.48) \ \mu g \cdot (25 \ mL)^{-1}$$

试液中铁浓度的置信区间为

$$\rho_{Fe} = \frac{47.26 \pm 1.48}{5.00} = (9.45 \pm 0.30) \ \mu g \cdot mL^{-1}$$

另两份试样显色溶液的吸光度平均值分别为 0.211，0.715。同样的方法求得试样中铁浓度的置信区间分别为 $(4.27 \pm 0.31) \mu g \cdot mL^{-1}$ 和 (14.55 ± 0.37) $\mu g \cdot mL^{-1}$。

对应于吸光度平均值 0.465 的置信限最小，其原因是它最靠近校准曲线的重心(37.50, 0.369)。

例4　废液中银的浓度由原子吸收光谱标准加入法测定，其结果如表1-7，用线性回归的方法处理分析结果。

表1-7　原子吸收光谱法测定废液中银的数据

加入银 ($\mu g \cdot mL^{-1}$)	0.0	5.0	10.0	15.0	20.0	25.0	30.0
A	0.320	0.410	0.521	0.601	0.700	0.770	0.892

解：由公式求得　　　$\hat{a} = 0.3218$，　　　$\hat{b} = 0.0186$，

回归方程为　　　　$A = 0.3218 + 0.0186\rho_{Ag^+}$

令 $A = 0$，由回归方程计算得

$$\rho_{Ag^+} = \frac{0.3218}{0.0186} = 17.3 \ \mu g \cdot mL^{-1}$$

求得　　　$\bar{y} = 0.6014$，$s_E = 0.01094$，$\sum_{i=1}^{7} (x_i - \bar{x})^2 = 700.00$

$$s_{x_E} = \frac{s_y}{\hat{b}} \sqrt{\frac{1}{n} + \frac{\bar{y}^2}{\hat{b}^2 \sum_{i=1}^{n} (x_i - \bar{x})^2}} = \frac{0.01094}{0.0186} \sqrt{\frac{1}{7} + \frac{0.6014^2}{0.0186^2 \times 700.00}} = 0.749$$

查表得 $t_{5, 0.05} = 2.57$，废液中银浓度的置信区间为

$$\rho_{Ag^+} = 17.3 \pm 2.57 \times 0.749 = (17.3 \pm 1.9) \ \mu g \cdot mL^{-1}$$

1.3　实验室安全规则

在分析化学实验中，要使用水、电或其他燃料等，大量使用易碎的玻璃仪器和一些精密的分析仪器，经常使用腐蚀性、易燃、易爆炸的或有毒的化学试剂。为了保障人身安全，爱护国家财产及保证实验的正常进行，实验时必须十分重视安全工作，严格遵守实验室的安全规则。

（1）实验室内严禁饮食、吸烟，严禁一切化学试剂入口。实验完毕，必须洗手。水、电、燃气使用完毕后，应立即关闭。离开实验室前，应仔细检查水、电、燃气、门、窗是否均已关好。

（2）严禁用潮湿的手开启电器设备、电源开关和电闸，不得使用漏电的电器设备和仪器，不得随意移动和拨弄实验室内其他非实验用的仪器与设备。

（3）严禁在实验室加热腐蚀性的浓酸、浓碱（如 HNO_3、H_2SO_4、HCl、$HClO_4$、氨水、过氧化氢、溴水等），使用时应在通风橱内进行操作，尽可能戴上橡皮手套和防护眼镜，切勿溅在皮肤和衣服上，如不小心溅在皮肤和衣服上，应立即用大量水冲洗，然后用5%碳酸氢钠（对于酸腐蚀）或用5%硼酸溶液（对于碱腐蚀）冲洗，最后用蒸馏水冲洗。

（4）严禁用火焰或电炉直接加热易燃易爆的有机溶剂（如 CCl_4、乙醚、苯、丙酮、三氯甲烷等），而应在水浴上加热。使用这些溶剂时应远离火焰和热源，存放时，应将瓶塞塞紧，放在阴凉通风处。

（5）严禁将汞盐、砷化物、氰化物等剧毒物品或含有此类物品的溶液直接倒入下水道或废液缸中，一定要经转化成无毒后（如氰化物与碱性亚铁盐溶液转化为亚铁氰化铁）才能作废液处理。使用时也要格外小心，尤其不能让氰化物与酸接触，否则会生成剧毒的 HCN！

（6）严禁热、浓的 $HClO_4$ 与有机物质接触，用 $HClO_4$ 处理含有机物的试样时，应先用浓硝酸将有机物破坏后，再加入 $HClO_4$ 处理，以免 $HClO_4$ 与有机物作用引起燃烧或爆炸，造成事故。

（7）严禁将易爆炸类药品（如高氯酸、高氯酸盐、过氧化氢及高压气体等）与易挥发易燃药品（如乙醚、二硫化碳、苯、酒精、油等低沸点物质）一起存放，亦不得将它们存放在热源附近。

（8）严禁对着自己或他人开启易挥发试剂、冒烟的浓酸浓碱试剂的瓶塞。夏天，开启此类试剂瓶时，应先将它们在冷水中冷却后，再开启。

（9）使用高压气体钢瓶时，要严格按操作规程进行操作。如在原子吸收光谱实验室中所使用的各种火焰，其点燃与熄灭的原则是：先开助燃气，再开燃气；先关燃气，再关助燃气。乙炔、氢气钢瓶应存放在远离明火、通风良好、温度低于35℃的地方。钢瓶在更换前仍应保持一部分压力。

（10）实验过程中若发生意外，应根据具体情况及时处理。如烫伤，可在烫伤处抹上黄色的苦味酸溶液或烫伤软膏；少量酒精等可溶于水的物质着火，用大量水扑灭。汽油、乙醚类有机溶剂着火，用沙土扑灭；电器着火，应先断电，再用 CCl_4 灭火器扑灭；无论发生何种事故，均不得惊慌失措，情况紧急时应及时报警和逃离现场。

（11）实验室应保持整齐、干净，不得将固体、玻璃碎片等扔在水槽中，不得将废酸、废碱倒入水槽，以免腐蚀下水道。

1.4　分析实验室用水

1.4.1　分析实验室用水的概念

自来水是将天然水经过初步净化处理制得的，仍然含有以下五类杂质：

(1)电解质。包括带电的胶体粒子，常见的阳离子有 H^+、Na^+、K^+、NH_4^+、Mg^{2+}、Ca^{2+}、Fe^{3+}、Cu^{2+}、Mn^{2+}、Al^{3+} 等；阴离子有 F^-、Cl^-、NO_3^-、HCO_3^-、SO_4^{2-}、PO_4^{3-}、$H_2PO_4^-$、$HSiO_3^-$ 等。测定水的电导率可以反映电解质杂质的含量。

(2)有机物。如有机酸、农药、烃类、醇类和酯类等。

(3)颗粒物。包括泥砂、尘埃、有机物、微生物及胶体颗粒等。

(4)微生物。包括细菌、浮游生物和藻类等。

(5)溶解气体。包括 N_2、O_2、Cl_2、H_2S、CO、CO_2、CH_4 等。

显然，自来水是不能用于分析化学实验的。为此，需要采用适当的方法，不同程度地去掉自来水中的这些杂质，制备能满足分析实验室工作要求的水，这种水称为"分析实验室用水"，通常称为纯水。

1.4.2　分析实验室用水的级别与规格

国家标准《分析实验室用水规格和试验方法》(GB/T 6682—2008)规定了分析实验室用水的级别、规格、制备方法和检验方法。

分析实验室用水目视观察应为无色透明液体，应以饮用水或适当纯度的水来制备。

分析实验室用水共分三个级别：

(1)一级水。用于有严格要求的分析试验，包括对颗粒有要求的试验。如高压液相色谱分析用水。一级水可用二级水经过石英设备蒸馏或离子交换混合床处理后，再经 $0.2~\mu m$ 微孔滤膜过滤来制取。

(2)二级水。用于无机痕量分析等试验，如原子吸收光谱分析用水。二级水可用多次蒸馏或离子交换等方法制取。

(3)三级水。用于一般化学分析试验。三级水可用蒸馏或离子交换等方法制取。

分析实验室用水的规格见表 1-8。

表 1 − 8　分析实验室用水的规格

名　称		一级	二级	三级
pH 范围(25℃)		—	—	5.0 ~ 7.0
电导率(25℃), mS·m^{-1}	≤	0.01	0.10	0.50
可氧化物质(以 O 计), mg·L^{-1}	<	—	0.08	0.4
吸光度(254 nm, 1 cm 光程)	≤	0.001	0.01	—
蒸发残渣(105 ± 2℃), mg·L^{-1}	≤	—	1.0	2.0
可溶性硅(以 SiO$_2$ 计), mg·L^{-1}	<	0.01	0.02	—

　　注：①由于在一级水、二级水的纯度下，难于测定其真实的 pH，因此，对一级水、二级水的 pH 范围不做规定。②由于在一级水的纯度下，难于测定可氧化物质和蒸发残渣，对其限量不做规定。可用其他条件和制备方法来保证一级水的质量。

　　各级纯水在贮存期间，其玷污的主要来源是容器可溶成分的溶解、空气中的二氧化碳和其他杂质的溶入。因此，一级水不可贮存，要在使用前制备，并暂存于石英玻璃容器中。二级水、三级水可适量制备，分别贮存在预先经同级水清洗过的相应容器中。二级水、三级水均用密闭的、专用聚乙烯容器贮存。三级水也可使用密闭的、专用玻璃容器贮存。新容器在使用前需用 20% 盐酸溶液浸泡 2 ~ 3 d，再用待贮存的水反复冲洗。

1.4.3　分析实验室用水的制备方法

1.4.3.1　蒸馏法

（1）蒸馏水。

　　蒸馏法就是利用水的沸点较低，把原水煮沸后令其蒸发，从而与其他杂质分离开来，再冷凝回收的过程。用这种方法得到的水即为蒸馏水。为了去掉一些特殊的杂质，还需采取针对性措施。例如预先加入一些高锰酸钾可除去易氧化物；加入少许磷酸可除去三价铁；加入少许不挥发酸如硫酸，使氨转化成为不挥发的铵盐等。蒸馏水可以满足普通分析实验室或制备试验的用水要求。由于很难排除二氧化碳的溶入，蒸馏水的电导率达不到许多仪器分析实验的要求。

　　按蒸馏次数的不同，蒸馏水可分为一次、二次和多次蒸馏水。原水经过一次蒸馏，虽然不挥发的组分(盐类)残留在容器中被除去，但其他遇热蒸发的组分也会随着蒸馏水的生成而冷凝到蒸馏水的初始馏分中，如酚类、苯化合物，甚至可蒸发的汞等。因此，通常只收集馏分的中间部分，约占 60%。由于玻璃中含有少量能溶于水的组分，要得到更纯的水，必须经过二次或多次蒸馏，并使用石英蒸馏器皿，所得纯水应保存在石英或专用聚乙烯容器内。

实验室中制备蒸馏水，多采用石英管加热的硬质玻璃蒸馏水器，蒸馏时不能用自来水作为原水，因为会产生水垢，最好用去离子水。

（2）石英亚沸蒸馏水。

用现代精密仪器进行痕量元素及微量有机物测定时，需用金属杂质离子含量极低的、纯度更高的石英亚沸蒸馏水。

亚沸水是以蒸馏水为原水，利用热辐射原理，采用全封闭、纯度高、耐高温的石英玻璃仪器，在保持液相低于其沸点的温度下通过热辐射加热液面上水分子使之蒸发(亚沸状态)再冷凝制取的高纯水。石英亚沸蒸馏器可使水蒸气带出的杂质减至极低，又因加热丝封闭在壳体内，既不接触水又不接触空气，整个提纯过程不受环境污染。因而制备的亚沸蒸馏水纯度极高，能大大降低测定空白值，提高方法的灵敏度和准确性。其出水纯度：电导率达 $0.08\ \mu S \cdot cm^{-1}(25\,℃)$，金属离子杂质的单项含量$\leqslant 0.5\ \mu g \cdot L^{-1}$。其缺点是制水量较小，$1 \sim 4\ L \cdot h^{-1}$。相比而言，一般的石英蒸馏器，因沸腾蒸馏，气中夹带水珠，气液分离不完全，致使产品纯度不高；全玻璃蒸馏器，更因玻璃本身所含的污染，产品纯度更差。

1.4.3.2 离子交换法

用离子交换分离等技术去除了呈离子形式的杂质后的纯水，称为去离子水。在离子色谱等精密仪器中配制流动相和样品都要用去离子水，以避免水中所含离子干扰被测离子的分离与检测。

去离子水主要有两种制备方式：

①复床式，即按阳床—阴床—阳床—阴床—混合床的方式连接并生产去离子水；早期多采用这种方式，便于树脂再生。

②混床式(2~5级串联不等)，阴、阳离子交换树脂混床去离子的效果好，但再生不方便。

离子交换法可获得 25℃时最低电导率达 $0.06\ \mu S \cdot cm^{-1}$ 的去离子水，但不能除去非电解质、胶体物质、非离子化的有机物和溶解的空气，树脂本身也会溶解出少量有机物，去离子水存放后还容易引起细菌的繁殖。在一般的化学分析工作中，离子交换法制得的水能够满足要求。

1.4.3.3 膜分离法

（1）电渗析法。

电渗析法是在离子交换技术的基础上发展起来的一种方法，它产生于20世纪50年代，由于其能耗低，常作为离子交换法的前处理步骤。

电渗析装置是利用离子在电场的作用下定向迁移，通过选择透过性的离子交换膜达到除盐目的。阳离子交换膜只允许阳离子通过，阻挡阴离子通过；阴离子交换膜只允许阴离子通过，阻挡阳离子通过。在外加直流电场的作用下，水中的离子作定向迁移，使一部分水中大部分离子迁移到另一部分水中去，从而使一部分水纯化，杂质离子浓缩在另一部分水中。

电渗析法只能除去电解质，且对弱电解质（如硅酸等）去除效率低，因此电渗析法不适于单独制备实验室用水，可以与反渗透法或离子交换法联用。

电渗析器的进水必须进行预处理，水质应符合以下标准：

①浊度：<3 度。

②含铁总量：<0.3 mg·L^{-1}。

③含锰总量：<0.1 mg·L^{-1}。

④色度：<15 度。

⑤耗氧量：<3 mg·L^{-1}（以 KMnO$_4$ 计）。

⑥水温：5～40℃。

⑦污染指数：<7。

电渗析技术发展至今已日趋成熟，具有工艺简单、除盐率高、制水成本低、操作方便、不污染环境等主要优点。

（2）反渗透法。

反渗透法是利用高压泵将水加压通过孔径小至纳米级的反渗透膜（RO膜），颗粒直径大于此孔径的各种离子、分子及颗粒物均被阻于 RO 膜的一侧，透过膜的水即为反渗透水。这样获得的反渗透水，已经将水中的细菌、热源、病毒、悬浊物（粒径>0.1 μm）、胶体、无机盐、重金属离子、氯消毒副产物和其他相对分子质量>500 的有机物等绝大部分杂质去除，产出水的电导率可降至原水电导率的 1/10。

1.4.4　分析实验室用水的检验

表 1-8 中给出的各级实验室用水的规格，也就是要求检验的项目，国家标准《分析实验室用水规格和试验方法》（GB/T 6682—2008）给出的各项指标的检验方法如下。

（1）pH。取 100 mL 水样，按国家标准《化学试剂-pH 测定通则》（GB/T 9724—2007）规定的方法进行测定。

（2）电导率。电导率是衡量水质的一项重要指标，水的电导率越低，表示水中离子越少，水的纯度越高。检验方法是：按电导仪说明书安装调试好仪器。检验一、二级水时，将电导池装在水处理装置流动出水口处，调节水流速，赶净管道及电导池内的气泡，即可进行测量；检验三级水时，取 400 mL 水样于锥形瓶中，插入电导池后即可进行测量。

用于一、二级水测定的电导仪，配备电极常数为 $0.01\sim0.1$ cm^{-1} 的"在线"电导池、测定三级水的电导仪配备电极常数为 $0.1\sim1$ cm^{-1} 的电导池，并具有温度自动补偿功能，使测定时水温控制在 25 ± 1℃。

如电导仪没有温度补偿功能，则应在测定电导率的同时测定水温，再根据下式换算成 25℃时的电导率。

$$K_{25} = k_t (K_t - K_{p \cdot t}) + 0.00548$$

式中：K_{25}——25℃时各级水的电导率（mS·m^{-1}）；

　　　k_t——换算系数；

　　　K_t——t℃时各级水的电导率（mS·m^{-1}）；

　　　$K_{p \cdot t}$——t℃时理论纯水的电导率（mS·m^{-1}）；

　　　0.00548——25℃时理论纯水的电导率（mS·m^{-1}）。

理论纯水的电导率（mS·m^{-1}）和换算系数 k_t 如表 1－9 所示。

表 1－9　理论纯水的电导率和换算系数

t(℃)	$K_{p \cdot t}$(mS·m^{-1})	k_t	t(℃)	$K_{p \cdot t}$(mS·m^{-1})	k_t
10	0.00230	1.4125	26	0.00578	0.9795
12	0.00260	1.3461	28	0.00640	0.9413
14	0.00292	1.2831	30	0.00712	0.9065
16	0.00330	1.2237	32	0.00784	0.8753
18	0.00370	1.1679	34	0.00861	0.8475
20	0.00418	1.0906	36	0.00950	0.8233
22	0.00466	1.0667	38	0.01044	0.8027
24	0.00519	1.0213	40	0.01336	0.7855

（3）可氧化物质。取 1000 mL 二级水样（三级水取 200 mL）于烧杯中，加入 5.0 mL（三级水取 1.0 mL）20% 硫酸溶液，1.00 mL 0.002 mol·L^{-1} KMnO$_4$ 标准滴定溶液，混匀，盖上表面皿，加热至沸并保持 5 min，溶液的粉红色不得消失。

（4）吸光度。将水样分别注入 1 cm 和 2 cm 的吸收池中，于 254 nm 处，以 1 cm 吸收池中水样为参比，测定 2 cm 吸收池中水样的吸光度。

（5）蒸发残渣。量取 1000 mL 二级水样（三级水取 500 mL），将水样分几次加入旋转蒸发器的蒸馏瓶中，在水浴上减压蒸发。待水样最后蒸至约 50 mL

时，停止加热。将此预浓集的水样转移至一个已于 105 ±2℃ 恒重的蒸发皿中，并用 5 ~ 10 mL 水样分 2 ~ 3 次冲洗蒸馏瓶，将洗液和预浓集水样合并于蒸发皿中，在 105 ±2℃ 的电烘箱中干燥至恒重。

（6）可溶性硅。量取 520 mL 一级水（二级水取 270 mL）于铂皿中，在防尘条件下，亚沸蒸发至约 20 mL，停止加热，冷却至室温，加 1.0 mL 50 g·L⁻¹ 钼酸铵溶液，摇匀，放置 5 min 后，加入 1.0 mL 50 g·L⁻¹ 草酸溶液，摇匀，放置 1 min 后，加入 1.0 mL 2 g·L⁻¹ 对甲氨基酚硫酸盐溶液，摇匀。移入比色管中，稀释至 25 mL，摇匀，于 60℃ 水浴中保温 10 min。溶液所呈蓝色不得深于标准比色溶液。

标准比色溶液是取 0.50 mL 0.01 mg·mL⁻¹ 二氧化硅标准溶液，用水稀释至 20 mL 后，与同体积试液同时同样处理制备的。

1.4.5　分析实验室用水的合理选用

分析实验室中的纯水来之不易，也较难于贮存，要根据不同情况选用适当级别的纯水，在保证实验要求的前提下，注意节约用水。

在定量化学分析实验中，主要使用三级水，有时需要将三级水加热煮沸后使用，特殊情况下也使用二级水。仪器分析实验中主要使用二级水，有的实验还需要使用一级水。

1.5　化学试剂

化学试剂的品种繁多，目前国际上没有统一的分类分级标准。国际标准化组织（ISO）近年来陆续颁布了很多化学试剂的国际标准。国际纯粹化学和应用化学联合会（IUPAC）对化学标准物质的分级见表 1 – 10。

表 1 – 10　IUPAC 对化学标准物质的分级

A 级	原子量标准
B 级	和 A 级最接近的基准物质
C 级	含量为 100 ±0.02% 的标准试剂
D 级	含量为 100 ±0.05% 的标准试剂
E 级	以 C 级或 D 级试剂为标准进行的对比测定所得的纯度或相当于这种纯度的试剂，比 D 级的纯度低

我国的化学试剂产品标准有国家标准(GB)、专业(行业)标准(ZB)和企业标准(QB)三级。下面对我国试剂分类分级情况作一说明。

1.5.1　化学试剂的分类分级

一般将化学试剂按其组成和结构可分为无机试剂和有机试剂两大类。按其用途可分为标准试剂、一般(通用)试剂、特效试剂、指示剂、溶剂、仪器分析专用试剂、高纯试剂、有机合成基础试剂、生化试剂、临床试剂、电子工业专用试剂、教学用实验试剂等若干门类。按试剂的纯度和杂质含量划分级别,分为高纯(有的叫超纯、特纯)、光谱纯、分光纯、基准、优级纯、分析纯和化学纯等。

下面只对标准试剂、一般试剂、高纯试剂和专用试剂作简要介绍。

1.5.1.1　标准试剂

标准试剂是衡量其他物质化学量的标准物质。尽管仪器分析广泛应用,但用仪器分析法测得的值大部分是物理量,欲将其转化成化学量就需要标准试剂(物质),可见标准试剂的重要性。

标准试剂和其他试剂相比,其可靠性更高,一般是由保证试剂中选择出来的。但是标准试剂不是高纯试剂,标准试剂要求严格控制主体含量,而高纯试剂要求严格控制其杂质含量。

在我国习惯将滴定分析用的标准试剂和相当于 IUPAC 的 C 级、D 级的 pH 标准试剂称为基准试剂,而将其他的称为标准试剂。基准试剂和标准试剂总称为标准试剂。

标准试剂有许多类,目前国内常用的有下列各类:滴定分析第一基准(固体)、滴定分析工作基准(固体)、滴定分析标准溶液(溶液)、有机元素分析标准(固体)、pH 基准试剂(固体)、pH 标准试剂(固体)、离子选择电极标准(固体)、pH 标准缓冲溶液(溶液)、气相色谱标准(液体、固体)、杂质分析标准溶液(溶液)、光谱分析用标准溶液(溶液)等。

主要的国产标准试剂的种类和用途如表 1–11。

表中与本教材有关类别的标准试剂说明如下。

(1)滴定分析用标准试剂。是化学计量测定的标准,它不仅是化学分析、仪器分析的标准,而且也是决定基准物质的标准值所必不可少的基准试剂。分为两级。

①滴定分析第一基准试剂。含量规格要求在 99.98%～100.02%,其测试由中国计量科学研究院采用准确度高的"库仑法"检测,合格后发给生产滴定分

析用标准试剂的工厂，作为检测滴定分析工作基准的标准，所以这级试剂可以说是标准中的标准，相当于 IUAPE 的 C 级。基准试剂一般不作为商品流通。

②滴定分析工作基准试剂。含量规格要求为：99.95% ~ 100.05%。生产厂以滴定分析第一基准试剂为标准，用准确度高的重量分析法进行测定，供用户配制或标定滴定分析标准溶液用。相当于 IUPAE 的 D 级。工作基准试剂是商品。

表 1 – 11　主要的国产标准试剂的等级及用途

类别(级别)	相当于 IUPAC 的级	主　要　用　途
容量分析第一基准	C	容量分析工作基准试剂的定值
容量分析工作基准	D	容量分析标准溶液的定值
容量分析标准溶液	E	容量分析法测定物质的含量
杂质分析标准溶液		仪器及化学分析中作为微量杂质分析的标准
一级 pH 基准试剂	C	pH 基准试剂的定值和高精密度 pH 计的标准
pH 基准试剂	D	pH 计的校准(定位)
气相色谱分析标准		气相色谱法进行定性和定量分析的标准
农药分析标准		农药分析
临床分析标准溶液		临床化验
热值分析标准		热值分析仪的标定
有机元素分析标准	E	有机物的元素分析

（2）滴定分析用标准溶液。标准溶液是具有一定浓度的溶液，其浓度准确度为 0.1%，用于滴定分析测定物质的含量。标准溶液的浓度是用工作基准试剂标定的，此类试剂相当于 IUPAE 的 E 级。

（3）杂质测定用标准溶液，即仪器分析用标准溶液。是指在单位体积内含有准确数量的元素离子或分子的溶液，它用作微量杂质测定的标准。

（4）pH 基准试剂。用作酸度计的定位标准。分为两级。

①一级 pH 基准试剂。相当于 IUPAE 的 C 级，由中国计量科学研究院委托有关试剂厂生产后，由中国计量研究院检测，合格后发放各试剂厂作为检测 pH 标准试剂的标准。此级试剂用无液接界电池的双氢电极测定 pH，方法的准确度为 ±0.005pH，它通常用作 pH 基准试剂的定值和高精密度 pH 计的校准。

②pH 基准试剂。相当于 IUPAE 的 D 级，各试剂生产厂以一级 pH 基准试剂为标准，用有液接界电池的双氢电极测定 pH，方法的准确度为 ±0.01 pH，它用于 pH 计的校准。

（5）pH 标准缓冲溶液。是一整套标准溶液，其 pH 范围从 1.0 ~ 13.0，其准确度为 ±0.03 pH，可用作比色法测定欲测溶液 pH 的标准和酸碱指示剂变色域的标准溶液，不适合酸度计的校正。

（6）气相色谱标准试剂。简称"色标"，根据使用要求和检测方法，分为两类。

①用填充柱检测的产品。其含量规格各生产厂家不一致，有 99%、99.5%、99.9% 等，用于一般色谱保留值的测定、校正因子的测定、柱极性强弱的测定、分离度和拖尾因子的测定。

②用空心柱检测的产品。主要用于色谱科学研究、较精确的保留时间和校正因子的测定及其他色谱常数的测定。各生产厂采用伊默克标准。

1.5.1.2　一般试剂

一般试剂是实验室最普遍使用的试剂，包括一、二、三级试剂和生化试剂等。指示剂也属于一般试剂。一般试剂的级别、标志和用途列于表 1 – 12，其中的标签颜色由国家标准"化学试剂包装及标志"（GB 15346—94）所规定，该标准还规定基准试剂的标签为浅绿色，生物染色剂为玫红色。

表 1 – 12　一般试剂等级对照表

级别		一级	二级	三级	生化试剂
标志	中文标志	优级纯	分析纯	化学纯	
	符号	GR	AR	CP	BR
	标签颜色	深绿色	金光红色	中蓝色	咖啡色等
应用范围		纯度很高，用于精密科研和定量分析	纯度略低于一级品，用于一般科研和定量分析	纯度低于二级品，用于一般定性分析、工业分析及制备	生物化学分析及化学制备

生化试剂的纯度表示与化学试剂表示有所不同。例如，蛋白质类试剂，经常以含量表示，或以某种方法（如电泳法等）测定的杂质含量来表示。再如酶，以单位时间酶解多少物质来表示其纯度，以酶活力来表示的。

1.5.1.3　高纯试剂

高纯试剂的特点是杂质含量比优级纯或基准试剂都低，其主体含量一般与优级纯试剂相当，而且规定检测的杂质项目比同种优级纯或基准试剂多一至两倍。表1-13列出了优级纯和高纯盐酸的主要指标。

高纯试剂主要用于微量或痕量分析中试样的分解及试液的制备。例如，测定某试样中含量约为0.0001%的痕量铅，若用20 mL优级纯盐酸分解2 g试样，则由盐酸试剂所引入的铅可能达到被测试样铅含量的2倍，在这样高的空白值下进行测定必然会使测定结果很不可靠，如改用高纯盐酸分解试样，就可明显地降低试剂的空白值。

表1-13　优级纯和高纯盐酸的技术指标

成分(%)		优级纯		高　纯			
主体	HCl	36~38		35~38			
杂质最高含量	燃烧残渣（以硫酸盐计）	0.0005	—	硅酸盐（SiO_2）	0.00005	镍(Ni)	0.0000005
	游离氯(Cl_2)	0.00005	0.0002	硼(B)	0.000001	锌(Zn)	0.000003
	硫酸盐(SO_4)	0.0001	0.00005	镁(Mg)	0.000004	银(Ag)	0.00005
	亚硫酸盐(SO_3)	0.0001	—	铝(Al)	0.000003	锑(Sb)	0.000005
	铁(Fe)	0.00001	0.000002	磷(P)	0.00001	铋(Bi)	0.0000005
	铜(Cu)	0.00001	0.0000005	钙(Ca)	0.000005		
	砷(As)	0.000003	0.00000075	钛(Ti)	0.0000005		
	锡(Sn)	0.0001	0.000005	铬(Cr)	0.0000005		
	铅(Pb)	0.00001	0.0000005	锰(Mn)	0.0000005		
	外观	合格	合格	钴(Co)	0.0000005		
标准号		GB622—89		企业 U·P0-002			

1.5.1.4　专用试剂

专用试剂是指具有专门用途的试剂。例如仪器分析专用试剂中有色谱分析标准试剂、色谱载体及固定液、液相色谱填料、薄层分析试剂、紫外及红外光谱纯试剂、核磁共振分析用试剂、光谱纯试剂等。专用试剂与高纯试剂相似之处是不仅主体含量较高，而且杂质含量很低，与高纯试剂的区别在于它在特定的用途中(如发射光谱分析)有干扰的杂质成分只须控制在不至产生明显干扰的限度以内。如"色谱纯"试剂,是指在高灵敏度下即实际在 10^{-10} g 下无杂质峰;"光谱纯"试剂,是以在发射光谱分析中出现的干扰谱线的数目和强度来衡量的,往往含有该试剂各种氧化物,不能认为是化学分析的基准试剂;"放射化学纯"试剂,是以在放射性测定时出现干扰的核辐射强度来衡量的。专用试剂品种繁多,还有生产金属氧化物半导体的"MOS"级试剂、生产光导纤维用的光导纤维试剂等,后两类试剂的杂质含量更低,单项指标为 $10^{-5}\%\sim10^{-7}\%$。

1.5.2 化学试剂的正确选用

化学试剂的价格与其级别和纯度的提高成倍的增加。因此,必须对化学试剂标准有一个明确的认识,做到合理使用化学试剂,既不超规格造成浪费,又不随意降低规格而影响分析结果的准确度。在满足要求的前提下,选用试剂的级别应就低不就高。

化学分析应使用分析纯试剂。滴定分析中的标准溶液,一般应先用分析纯试剂粗略配制,再用工作基准试剂标定。如对分析结果要求不是很高的实验,也可以用优级纯或分析纯试剂直接配制。如果所用标准溶液的量很少,也可用工作基准试剂直接配制标准溶液。仪器分析一般使用优级纯试剂、分析纯试剂或专用试剂,测定痕量成分时应选用高纯试剂,以降低空白值和避免杂质干扰。

很多试剂就其主体成分含量而言,优级纯和分析纯相同或相近,但是杂质含量不同。如果实验对所用试剂的主体含量要求高,则应选用分析纯试剂,如常量化学分析中往往如此。如果对试剂的杂质含量要求高,应选用优级纯试剂。

实际工作中,若遇到级别不明的化学试剂,通常只能作为三级试剂使用,必要时需进行提纯。

1.5.3 化学试剂的取用方法

(1)液体试剂的取用。

①用滴管移取液体试剂时,必须保持滴管垂直,避免倾斜,尤忌倒立,防止液体流入乳胶头内而将试剂弄脏。滴加试剂时,滴管的尖端不可以接触容器内壁,应在被滴加液面的上方将试剂缓缓滴入;也不能将滴管放在原瓶以外的地方,避免被玷污。

②用移液管或吸量管移取试剂时,必须保持管体垂直,插入试剂的液面以下 1~2 cm 处吸取试剂,待试剂超过刻线即可,防止试剂吸入吸耳球;吸取过程中应注意液面的变化,防止"吸空"。试剂转移至另一容器中时,管尖应对着

容器上部内壁，使容器倾斜承接试剂。移液管只能放在架子上，不得随意放置它处，以免玷污。

③用量筒或量杯量取溶液时，应将量筒平放在桌上，右手握住试剂瓶，使试剂标签朝上，瓶口靠在容器壁，缓缓倾出所需液体。

（2）固体试剂的取用。

①固体试剂要用干净的药匙取用。药匙应洗涤干净并用吸水纸擦拭干净，取用试剂后，一定要将试剂瓶盖严并放回原处，药匙亦要洗净擦干放好。

②取一定质量的固体试剂时，可将其放在干净的表面皿或称量纸上，在台秤上称取。要准确称取一定量固体试剂时，可在分析天平上用直接法或差减法称取；具有腐蚀性的固体试剂不得放在纸上称取，更不能直接放在天平上称取；易受潮的固体试剂，只能放在称量瓶中用差减法称取。

1.6　标准物质和标准溶液

1.6.1　标准物质

标准物质（Reference Material，RM）是具有一种或多种足够均匀和已很好确定了特性值，用于校准测量器具、评价测量方法或给材料赋值的材料或物质。

由于化学测量的特殊性，标准的特性量值是储存在标准物质中的。因此，像物理测量中的标准器具一样，标准物质是测定物质成分、结构的有关特性量值的过程中不可缺少的一种计量标准器具。为了保证分析、测试结果准确可靠，并具有公认的可比性，必须使用标准物质校准仪器、标定溶液浓度和评价分析方法。目前我国已有一、二级标准物质一千四百余种。

（1）标准物质的特征。标准物质是由国家最高计量行政部门颁布的一种计量标准，要起到校准仪器或评价测量方法、统一全国量值的作用，它必须具备的特征是：材质均匀、性能稳定、批量生产、准确定值、有标准物质证书。此外，为了消除待测样品与标准样品两者间主体成分性质的差异给测定结果带来的系统误差，某些标准物质的样品还应系列化，以使所选用的标准物质与待测样品的组成或特性相近。例如，分析一磁铁矿样品时，为评价分析方法和考核操作技术，应选用与样品成分相近的磁铁矿标准物质，而不应使用其他种类的铁矿标准物质。

（2）标准物质的分类与级别。我国的标准物质分为 13 类：钢铁、有色金属、建筑材料、核材料、高分子材料、化工产品、地质、环境、临床化学与药品、食品、煤炭石油、工程、物理。

我国的标准物质分为一级和二级两个级别。它们都符合有证标准物质(附有由权威机构发布的文件，提供使用有效程序获得的具有相关不确定度和溯源性的一个或多个特性值。)的定义。一级标准物质采用绝对测量法定值或由多个实验室采用准确可靠的方法协作定值，定值的准确度具有国内最高水平，是统一全国量值的一种重要依据。主要用于研究与评价标准方法、二级标准物质的定值和高精确度测量仪器的校准。二级标准物质通常称为工作标准物质，采用准确可靠的方法或直接与一级标准物质相比较的方法定值，定值的准确度一般高于现场测量准确度的 3～10 倍。主要用于研究与评价现场分析方法、现场实验室的质量保证及不同实验室间的质量保证。通常的分析实验中所用的标准物质都是二级标准物质。

标准物质有固体、液体、气体三种状态。如水硬度标准物质就是液态，其标准物质证书如图 1－5。

国家质量监督检验检疫总局批准
GBW（E）080224

标 准 物 质 证 书

水硬度标准物质
Total Rigidity of Water

样品编号：170061
定值日期：2010年6月

中国计量科学研究院
中国 北京

本溶液标准物质可直接使用，或通过逐级稀释配制成所需浓度的系列工作用标准溶液，用于环境监测及其它水质分析测试中的测量仪器仪表、分析方法确认与评价、测量过程质量控制及技术仲裁与认证评价等。

一、样品制备
本标准物质以高纯碳酸钙、氧化镁、优级纯盐酸和三次纯化水（反渗透、离子交换、石英器蒸馏）为原料，采用重量-容量法配制而成。

三、溯源性及定值方法
本标准物质采用乙二胺四乙酸二钠称量滴定法定值。标准物质的量值可通过选用的 GBW（E）060025 乙二胺四乙酸二钠纯度标准物质溯源到保存于中国计量科学研究院的基准试剂纯度国家基准，并通过使用满足计量学特性要求的测量方法和计量器具，保证标准物质量值的溯源性。

四、特性量值及不确定度

编号	名称	标准值 (mg/L)	相对扩展不确定度 (k=2) (%)	基体
GBW（E）080224	水硬度标准物质	4500 (碳酸钙计)	1:5%	0.2mol/L HCl

四、均匀性检验及稳定性考察
根据国家《一级标准物质》技术规范的要求，用乙二胺四乙酸二钠称量滴定法对该标准溶液随机抽样进行均匀性检验和稳定性考察。结果表明，本标准物质均匀性、稳定性良好。

该标准物质自定值日期起，有效期为 2 年，研制单位将继续跟踪监测该标准物质的稳定性，有效期内如发现量值变化，将及时通知用户。

五、包装、储存及使用
本标准物质以玻璃安瓿封装，每支 20mL，常温避光保存。

使用前应恒温至（20±5）℃，并充分振动以保证均匀。本标准物质打开后一次性使用，使用过程中应严格防止沾污。

声明
1. 本标准物质仅供实验室研究与分析测试工作使用。因用户使用或储存不当所引起的投诉，不予承担责任。
2. 收到后请立即核对品种、数量和包装，相关赔偿仅限于标准物质本身，不涉及其他任何损失。
3. 仅对加盖"中国计量科学研究院标准物质专用章"的完整证书负责，请妥善保管此证书。
4. 如需获得更多与应用有关的信息，请与技术咨询部门联系。

图 1－5　水硬度标准物质证书

（3）化学试剂中的标准物质。化学试剂中属于标准物质的品种并不多。目前我国的化学试剂中只有滴定分析基准试剂和 pH 基准试剂属于标准物质，其产品只有几十种。常用的滴定分析工作基准试剂列于表 1 – 14，通用的 6 种 pH 基准试剂列于表 1 – 15。

表 1 – 14　滴定分析中常用的工作基准试剂

试剂名称	主要用途	使用前的干燥方法	国家标准编号
氯化钠	标定 $AgNO_3$ 溶液	$550 \pm 50℃$ 灼烧至恒重	GB 1253—2007
草酸钠	标定 $KMnO_4$ 溶液	$105 \pm 5℃$ 干燥至恒重	GB 1254—2007
无水碳酸钠	标定 HCl，H_2SO_4 溶液	$270 \sim 300℃$ 干燥至恒重	GB 1255—2007
三氧化二砷	标定 I_2 溶液	H_2SO_4 干燥器中干燥至恒重	GB 1256—2008
邻苯二甲酸氢钾	标定 NaOH、$HClO_4$ 溶液	$105 \sim 110℃$ 干燥至恒重	GB 1257—2007
碘酸钾	标定 $Na_2S_2O_3$ 溶液	$180 \pm 2℃$ 干燥至恒重	GB 1258—2008
重铬酸钾	标定 $Na_2S_2O_3$，Fe_2SO_4 溶液	$120 \pm 2℃$ 干燥至恒重	GB 1259—2007
氧化锌	标定 EDTA 溶液	$800℃$ 灼烧至恒重	GB 1260—2008
乙二胺四乙酸二钠	标定金属离子溶液	硝酸镁饱和溶液恒湿器放置 7 天	GB 12593 – 2007
溴酸钾	标定 $Na_2S_2O_3$ 溶液	$180 \pm 2℃$ 干燥至恒重	GB 12594—2008
硝酸银	标定卤化物及硫氰酯盐溶液	H_2SO_4 干燥器中干燥至恒重	GB 12595—2008
碳酯钙	标定 EDTA 溶液	$110 \pm 2℃$ 干燥至恒重	GB 12596—2008

表 1 – 15　pH 基准试剂

试　剂	规定浓度 $(mol \cdot kg^{-1})$	标准 pH（25℃）	
		一级 pH 基准试剂	pH 基准试剂
四草酸钾	0.05	1.680 ± 0.005	1.68 ± 0.01
酒石酸氢钾	饱和	3.559 ± 0.005	3.56 ± 0.01
邻苯二甲酸氢钾	0.05	4.003 ± 0.005	4.00 ± 0.01
磷酸氢二钠 磷酸二氢钾	0.025 0.025	6.864 ± 0.005	6.86 ± 0.01
四硼酸钠	0.01	9.182 ± 0.005	9.18 ± 0.01
氢氧化钙	饱和	12.460 ± 0.005	12.46 ± 0.01

　　我国规定第一基准试剂（一级标准物质）的主体含量为 99.98% ~ 100.02%，其值采用准确度最高的精确库仑滴定法测定。工作基准试剂（二级标准物质）的主体含量为 99.95% ~ 100.05%，以第一基准试剂为标准，用称量滴定法定值。工作基准试剂是滴定分析实验中常用的计量标准，可使被标定溶液的不确定度在 ±0.2% 以内。

　　分析化学实验中还经常使用一些非试剂类的标准物质，如纯金属、合金、矿物、纯气体或混合气体、药物、标准溶液等。

1.6.2　标准溶液

　　标准溶液是已确定其主体物质浓度或其他特性量值的溶液。分析化学实验中常用的标准溶液主要有三类：滴定分析用标准溶液、仪器分析用标准溶液和 pH 测量用标准溶液。

　　如 1.5.1.1 所述，虽然有滴定分析用标准溶液、杂质测定用标准溶液和 pH 标准缓冲溶液的标准试剂购买，但一般的测试工作中采用自行配制。

1.6.2.1　滴定分析用标准溶液

　　用于测定试样中的主体成分或常量成分。国家标准《化学试剂 - 标准滴定溶液的配制》（GB/T 601—2002）规定了各种滴定用标准溶液的配制方法。主要有两种配制方法，一种是直接配制法，即精密称取一定质量的工作基准试剂或相当纯度的其他物质，用容量瓶稀释成一定体积。另一种间接配制法，先用分析纯试剂配成接近所需浓度的溶液，再用适当的工作基准试剂或其他标准物质进行标定。

　　配制这类标准溶液时要注意如下几点：

　　（1）要选用符合实验要求的纯水，络合滴定和沉淀滴定用的标准溶液对纯水的质量要求较高，一般应高于三级纯水的指标，其他标准溶液通常使用三级纯水。

　　（2）基准试剂要预先按规定的方法进行干燥，经热烘或灼烧进行干燥的试剂，如果是易吸湿的（如 Na_2CO_3、NaCl 等），在放置一周后再使用时应重新进行干燥。

　　（3）当一溶液可用多种标准物质和指示剂进行标定（如 EDTA）时，原则上应使标定的实验条件与测定试样时的条件相同或相近，以避免可能产生的系统误差。使用标准溶液时的室温与标定时若相差 5℃ 以上，应重新标定或根据温差和水溶液的膨胀系数进行浓度校正。

　　（4）标准溶液都应密闭存放，避免阳光直接照射甚至完全避光。长期或频繁使用的标准溶液应装在下口瓶中或有虹吸管的瓶中,进气口应安装过滤管,内填适当的物质,如钠石灰可过滤 CO_2 和酸性气体,干燥剂可过滤水汽。

(5)标准溶液要定期标定。较稳定的标准溶液的标定周期为 1~2 个月,有的标准溶液的标定周期很短,例如 Fe^{3+} 溶液,有的标准溶液甚至要在使用的当天标定,如卡尔·费休试剂。浓度低于 0.02 mol·L^{-1} 的标准溶液不宜长期存放,应在临用前用较高浓度的标准溶液进行定量稀释而得。

1.6.2.2 仪器分析用标准溶液

仪器分析种类很多,各有特点,不同的仪器分析实验对试剂的要求也往往不同。配制仪器分析用的标准溶液可能要用到专用试剂、高纯试剂、纯金属及其他标准物质、优级纯及分析纯试剂等。同种仪器分析方法,当分析对象不同时所用试剂的级别也可能不同。

配制这类标准溶液时一般应注意以下三点:

(1)对纯水的要求都比较高,一般要用 2 级水或 3 级水。电化学分析、原子吸收光谱和高效液相色谱分析等对水质要求最高,通常要将 2 级水再经石英蒸馏器或其他设备进一步提纯。

(2)仪器分析用的标准溶液浓度都比较低,常以 mg·mL^{-1} 或 μg·mL^{-1} 表示。太稀的溶液,浓度易变,不宜存放太长时间,通常配成比使用的浓度高 1~3 个数量级的浓溶液作为贮备液,临用前进行稀释,有时还需对贮备液进行标定。为了保证一定的准确度,稀释倍数高时,应采用逐次稀释的方法。

(3)必须选用合适的容器保存标准溶液,以防止存放过程中由于容器材料溶解可能对标准溶液造成的污染,有些金属离子标准溶液宜在塑料瓶中保存。

1.6.2.3 pH 测量用标准缓冲溶液

pH 测量用标准缓冲溶液是具有准确 pH 的专用缓冲溶液,用于以 pH 计测量溶液的 pH 时对仪器定位,要使用 pH 基准试剂并按《pH 测量用缓冲溶液制备方法》(JB/T 8276—1999)配制。六种标准缓冲溶液的配制方法如下:

(1)四草酸钾标准缓冲溶液。称取 12.71 g 四草酸钾 $KH_3(C_2O_4)_2 \cdot 2H_2O$,溶于无二氧化碳的水,稀释至 1000 mL。此溶液 $KH_3(C_2O_4)_2 \cdot 2H_2O$ 的浓度为 0.05 mol·mL^{-1}。

(2)酒石酸氢钾(饱和)标准缓冲溶液。在 25℃时,用无二氧化碳的水溶解外消旋的酒石酸氢钾($KHC_4H_4O_6$),并剧烈振摇至饱和溶液。

(3)邻苯二甲酸氢钾标准缓冲溶液。称取 10.21 g 于 110℃ 干燥 1 h 的邻苯二甲酸氢钾($C_6H_4CO_2HCO_2K$),溶于无二氧化碳的水,稀释至 1000mL。此溶液 $C_6H_4CO_2HCO_2K$ 的浓度为 0.05 mol·mL^{-1}。

(4)磷酸氢二钠 – 磷酸二氢钾标准缓冲溶液。称取 3.55 g 磷酸氢二钠（Na_2HPO_4）和 3.40 g 磷酸二氢钾（KH_2PO_4），溶于无二氧化碳的水，稀释至 1000 mL。此溶液 Na_2HPO_4 和 KH_2PO_4 的浓度为 0.025 mol·mL^{-1}。磷酸二氢钾和磷酸氢二钠需预先在 120 ± 10℃ 干燥 2 h。

(5)四硼酸钠标准缓冲溶液。称取 3.81 g 四硼酸钠（$Na_2B_4O_7·10H_2O$），溶于无二氧化碳的水，稀释至 1000 mL。存放时应防止空气中二氧化碳进入。此溶液 $Na_2B_4O_7·10H_2O$ 的浓度为 0.01 mol·mL^{-1}。

(6)氢氧化钙(饱和)标准缓冲溶液。在 25℃，用无二氧化碳的水制备氢氧化钙的饱和溶液。氢氧化钙溶液的浓度应在 0.0200 ~ 0.0206 mol·mL^{-1}。存放时应防止空气中二氧化碳进入。一旦出现浑浊，应弃去重新配制。

表 1 – 16 列出了六种 pH 标准缓冲溶液在 0 ~ 40℃ 时的 pH，其准确度为 ± 0.01。

表 1 – 16　pH 标准缓冲溶液在不同温度下的 pH

试剂浓度 （mol·L^{-1}） 　温度(℃) 　　　pH	0	5	10	15	20	25	30	35	40
四草酸钾 0.05	1.67	1.67	1.67	1.67	1.68	1.68	1.69	1.69	1.69
酒石酸氢钾(饱和)	—	—	—	—	—	3.56	3.55	3.55	3.55
邻苯二甲酸氢钾 0.05	4.00	4.00	4.00	4.00	4.00	4.01	4.01	4.02	4.04
磷酸氢二钠 0.025 磷酸二氢钾 0.025	6.98	6.95	6.92	6.90	6.88	6.86	6.85	6.84	6.84
四硼酸钠 0.01	9.46	9.40	9.33	9.27	9.22	9.18	9.14	9.10	9.06
氢氧化钙(饱和)	13.42	12.21	13.00	12.81	12.63	12.45	12.30	12.14	11.98

引自《化学试剂 – pH 值测定通则》（GB/T 9724—2007）。

配制上述 6 种缓冲溶液所用纯水的电导率应不大于 0.2 μS·cm^{-1}。最好使用重蒸水或去离子水。

缓冲溶液一般可保存 2 ~ 3 个月，若发现浑浊、沉淀或者发霉现象，则不能继续使用。

有的 pH 基准试剂有袋装商品，直接将袋内的试剂全部溶解并稀释至规定体积即可使用。

1.7　分析化学实验中玻璃仪器的洗涤

1.7.1　玻璃仪器的洗涤

化学实验特别是分析化学实验使用的玻璃器皿必须洗干净。这里干净的含义是"纯净"，即洗净的玻璃器皿应只有玻璃和水分子。

洗涤的程序是先用合适的洗涤剂洗去器皿上的污渍，再用自来水冲洗掉洗涤剂，然后用实验所用相应级别的纯水洗去残留的自来水。

判断污渍被洗去的标准是用自来水冲洗去洗涤剂后，玻璃器皿的内壁应被水均匀润湿而无水的条纹，且不挂水珠。

烧杯、锥形瓶、量杯等一般玻璃器皿，可用毛刷蘸去污粉或合成洗涤剂充分刷洗器壁上的污渍，然后用自来水冲洗，直到没有微细的白色颗粒状粉末（去污粉中加有白土、细沙等）随水流下、器壁内外不挂水珠为止。

滴定管、移液管、吸量管、容量瓶等玻璃仪器，由于容量准确且形状特殊，不宜用刷子刷洗，通常用铬酸洗液洗涤（污染严重时，可用铬酸洗液浸泡数小时）后用自来水冲洗干净，再用实验所用的相应级别的纯水润洗干净。具体操作见第二章"滴定分析仪器和基本操作技术"的相关部分。仪器分析尤其是微量、痕量分析所用的器皿，通常还要用 1+1 或 1+2 体积比的盐酸或硝酸溶液浸泡，有时还需加热，以除去微量的杂质。

铬酸洗液可以反复使用，用过的洗液应倒回原瓶贮存备用。要注意的是六价铬有致癌作用，对环境污染严重，要尽量减少重铬酸钾向环境的排放，能采取其他方式去除污渍时，要尽量少用或不用铬酸洗液。

1.7.2　常用洗涤液的配制

（1）铬酸洗液的配制。

在台秤上称取 10 g 工业品 $K_2Cr_2O_7$ 或 $Na_2Cr_2O_7$ 置于 400 mL 烧杯中，加入约 20 mL 自来水，加热使之溶解。冷却后，在不断搅拌下慢慢加入 200 mL 热工业硫酸（切不可将水加入硫酸中）。配好的洗液呈深棕色，冷却后，贮存在带磨口塞的小口瓶中密塞备用。使用时要尽量避免将水引入洗液，稀释后会降低去污效果。

有效的铬酸洗液是棕红色液体，并在瓶底有重铬酸钾晶体。当洗液用到颜色变为暗绿色时，表示重铬酸钾已被还原为硫酸铬，此时洗液已失去去污作用，不能继续使用。

铬酸洗液具有很强的氧化性与腐蚀性，使用时切不可溅在皮肤和衣服上。

铬酸洗液可除去通常情况下的污垢，但并非万能，对于像 MnO_2 等污垢就无能为力。

（2）$NaOH - KMnO_4$ 洗涤液。

在台秤上称取 10 g $KMnO_4$ 于 250 mL 烧杯中，加少量水使之溶解，向该溶液中慢慢加入 100 mL 10% NaOH 溶液，混匀后贮存于带橡皮塞的玻璃瓶中备用。

该洗液适用于洗涤油污及有机物，洗涤后在器皿上留下的 $MnO_2 \cdot nH_2O$ 沉淀物，可用 $HCl - NaNO_2$ 混合液洗涤除去。

（3）KOH - 乙醇洗涤液。

用 10% KOH 溶液与 1 + 2 乙醇等体积混合即成。

适合于洗涤油脂或有机物质玷污的器皿。洗涤精密玻璃量器时，不可长时间浸泡，以免腐蚀玻璃，影响量器准确度。

（4）HCl - 乙醇洗涤液。

可用 5% HCl 溶液与 1 + 2 乙醇等体积混合后使用。

适合于洗涤被有色化合物污染的吸收池、比色管、移液管等。洗涤时最好将器皿在此洗液中浸泡一定时间，然后再用水冲洗干净。

玻璃仪器上有的附着物用常见方法难以除掉，这就需要对症下药，根据附着物的化学性质，选取适当的化学试剂进行处理。如仪器内壁附着的 MnO_2 用浓盐酸处理时，就很容易去掉。

第 2 章　化学定量分析法

2.1　重量分析法

2.1.1　概述

重量分析法是重要而经典的分析方法。常用的有挥发法、沉淀重量法、电沉积重量法。沉淀重量法应用最为广泛。它是利用沉淀反应，使待测物质转变成一定的称量形式，测定待测物质含量的方法。

重量分析法直接通过称量得到分析结果，准确度高，相对误差一般为 0.1%~0.2%，是常量分析中准确度最好、精密度较高的方法之一，适用范围广，但操作较繁琐、费时。

对于沉淀重量法，要求其沉淀反应必须定量完成，沉淀的溶解度要小；沉淀的纯度要高；沉淀易于转化成适宜的称量形式。而对于称量形式，则必须有确定的化学组成且与化学式相符；性质要稳定，不受空气中组分的影响；并且具有较大的摩尔质量。只有满足这些对"沉淀形式"和"称量形式"要求的条件下，才能保证沉淀重量法得到令人满意的准确度。

2.1.2　分析天平及其称量操作

分析天平是定量分析中用于称量的精密仪器，分析结果的准确度与称量的准确度密切相关。因此，在开始进行定量分析实验前，必须了解天平称量的原理和天平的结构，并掌握正确的称量方法。

2.1.2.1　分析天平的分类、分级

分析天平种类很多，可按下述方式分类。

（1）按天平的结构分类。

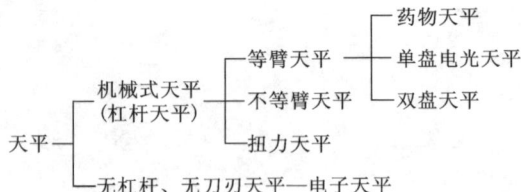

$$
\text{天平}
\begin{cases}
\text{机械式天平} \\
\text{（杠杆天平）}
\begin{cases}
\text{等臂天平}
\begin{cases}
\text{药物天平} \\
\text{单盘电光天平} \\
\text{双盘天平}
\end{cases} \\
\text{不等臂天平} \\
\text{扭力天平}
\end{cases} \\
\text{无杠杆、无刀刃天平——电子天平}
\end{cases}
$$

（2）按天平的准确度分类。

国家标准"机械天平"（GB/T 25107—2010）按天平的检定分度值 e 和检定分度数 n（天平的最大秤量 Max 与检定分度值 e 之比）将机械天平的准确度级别分为特种准确度级①和高准确度级⑪两级。所谓检定分度值是指以质量单位表示的天平用于划分等级和进行计量检定的值。准确度级别与 e、n 的对应关系如表 2 - 1。

表 2 - 1 机械天平的准确度级别与 e、n 的对应关系

准确度级别	检定标尺分度值 e	检定标尺分度数 n		最小秤量
		最小	最大	
特种准确度级①	$e \leqslant 5\ \mu g$	1×10^3	不限制	$100e$
	$10\ \mu g \leqslant e \leqslant 500\ \mu g$	5×10^4		
	$1\ mg \leqslant e$	5×10^4		
高准确度级⑪	$e \leqslant 50\ mg$	1×10^2	1×10^5	$20e$
	$0.1\ g \leqslant e$	5×10^3	1×10^5	$50e$

又按检定分度数 n 细分为 10 个级别，其中①级分为七小级，⑪级分为三小级，见表 2 - 2。

表 2 - 2 机械天平准确度级别的细分

准确度级别	检定标尺分度数 n
①$_1$	$1 \times 10^7 \leqslant n$
①$_2$	$5 \times 10^6 \leqslant n < 1 \times 10^7$
①$_3$	$2 \times 10^6 \leqslant n < 5 \times 10^6$
①$_4$	$1 \times 10^6 \leqslant n < 2 \times 10^6$
①$_5$	$5 \times 10^5 \leqslant n < 1 \times 10^6$
①$_6$	$2 \times 10^5 \leqslant n < 5 \times 10^5$
①$_7$	$1 \times 10^5 \leqslant n < 2 \times 10^5$
⑪$_8$	$5 \times 10^4 \leqslant n < 1 \times 10^5$
⑪$_9$	$2 \times 10^4 \leqslant n < 5 \times 10^5$
⑪$_{10}$	$1 \times 10^4 \leqslant n < 2 \times 10^4$

（3）按分度值大小分类。

按分度值大小分为常量（0.1 mg），半微量（0.01 mg），微量（0.001 mg）等六类。

通常所说的分析天平一般是指最大称量在 200 g 以下，灵敏度高，误差小的天平。

常用分析天平的型号与规格如表 2 - 3 所示。

表 2 - 3　分析天平型号与规格表

种类	产品名称	型号	规格		级别
			最大秤量(g)	分度值(mg)	
双盘天平	全机械加砝电光天平	TG328A	200	0.1	Ⅰ₃
	半机械加砝电光天平	TG328B	200	0.0	Ⅰ₃
	半微量天平	TG332	20	0.01	Ⅰ₃
单盘天平	单盘精密天平	DT - 100	100	0.1	Ⅰ₄
	单盘精密天平	DTG - 160	160	0.1	Ⅰ₄
电子天平	上皿式电子天平	MD110 - 2	110	0.1	Ⅰ₄
	上皿式电子天平	MD110 - 3	200	1	Ⅰ₆

下面仅对广泛使用的半机械加码电光天平和电子天平的原理、结构和使用方法作简单介绍。

2.1.2.2　半机械加码电光天平

半机械加码电光天平是根据杠杆原理制成的，其称量原理如图 2 - 1 所示。天平梁是一等臂杠杆 AOB，O 为支点，A 和 B 为力点。

设被称量的物体质量为 m_1；砝码的质量为 m_2；梁的 OA 臂长为 L_1，OB 臂长为 L_2；重力加速度为 g。将被称量的物体和砝码分别放置在 A，B 两点上，达到平衡时，支点两边的力矩相等，即：

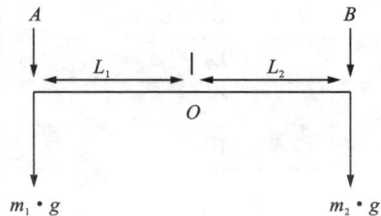

图 2 - 1　等臂天平的原理

$$m_1 g L_1 = m_2 g L_2$$

因等臂天平的 $L_1 = L_2$，所以 $m_1 = m_2$，即被称量物体的质量等于砝码的质量。通常所说用天平称量物体的重量，实际上是测得该物体的质量。

2.1.2.3　半机械加码电光天平的结构

各种类型分析天平的基本结构相似，现以 TG328B 型双盘电光天平为例说明，其结构如图 2 - 2 所示：

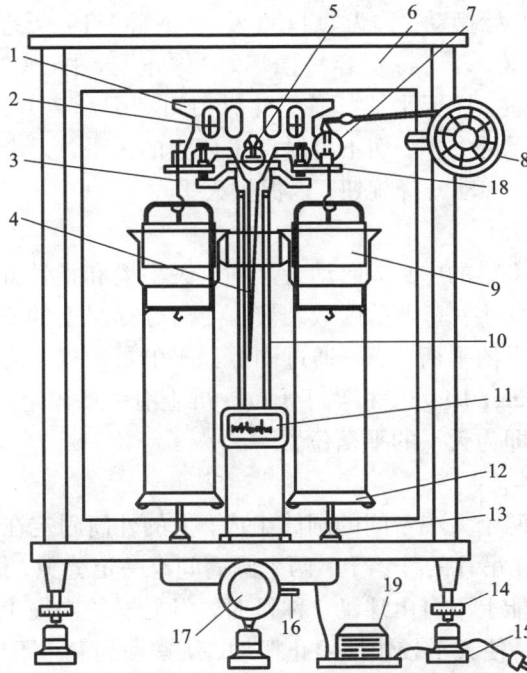

图 2 - 2　TG328B 半自动电光天平结构示意图

1—天平梁；2—平衡螺丝；3—吊耳；4，指针；5—支点刀；6—天平箱；7—圈码；8—指数盘；9—阻尼器；10—天平柱；11—投影屏；12—秤盘；13—盘托；14—水平调节螺丝；15—垫脚；16—微调零拨杆；17—升降旋钮；18—托叶；19—变压器

（1）天平梁。

天平梁是用特殊的铝合金制成的，梁上装有三个三棱柱形的玛瑙刀，中间的为支点刀，刀口向下，由固定在支柱上的玛瑙刀承（即玛瑙平板）所支承。左、右两边各一个承重刀，刀口向上，在刀口上方各悬有一个嵌有玛瑙刀承的吊耳，这三个刀口的棱边应互相平行并在同一平面上，同时要求两承重刀口到

支点刀口的距离(即天平臂长)相等。

三个刀口的锋利程度对天平的灵敏度有很大影响,刀口越锋利,和刀口相接触的刀承越平滑,它们之间的摩擦越小,天平的灵敏度就越高,因此,要保持天平的灵敏度就应注意保护刀口的锋利,尽量减少刀口的磨损。

(2)升降旋钮。

使用天平时,慢慢顺时针方向转动升降旋钮,天平梁微微下降,刀口与刀承互相接触,天平开始摆动,称为"启动"天平(或称"打开天平")。此时,如果天平受到振动或碰撞,刀口特别容易损坏。"休止"天平(或"关闭"天平)时,逆时针转动升降旋钮,把天平梁托住,此时刀口和刀承离开,可以避免磨损。为了减少刀口和刀承的磨损,切不可触动未休止的天平,无论启动或休止天平均应轻轻地、缓慢地转动升降旋钮,以保护天平。

(3)指针和投影屏。

指针固定在天平梁的中央。启动天平时,天平梁和指针开始摆动,指针下端装有微分标尺,通过一套光学读数装置,使微分标尺上的刻度放大,再反射到投影屏上读出天平的平衡位置。通过调节天平的灵敏度,使标尺上的每一分度(格)相当于0.1 mg,10分度相当于1 mg,屏上有一条固定刻线,微分标尺的投影与刻线重合处即为天平的平衡位置。

(4)空气阻尼器。

空气阻尼器由两个大小不同的圆筒组成,大的外筒固定在天平支柱的托架上,小的内筒则挂在吊耳的挂钩上,两个圆筒间有一定缝隙,缝隙要保持均匀,使天平摆动时内筒能上下自由浮动。称量时,阻尼器的内筒上下浮动,由于筒内空气阻尼的作用,使天平较快地停止摆动,从摆动到静止不应大于2个周期,缩短了称量时间。

(5)秤盘。

天平左右两个秤盘挂在吊耳的挂钩上,称量时左盘上放被称量的物体,右盘上放砝码(全机械加码分析天平则相反)。

(6)天平箱。

为了保护天平,防止灰尘、湿气或有毒气体的侵入,并使称量时减少外界的影响,如温度变化、空气流动和人的呼吸等,分析天平都安装在镶有玻璃的天平箱内。天平箱的前面有一个可以向上开启的门,供装配、调整和修理天平时用,称量时不准打开。两侧各有一个玻璃推门,供取、放称量物和砝码用,但是在读取天平的零点、平衡点时,两侧推门必须先关好。

（7）水平泡。

水平泡位于天平立柱上，用来检查天平是否水平。

天平箱下装有三只脚，脚下有脚垫，后面一只固定不动，前面两只装有可以调节高低的升降螺丝，用来调节天平的水平位置。

（8）砝码和环码。

每台天平都附有一盒砝码，天平与砝码是配套的，不能相互调换使用。砝码按一定顺序放在砝码盒内，初学者要注意砝码的组合方法及其在盒内的固定位置，砝码必须用镊子夹取。

砝码的质量单位为克。标称值相同的砝码的质量有微小的差别，作为区别，在其中一个砝码上刻有"·"或"＊"标记。为了尽量减少称量误差，同一试样分析中的几次称量，应尽可能地使用同一个砝码。

环码又称圈码，是用一定质量的金属丝做成的，它们按照一定顺序放在天平梁右侧的加码钩上，称量时用机械加码器来加减环码。当机械加码器上的读数为"000"时，所有的环码都未加到梁上，转动机械加码器内圈或外圈的旋钮，就可以加减砝码的质量，外圈为 100 ~ 900 mg 的组合，内圈为 10 ~ 90 mg 的组合。全自动分析天平，所有砝码都是用机械加码器来加减的。

注意：加减环码时要轻轻地，一挡一挡地转动机械加码器的旋钮。

2.1.2.4　机械天平的计量特性

机械天平的计量特性包括稳定性、正确性、不变性和灵敏性。

（1）稳定性是指天平受到扰动后能自动回到初始平衡位置的能力。

（2）正确性指天平本身系统误差的大小。双盘天平通常用横梁的不等臂性误差表示。

（3）不变性是指在相同条件下，多次称量同一物体所得结果的一致程度，通常用示值重复性衡量。

（4）灵敏性是指天平能觉察出放在秤盘上物体质量改变的能力。通常用分度灵敏度或感量来衡量。

天平的灵敏度是以载重改变 1 mg 引起天平标尺移动的分度（格）数来表示的，单位是分度·mg^{-1}。天平的感量又叫分度值，它是使天平平衡位置在微分标尺上产生一分度变化所需改变载重的毫克数，感量的单位是 mg·分度$^{-1}$。

对于同一台天平，灵敏度与感量互为倒数关系，如 TG328B 型分析天平的灵敏度为 10 分度·mg^{-1}，其感量则为 0.1 mg·分度$^{-1}$。

对于具有阻尼器的微分标尺或数字标尺的机械天平，国家规定的计量性能指标列于表 2 – 4 和表 2 – 5。

表 2 – 4　机械天平的性能指标

级别	示值重复性（分度）	检定标尺分度值误差（分度）			横梁不等臂性误差（分度）	
		空秤误差与全秤量误差		左盘与右盘之差	首次检定	后续检定和使用中检验
		首次检定	后续检定和使用中检验			
$I_1 - II_{10}$	1	空秤　　±1　全秤量　+2/ -1	空秤　　+1/ -2　全秤量　±2	2	±3	±9

引自《机械天平检定规程》（JJG 98—2006）。

表 2 – 5　挂码组合最大允许误差

检定标尺分度值 e（mg）	挂码组合最大允许误差（分度）		
	毫克组	克组	全量
$1 \leqslant e$	±1	±1	±1
$0.2 \leqslant e < 1$	±1	±2	±2
$0.05 \leqslant e < 0.2$	±2	±5	±5
$0.01 \leqslant e < 0.05$	±3	±5	±5
$e < 0.01$	±5	±8	±8

引自《机械天平检定规程》（JJG 98—2006）。

2.1.2.5　天平计量性能检定

新的天平安装或使用一定时间后，都要对其主要计量性能进行检查和调整，检定周期视使用条件和频繁程度而定，一般为半年或一年。

对具有阻尼器的微分标尺和数字标尺的机械天平，《机械天平检定规程》（JJG 98 – 2006）规定的检定项目主要是天平标尺的分度值误差、天平的示值变动性误差、天平的不等臂性误差和机械挂码的组合误差。具体检测方法和步骤如表 2 – 6。

表 2 - 6　双盘天平的检定程序和步骤

观测顺序	秤盘上的载荷		天平读数				平衡位置 I	备　注
	左盘	右盘	i_1	i_2	i_3	i_4		
1	0	0						
2	R	0						
3	P_1	P_2						
4	$P_2(+k)$	$P_1(+k)$						
5	$P_2(+k)+r$	$P_1(+k)$						
6	0	0						
7	0	r						
8	P_1	P_2						
9	P_1	P_2+r						
10	0	0						m_{P1}、$m_{P2}=$
11	P_1(前)	P_2(后)						$m_r{}^*=$
12	0	0						$m_k{}^*=$
13	P_1(后)	P_2(前)						测四角(前、后、
14	0	0						左、右)时，砝
15	P_1(左)	P_2(右)						码放置在距秤盘
16	0	0						中心 $R/3$ 处，R
17	P_1(右)	P_2(左)						为秤盘半径
18	0	0						
19	P_1(前)	P_2(前)						
20	0	0						
21	P_1(后)	P_2(后)						
22	0	0						
23	P_1(左)	P_2(左)						
24	0	0						
25	P_1(右)	P_2(右)						

　　注：当进行天平的首次检定、后续检定和使用中检验及日常流通领域天平产品抽查时，允许天平检定做如下简化处理：1 级～3 级天平的检定按表中 1～17 步进行；4 级～7 级天平的检定按表中 1～13 步进行，8 级～10 级天平的检定按表中 1～11 步进行。

表中 P_1、P_2 相当天平最大秤量的一对等量砝码，k 交换等量砝码之后在较轻的秤盘上所加的标准小砝码，m_r^* 测定天平检定标尺分度值所选用的标准小砝码 r 的折合质量，m_k^* 交换等量砝码之后在较轻的秤盘上所添加的标准小砝码 k 的折合质量。

计算公式如下：

(1)检定标尺分度值及其误差。

①检定标尺分度值。

空秤左盘分度值

$$e_{01} = \frac{m_r^*}{|I_2 - I_1|}$$

空秤右盘分度值

$$e_{02} = \frac{m_r^*}{|I_7 - I_6|}$$

空秤左右盘平均分度值

$$e_0 = \frac{e_{01} + e_{02}}{2}$$

全秤量左盘分度值

$$e_{P1} = \frac{m_r^*}{|I_5 - I_4|}$$

全秤量右盘分度值

$$e_{P2} = \frac{m_r^*}{|I_9 - I_8|}$$

全秤量左右盘平均分度值

$$e_P = \frac{e_{P1} + e_{P2}}{2}$$

②天平的检定标尺分度值误差：

空秤左盘分度值误差

$$\Delta N_{01} = |I_2 - I_1| - \frac{m_r^*}{e_{标}}$$

空秤右盘分度值误差

$$\Delta N_{02} = |I_7 - I_6| - \frac{m_r^*}{e_{标}}$$

全秤量左盘分度值误差

$$\Delta N_{P1} = |I_5 - I_4| - \frac{m_r^*}{e_{标}}$$

全秤量右盘分度值误差

$$\Delta N_{P2} = |I_9 - I_8| - \frac{m_r^*}{e_{标}}$$

式中：$e_{标}$为标称检定标尺分度值。

（2）天平的横梁不等臂性误差（以分度值为单位）。

$$Y = \pm\frac{m_k^*}{2e_P} \pm (\frac{I_3 + I_4}{2} - \frac{I_1 + I_6}{2})$$

若小砝码 k 加在左盘，则 $\frac{m_k^*}{2e_P}$ 项前取正号；加在右盘，取负号。当 I_2 小于 I_1 时，则圆括号前取正号，反之取负号。天平横梁平不等臂性误差的整个数值运算的最终结果为正数时，表示天平的横梁右臂长，结果为负数时，表示天平横梁的左臂长。

（3）天平的示值重复性。

空秤时的示值重复性

$$\Delta_0 = I_0(最大) - I_0(最小)$$

全秤时的示值重复性

$$\Delta_P = I_P(最大) - I_P(最小)$$

2.1.2.6　称量的常用方法

（1）直接称量法。

称物体前，先调节天平零点，将被称量的物体在台称上粗称出质量，然后把物体放在天平左盘中央，在右盘上加上相应质量的砝码，开启天平，平衡时称出的质量就等于物体的质量。这种称量方法适用于洁净干燥的器皿、金属物体等。称量时不得直接用手拿取被称物，可用镊子、纸片等适当方法拿取。

（2）指定质量称量法。

这种方法是为了称取指定质量的试样，要求试样本身不吸水并在空气中性质稳定，如金属、矿石等，其过程如下：

①先按直接称量法称量容器（如表面皿、铝铲）的质量，并记录平衡点。

②如指定称取 0.4000 g 时，在右边秤盘增加 0.4000 g 砝码，在左边秤盘的容器中加入略少于 0.4 g 的试样，然后用牛角匙轻轻振动，使试样慢慢落入容器中（图 2 - 3），直至平衡点与称量容器时的平衡点刚好一致。

这种方法的优点是称量过程简单，结果计算方便，在日常的分析中，广泛采用这种称量方法。

（3）差减称量法。

这种方法称出样品的质量不要求固定数值，只需在要求的范围内即可，适于称取多份易吸水，易氧化或易与CO_2反应的物质。将此类物质盛装在带盖的称量瓶中进行称量，既可防尘和防止吸潮，又便于称量操作，其步骤如下：

①在称量瓶中装适量试样（如果试样曾经烘干，应放在干燥器中冷却至室温），用洁净的小纸条或薄膜条套在称量瓶上拿取，如图2-4。打扫干净瓶身，先放在台秤上粗称其质量，再用上法拿取放在天平左盘中央，按直接称量法准确称其质量，设其为m_1g。

②从天平上减去与要称得试样质量相当（最好是略少）的砝码；用上述拿取称量瓶的方法取出称量瓶，用小纸片包

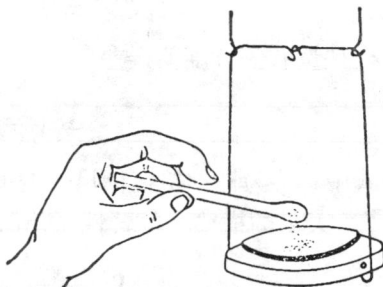

图2-3 指定质量称样

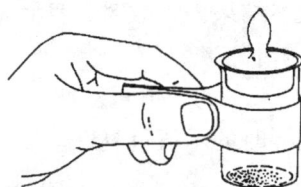

图2-4 称量瓶拿取方法

住盖柄，在盛装试样的容器上方打开瓶盖，将称量瓶口向容器略为倾斜，用称量瓶盖轻轻地敲击瓶身上部，使试样慢慢落入容器中，如图2-5所示。然后慢慢地将瓶竖起，用瓶盖轻敲瓶口上部，使粘在瓶口的试样落入瓶中，盖好瓶盖。再将称量瓶直接放回秤盘(不得放在任何别的地方，以防玷污)上称量。如此重复操作，直到倾出的试样量达到要求为止。

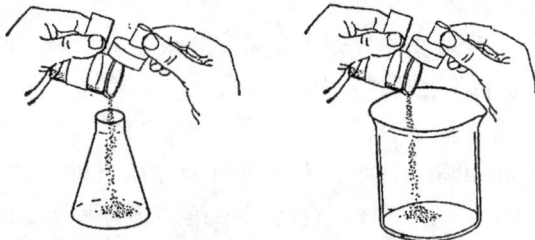

图2-5 从称量瓶敲出试样操作方法

③设第二次称得称量瓶与试样的质量为 m_2 g，则第一份试样的质量为 $(m_1 - m_2)$ g。

④同上操作，逐次称量，即可称出多份试样。

2.1.3　电子天平及其称量操作

应用现代电子控制技术进行称量的天平叫电子天平。各种电子天平的控制方式和电路结构不尽相同，但其称量的依据都是电磁力平衡原理。

2.1.3.1　电子天平的构造原理

根据电磁学知识可知，把通电导线置于磁场中时，导线将产生电磁力，力的方向可以用左手定则判定。当磁场强度不变时，力的大小与流过线圈的电流强度成正比。物质的重力方向向下，如果电磁力的方向向上，与之平衡，则通过导线的电流与被称物质的质量成正比。

电子天平结构示意如图 2 – 6。

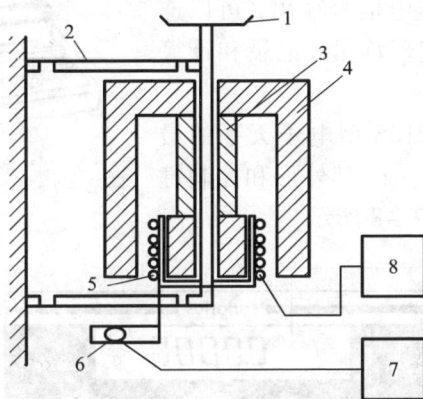

图 2 – 6　电子天平结构示意图

1—秤盘；2—簧片；3—磁铁；4—磁回路体；

5—线圈及线圈绕组；6—位移传感器；7—放大器；8—电流控制电路

秤盘通过支架连杆与线圈相连，线圈置于磁场中。秤盘及被称物体的重力通过连杆支架作用于线圈上，方向向下。线圈内有电流通过，产生一个向上作用的电磁力，与秤盘重力方向相反，大小相等。位移传感器处于预定的中心位置，当秤盘上的物体质量发生变化时，位移传感器检出位移信号，经调节器和放大器改变线圈的电流直至线圈回到中心位置为止。通过数字显示出物体的质量。

电子天平采用电磁平衡原理，没有机械天平的玛瑙刀口和刀承。称量时全量程不用砝码，采用数字显示方式代替指针刻度式显示，在全量程范围内实现净重、单位转换、零件读数、超载显示、故障报警等，使用寿命长，性能稳定，灵敏度高，操作方便。电子天平具有内部校准功能，天平内部装有标准砝码，当人工给出校准指令后，天平自动对校准砝码进行测量，而后微处理器将标准砝码的测量值与存储的理论值(标准值)进行比较，并计算出相应的修正系数，存于计算器中，直至再次进行校准时才可改变。

有的电子天平具有称量范围和读数精度可调的功能，如瑞士梅特勒 AE240 电子天平，在 0～205 g 范围，读数精度为 0.1 mg，在 0～41 g 称量范围内，读数精度为 0.01 mg，可以一机多用。

电子天平具有质量电信号输出，可以连接打印机、计算机，实现称量、记录和计算的自动化。

实验室使用的 BS210S 型电子天平的最大载荷 210 g，感量 0.1mg，其外形和控制键板分别如图 2-7 和图 2-8 所示。

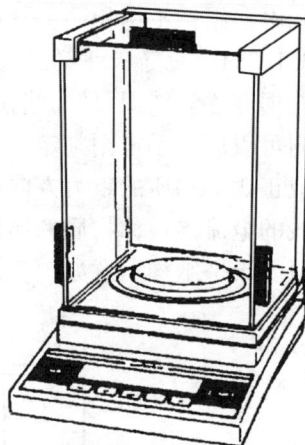

图 2-7 BS210S 型电子天平外形

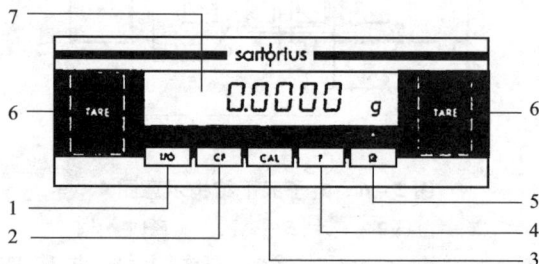

图 2-8 BS210S 型电子天平显示屏及控制板

1—开/关键；2—清除键(CF)；3—校准/调整键(CAL)；4—功能键(F)；
5—打印键；6—除皮/调零键(TARE)；7—质量显示屏

2.1.3.2 电子天平的分类、分级

我国以前对电子天平没有分级，直到 2011 年 5 月 12 日才发布第一个国家标准《电子天平》(GB/T 26497—2011)，并于 2011 年 10 月 1 日实施。该标准将

电子天平按其检定分度值 e 和检定分度数 n 划分成四个准确度级别：特种准确度级①、高准确度级②、中准确度级③和普通准确度级④。准确度级别与 e、n 的对应关系如表 2-7。

表 2-7　电子天平的准确度级别与 e、n 的对应关系

准确度级别	检定分度值 e	检定分度数 n		最小秤量
		最小	最大	
①	$1\ \text{mg} \leqslant e$	5×10^4	不限制	$100d$
②	$1\ \text{mg} \leqslant e \leqslant 50\ \text{mg}$	1×10^2	1×10^5	$20d$
	$0.1\ \text{g} \leqslant e$	5×10^3	1×10^5	$50d$
③	$0.1\ \text{g} \leqslant e \leqslant 2\ \text{g}$	1×10^2	1×10^4	$20d$
	$5\ \text{g} \leqslant e$	5×10^2	1×10^4	$20d$
④	$5\ \text{g} \leqslant e$	1×10^2	1×10^3	$10d$

注：d 为实际分度值，是以质量表示的电子天平相邻两个示值之差。

各级电子天平对应的称量最大允许误差（MPE）如表 2-8。

表 2-8　电子天平的示值误差

最大允许误差（MPE）	载荷 m（以检定分度值 e 表示）			
	①	②	③	④
$\pm 0.5e$	$0 \leqslant m \leqslant 50000$	$0 \leqslant m \leqslant 5000$	$0 \leqslant m \leqslant 500$	$0 \leqslant m \leqslant 50$
$\pm 1.0e$	$50000 < m \leqslant 200000$	$5000 < m \leqslant 20000$	$500 < m \leqslant 2000$	$50 < m \leqslant 200$
$\pm 1.5e$	$200000 < m$	$20000 < m \leqslant 100000$	$2000 < m \leqslant 10000$	$200 < m \leqslant 1000$

2.1.3.3　电子天平的质量检定

电子天平的检定周期一般不超过 1 年。国家计量检定规程《电子天平》（JJG 1036—2008）规定的检定项目有外观检查、偏载误差、重复性和示值误差 4 项。

（1）外观检查。是对电子天平的计量特征（准确度等级、最小称量、最大称量、检定度值、实际分度值）、法制计量管理标记及使用条件和地点是否合适的目测检查。

（2）偏载误差。检查载荷放在秤盘不同位置的示值误差是否满足相应载荷最大允许误差的要求。

按秤盘的表面积，将秤盘划分为四个区域，如图 2 - 9。载荷选择（最大秤量＋最大加法除皮效果）/3 的砝码。优选个数较少的砝码，如果不是单个砝码，允许砝码叠放使用。单个砝码应放置在测量区域的中心位置，若使用多个砝码，应均匀分布在测量区域内。

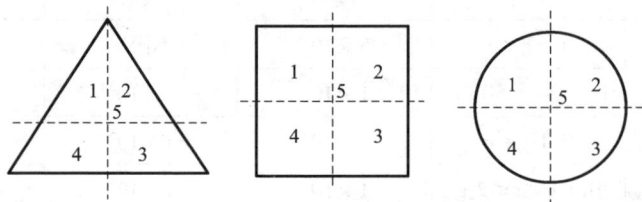

图 2 - 9　秤盘的分区示意图

载荷在秤盘不同位置的示值误差不大于载荷最大允许误差的天平合格。

（3）重复性。检查相同载荷多次测量结果的差值是否不大于该载荷下的最大允许误差的绝对值。

选择 80% ~ 100% 最大秤量的单个砝码，测定次数不少于 6 次，测量中每次加载前可以置零。

$$天平的重复性 = E_{max} - E_{min}$$

式中：E_{max}——加载时天平示值误差的最大值；

　　　E_{min}——加载时天平示值误差的最小值。

$E_{max} - E_{min} \leqslant |MPE|$ 时合格。

（4）示值误差。检定各载荷点的示值误差是否不超过在该载荷时的最大允许误差。

从零载荷开始逐渐往上加载，必须包含空载、最小秤量、最大允许误差转换点（或接近最大允许误差转变点）所对应的载荷、最大秤量 4 个点，直至加到天平的最大秤量，然后逐渐地卸下载荷，直到零载荷为止。

无论加载或卸载，应保证有足够的测定点数，对于首次检定的天平，不得少于 10 个点，对于后续检定或使用中检验的天平，测定点数不得少于 6 个点。

各载荷点的示值误差 E 不超过在该载荷时的最大允许误差 MPE 的天平合格。

2.1.3.4　电子天平的称量操作

操作步骤如下：

（1）检查水平仪，调节天平前面左右两个支脚使其水平。

（2）接通电源，屏幕右上角显示出一个"o"，预热 30 min 以上。

（3）按开/关键，显示屏出现"0.0000 g"，如果显示不正好是"0.0000 g"，则按一下"TARE"键。

（4）将待称物轻轻放在秤盘中央，关上防风门，这时可见显示屏上的数字不断变化，等数字稳定并出现"g"后，即可读数。操作相应的按键可以实现"去皮"、"增重"、"减重"等称量功能。

（5）称量完毕，取下待称物。如果不久还要继续使用天平，可暂不按"开/关"键，天平将自动保持零位，或者按一下"开/关"键，但不拔下电源，让天平处于待命状态，即显示屏上数字消失，左下角出现一个"o"。再称量时，按一下"开/关"键就可使用。如果较长时间不再使用，应拔下电源插头，盖上防尘罩。

（6）电子天平被污染时用浸少量中性洗涤剂的柔软布擦拭，勿用有机溶剂和化纤布。秤盘可清洗，但要充分干燥后再装到天平上。

（7）首次使用电子天平必须校准。将天平移动位置或使用一段时间（30 d 左右）后，应对天平重新校准。方法是：按一下"开/关"键，显示稳定后如不为零，则按一下"TARE"键，稳定地显示"0.0000 g"后，按一下"CAL"键，天平将自动进行校准，屏幕显示出"CAL"，表示校准正在进行中，约 10 s 后，"CAL"消失，屏幕显示出"0.0000 g"，表示校准结束。如果显示不正好为零，可按一下"TARE"键，屏幕显示"0.0000 g"，即可进行称量。为使称量更为精确，亦可随时对天平进行校准。

用电子天平称量的主要特点是快捷，下面介绍几种其常用的称量方法。

（1）差减法　与在机械天平上使用称量瓶称取试样的方法相同。

（2）增量法　将干燥的小容器轻轻放在秤盘中央，待显示数字稳定后按一下"TARE"键扣去皮重并显示零点，然后打开天平门往容器中缓缓加入试样并观察屏幕显示，当达到所需质量时停止加样，关上天平门，数字稳定后即可记录所称试样的净重。

（3）减量法　此法是以天平上的容器内试样的减少值为称量结果。当不干燥的容器不能直接放在秤盘上称量时，为节省时间，可以采用此法。将装有样品的称量瓶轻轻放在秤盘中央，待示值稳定后，按一下"TARE"键使显示为零，然后取出称量瓶向容器中敲出一定量样品，再将称量瓶放在秤盘上称量，所显示的负值即为所敲出样品的质量。如果所示质量达到要求范围，即可记录称量结果。

再按一下"TARE"键，同样操作可称取第二份试样。

2.1.4　重量分析的常用仪器和耗材

（1）滤纸。

分析化学实验中常用的有定量滤纸和定性滤纸两类。按滤水速度不同，又分为快速、中速、慢速三种型号。国家标准《化学分析滤纸》（GB/T 1914—2007）对定性滤纸和定量滤纸的分类、型号、规格尺寸、技术指标、试验方法和产品标志都作了明确规定。滤纸产品按质量分为优等品、一等品和合格品。表2-9列出优等品的主要技术指标。

表2-9　定性、定量滤纸优等品的主要技术指标及规格

项目		快速	中速	慢速
型号	定性滤纸	101	102	103
	定量滤纸	201	202	203
定量*（$g \cdot m^{-2}$）			80 ± 4.0	
分离性能（沉淀物）		氢氧化铁	硫酸铅	硫酸钡（热*）
滤水时间（s）		≤35	35～70	70～140
湿耐破度（mmH₂O）**		130	150	200
灰分（%）	定性滤纸≤		0.11	
	定量滤纸≤		0.009	
水抽提液 pH	定性滤纸≤		6.0～8.0	
	定量滤纸≤		5.0～8.0	
尺寸	定性滤纸 方形纸尺寸（mm）		$600 \times 600, 300 \times 300$	
	定性滤纸 圆形纸直径（mm）		55,70,90,110,125,150,180,230,270	
	定量滤纸 圆形纸直径（mm）		55,70,90,110,125,150,180,230,270	

　*　"热"指在热溶液中；"定量"是造纸工业术语，指每平方米纸的质量。

　**　湿耐破度是湿滤纸单位面积所能承受垂直于纸面均匀增大的最大压强，1 mmH₂O = 9.80665 Pa。

每盒圆形滤纸和每包方形定性滤纸上都标明产品名称、产品标准编号、商标、企业名称、地址、型号、规格、数量、生产日期，还贴有滤速标签。

定量滤纸的特点是灰分很低，一张直径125 mm的定量滤纸，纸的质量约

1 g，灼烧后的灰分质量不到 0.1 mg，小于分析天平的感量，在重量分析中可以忽略，所以通常称无灰滤纸。定量滤纸中其他杂质的含量也比定性滤纸低，但价格比定性滤纸高得多，在实验中应根据需要合理选用滤纸。

在实验室中，为了增加过滤效果，加快过滤速度，往往用滤纸浆过滤，能使过滤速度加快几倍，并且能适应各种不同性质的沉淀，甚至在过滤胶体溶液时，用纸浆过滤也能得到清澈透明的滤液。当过滤被阻时，只要用玻棒除去纤维的上层，就能很容易地恢复至原有状态。纸浆的几种制备方法如下：

①取滤纸片，放入磨口大玻璃瓶中，加水至瓶容积的三分之一，盖好瓶盖，将其强烈振动，滤纸就很快被打成糊状，制成水悬浮体保存备用。

②用浓盐酸处理定量滤纸，时间不超过 2～3 min，然后用水稀释，仔细搅拌使其成纤维状物，过滤，充分洗涤到中性(pH≈7)，如果实验中要求无氯离子时，则要洗到无氯离子，然后制成水悬浮体保存备用。

③将定量滤纸在不断搅拌下加热 1 小时，仔细充分搅拌，把滤纸捣成纤维状物，然后换水，重复进行到水无色为止，使其成悬浮体保存备用。

（2）实验室烧结（多孔）过滤器。

烧结（多孔）过滤器一般是烧结玻璃、石英、陶瓷、金属、塑料等材料的颗粒使之黏结在一起制成滤片，再焊接在有相同或相似膨胀系数的外形材料上制成。分析化学实验中用得最多的是玻璃滤器。

国家标准（GB 11415—89）对烧结（多孔）过滤器的孔径、分级和牌号作了规定，并规定牌号以每级孔径(μm)的上限值前置以字母"P"表示，如表 2-10。

表 2-10　烧结多孔过滤器的分级、牌号及一般用途

牌号	孔径分级（μm）		一般用途
	>	≤	
P1.6		1.6	滤除大肠杆菌及葡萄球菌
P4	1.6	4	滤除极细沉淀及较大杆菌
P10	4	10	滤除细颗粒沉淀
P16	10	16	滤除细颗粒沉淀及收集小分子气体
P40	16	40	滤除较细沉淀及过滤水银
P100	40	100	滤除较粗沉淀及过处理水
P160	100	160	滤除粗沉淀及收集气体
P250	160	250	滤除大颗粒沉淀

　　玻璃滤器是利用玻璃粉末在 600℃
左右下烧结制成的多孔性滤片,再焊接
在相同或相似膨胀系数的玻管上制成。
有各种不同形状的滤器,如坩埚形(砂芯
坩埚)、漏斗形(砂芯漏斗)(如图 2 – 10
所示)、管状形(筒式滤器)等。同一形状
的玻璃滤器还有不同的规格,例如容量、
高度或长度、直径、滤板的牌号等。

　　分析化学实验中常用 P40 和 P16 牌
号的玻璃滤器。如过滤 $KMnO_4$ 溶液时用
P16 牌号、过滤金属汞时用 P40 牌号漏

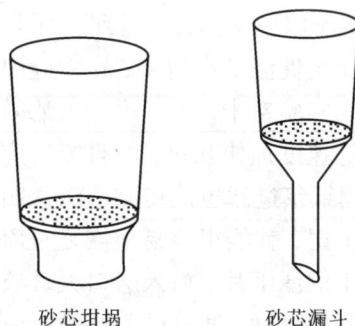

砂芯坩埚　　　　砂芯漏斗

图 2 – 10　玻璃滤器

斗式,过滤 $BaSO_4$ 或 Ni – 丁二酮肟沉淀可选用 P40 坩埚式玻璃滤器。

　　由于滤器的滤片容易吸附沉淀物和杂质,使用后清洗滤器的工作是很重要
的,表 2 – 11 列出某些沉淀物的化学清洗方法。

表 2 – 11　玻璃滤器中某些沉淀物的清洗方法

沉淀物	洗　　涤　　剂
脂肪等	四氯化碳,或适当的有机溶剂
各种有机物质	铬酸洗液浸泡
氯化亚铜、铁斑	含 $KClO_4$ 的热浓 HCl
二氧化锰	HCl 或 $H_2C_2O_4$
硫酸钡	100℃ 的浓硫酸
汞渣	热浓 HNO_3
氯化银	氨或硫代硫酸钠溶液
铝质、硅酸残渣	先用 2% HF,继用 H_2SO_4 洗涤,立即用蒸馏水、丙酮反复漂洗几次即可

　　(3)坩埚。

　　在进行样品处理时,常要进行加热、灼热或熔融,要根据不同的样品及不
同的分析任务和要求选用合适的坩埚,使用时必须严格控制条件,细心进行操
作。现将几种主要坩埚的使用和维护方法简介如下:

①铂坩埚。

铂为一种贵重金属，熔点为 1774℃，耐高温可达 1200℃，但价格昂贵，使用时应十分小心，必须注意以下几点：

ⓐ加热或灼烧时，应当在垫有石棉板或陶瓷板的电炉电热板或煤气灯的氧化焰上进行，不能使铂坩埚与电炉丝、铁板或火焰接触，绝不可在还原焰或冒黑烟的火焰中进行加热，以免生成碳化铂，使之变脆而易破裂，使用时不得用手扭，亦不可用玻璃棒捣刮。

ⓑ热的铂坩埚只允许用铂坩埚钳（钳的尖端包有一层铂）夹取。

ⓒ大多数金属在较高的温度时能与铂生成合金，故不能在铂坩埚内灼烧或熔融金属、重金属或某些非金属的化合物。例如 Pb，Sb，Bi，Sn，Ag，Hg，Cu 等的化合物、硫化物、磷和砷的化合物等，在高温时容易还原为相应的金属和非金属元素，与铂形成合金或化合物而损坏铂坩埚。

ⓓ成分不明的物质不要在铂坩埚中加热或溶解。

ⓔ铂与常用的酸不发生化学反应，只有在高温下才会受到浓磷酸的腐蚀。铂易溶于王水或含有氯化物的硝酸、氯水和溴水中，含卤或能析出卤素的物质，盐酸和氧化剂（如 ClO_3^-，NO_3^-，NO_2^-，Br_2，$Cr_2O_7^{2-}$，MnO_4^-、MnO_2 等）的混合物等，它们对铂有腐蚀作用。

ⓕ碱金属和钡的氧化物、氢氧化物、氰化物、硝酸盐和亚硝酸盐，在高温熔融时腐蚀铂坩埚。用 K_2CO_3，Na_2CO_3 熔融是安全的，不能用 Li_2CO_3。

ⓖ铂坩埚应经常保持清洁和光亮，使用过的铂坩埚通常用 1 + 1 HCl 溶液煮沸清洗。如清洗不净，可用 $K_2S_2O_7$，Na_2CO_3 或硼砂熔融。如仍有污点，则可以用纱布包 100 目以上的细砂，加水润湿后，轻轻擦拭，使坩埚表面恢复正常的光泽。

②银坩埚。

ⓐ银坩埚用于 Na_2O_2 及苛性碱熔融处理试样。

ⓑ银的熔点为 960℃，故加热温度不能超过 700℃。

ⓒ新的银坩埚和镍坩埚的处理方法相同，即在 300 ~ 400℃马弗炉内灼烧后，用热、稀 HCl 洗涤。Ag 能被 HNO_3 和浓 H_2SO_4 溶解，故不能使用 HNO_3 或者 H_2SO_4 洗涤。

ⓓ硫与银生成 Ag_2S 沉淀，故测定硫或灼烧含硫物质时，不能使用银坩埚。

ⓔ刚取下的红、热银坩埚不能立刻用水冷却，以免产生裂纹。

③镍坩埚。

ⓐ镍坩埚可以进行 Na_2O_2 或碱熔融以代替贵金属坩埚。

ⓑ镍的熔点为1450℃，对碱性物质的抗腐蚀能力很强，故常用作碱熔融样品的容器，其熔融温度一般不超过700℃，如熔融铁合金、矿渣、黏土、耐火材料等。

ⓒ镍坩埚不适用于酸性熔剂及含硫的碱性硫化物熔融样品，如$KHSO_4$，$NaHSO_4$，$K_2S_2O_7$，$Na_2S_2O_7$等。

ⓓ熔融状态的Al，Zn，Pb，Hg等金属均能使镍坩埚变脆。硼砂也不能在镍坩埚中进行灼烧和熔融。

ⓔ镍极易溶于酸，浸取熔融物时，不可使用酸，必要时也只能用数滴稀酸稍洗一下。

特别要指出：上述金属坩埚在电炉上加热时，均不得接触电阻丝，否则将会发生触电事故和坩埚被融穿。

④钢玉坩埚。

钢玉坩埚是由多孔性熔融氧化铝制成的，质坚且耐熔、耐高温（熔点2045℃），硬度大，但易碎。不适用于NaOH、Na_2O_2和酸性熔剂，只适用于某些弱碱性熔剂熔融样品。

⑤瓷坩埚。

ⓐ可耐1300℃，抗腐蚀性比玻璃器皿高。

ⓑ瓷坩埚的成分是硅酸盐，故易被碱、氢氟酸、盐酸、磷酸溶液腐蚀。不可用NaOH，Na_2O_2，Na_2CO_3等碱性物质熔融，因为它们易腐蚀瓷坩埚，并将大量硅引入试样。当用Na_2O_2熔融时，常在550℃以下用半熔法分解试样。

ⓒ适用于$K_2S_2O_7$等酸性物质熔融样品。

ⓓ瓷坩埚一般可用稀HCl煮沸洗涤。

⑥石英坩埚。

ⓐ石英坩埚的主要化学成分为SiO_2，除HF和热磷酸以外一般不与其他的酸作用，但易与苛性碱及碱金属的碳酸盐作用，特别在高温下损坏更严重。

ⓑ石英坩埚对热的稳定性很好，在1700℃以下不软化亦不挥发，但在1100～1200℃之间开始变成不透明状态，从而失掉机械强度，因此使用时必须严格控制在这个温度以下，一般不超过800℃为宜。

ⓒ石英坩埚适用于$K_2S_2O_7$，$KHSO_4$熔融样品和用$Na_2S_2O_3$溶剂处理样品。

ⓓ石英质脆，易破，使用时应特别小心。

ⓔ清洗时，除HF外，普通无机酸均可用作清洗液。

⑦聚四氟乙烯坩埚（又称塑料王坩埚）

ⓐ此坩埚耐温近400℃，但一般控制在200℃左右使用，最高不超过

280℃，否则它将分解出少量的四氟乙烯，对人体有害。

ⓑ能耐酸耐碱，不受氢氟酸侵蚀，主要用于氢氟酸溶样，如 HF – KClO₄ 等，用于 HF – H₂SO₄ 时，不能冒烟，否则损坏坩埚。

ⓒ溶样时不会带入金属杂质，这是它的最大优点。

（4）玛瑙研钵的使用与维护。

玛瑙研钵是由天然玛瑙制成的，玛瑙是一种贵重的矿物，它是石英的变种，主要化学成分为 SiO₂，它与很多化学物质不起作用，而且硬度很大，所以广泛的应用于研磨各种物质。使用时应注意以下几点：

①不能与氢氟酸接触。

②不能存放在热处，不允许在烘箱中烘烤。

③遇到大块的结晶样品，要先捣碎再放入玛瑙研钵中研磨，以免损伤其表面。

④用完后一定要用水洗净，必要时可先用稀盐酸洗涤，再用水冲洗干净。如果仍洗不干净，可在研钵中放入少许 NaCl 研磨一段时间后倒去，再洗干净。亦可与细砂一起研磨，达到消除污垢的目的，然后再用水将研钵冲洗干净。

（5）马弗炉及其使用方法。

马弗炉又称高温电炉（图 2 – 11），分析实验中用于灼烧沉淀、灰分测定、熔融试样等，常用温度为 960℃，最高使用温度为 1000℃。此炉加热室用耐火材料及碳化硅、氧化镁、氧化铝等制成，电热丝为镍铬合金丝。马弗炉外部由铁板制成，炉门紧闭，开关方便，使用时需配备自动定温控制器（图 2 – 12）和热电偶，以便控制温度。

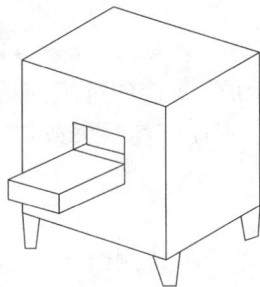

图 2 – 11　马弗炉

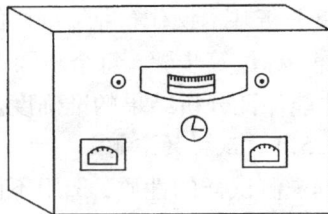

图 2 – 12　自动定温控制器

自动定温控制器应用一个电子管高频振荡电路，其中的储能线圈由于耦合储电器的适当配合，使其固定于某一振荡频率，储能线圈附有定温指针，并有大型热电偶温度计，明确指示电炉的温度，其指针上有一金属小旗，当炉温升到所需温度，温度指针的小旗与储能线圈相耦合时，振荡电流随即停止，电子管板极电流因之变化，令其操纵一个极灵敏的继电器，再以此控制一强力继电器来切断电热丝的电流，使温度不再上升；当温度下降时，指针的小旗与储能线圈失去耦合，电子管又恢复振荡，被控制的强力继电器也同时恢复通过电炉的电流，炉温又可渐升。如此用电流的断续，以达到自动保持一定温度的目的。

使用方法：

ⓐ把定温控制器后面的固定插座与电炉相接，控制器后的插头与220V交流电源相接，电源外路另接闸刀开关及保险丝等装置，电炉外层接好地线，以保安全。

ⓑ把热电偶插入电炉中，热电偶的两条连接线分别接在控制器上的红（＋）、黑（－）接线柱上。

ⓒ使用时，开启电源开关，红色指示灯即亮，表示炉内已通电流，把定温控制器上的控制键捻至所需之温度，即可自动定温。温度逐渐上升，直至温度指针上升到定温指针上时，红灯熄灭，即表示工作正常进行。

ⓓ使用中途如欲改变所定温度，如自低变高，则需捻动控制键，使定温指示向右移至欲定温度读数上，高温计读数继续上升即可。如欲由高变低，则需先将电源切断，高温计读数下降至新预定的读数以下时，可旋动控制键，使定温指标向左移至新预定的温度读数上，然后再接电源，此点千万注意。

ⓔ使用完毕，把控制器上"电源开关"拨向"关"的位置，拉下总电源闸刀。

2.1.5　重量分析基本操作

重量分析基本操作包括：试样的溶解、沉淀的生成，沉淀的过滤、洗涤、烘干或灼烧、称量等步骤，每个步骤都应细心地操作，不使沉淀丢失或带入其他杂质，才能保证分析结果的准确度。

2.1.5.1　试样的溶解

根据被测试样的性质，选用不同的溶（熔）剂，以确保待测组分全部溶解，且不使待测组分发生氧化还原反应造成损失，加入的试剂应不影响测定。

试样溶解在烧杯中进行时，烧杯内壁不能有划痕，玻璃棒两头应烧圆，以防黏附沉淀物。

对于溶解时不产生气体的试样，称取试样放入烧杯中，盖上表面皿。溶解时，取下表面皿，凸面向上放置在实验台上，溶剂沿杯内壁或沿着下端紧靠着

烧杯内壁的玻璃棒慢慢加入,边加边搅拌,直
到试样完全溶解,然后将表面皿盖在烧杯上。

对于溶解时产生气体的试样,称取试样放
入烧杯中,先用少量水将试样润湿,盖好表面
皿。用滴管由烧杯嘴与表面皿之间的间隙处缓
缓加入试剂,以防止猛烈产生气体。加完试剂
后,用水冲洗表面皿的凸面,如图 2 – 13 所示,
流下来的水应沿烧杯内壁注入烧杯中,用洗瓶
吹洗烧杯内壁。

试样溶解需加热或蒸发时,应在水浴锅内
进行,烧杯要盖上表面皿,以防止溶液剧烈爆
沸或崩溅,加热蒸发停止时,用洗瓶吹洗表面
皿凸面和烧杯内壁。

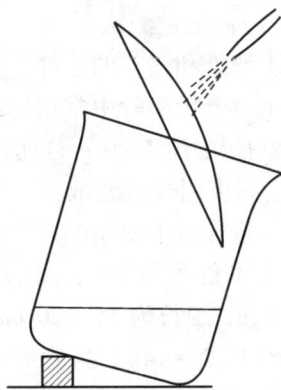

图 2 – 13　吹洗表面皿

溶解时需用玻璃棒搅拌的,此玻璃棒再不能作为它用。

2.1.5.2　沉淀的产生

对处理好的试样溶液进行沉淀时,应根据晶形或非晶形沉淀的性质,选择
不同的沉淀条件,如加入试剂的次序、浓度、速度和用量以及沉淀时溶液的温
度等,都须按照具体的分析要求进行选择,否则会引起操作的困难,并产生较
大的误差。

在进行沉淀操作时,必须注意以下几点:

(1)沉淀剂应在搅拌的情况下沿器壁流下或用滴管使滴管口接近液面滴
下,勿让溶液溅出;搅拌要均匀而不须用力,玻棒不要碰容器底部或内壁,避
免沉淀黏附而影响结果。

(2)在热容器中沉淀时,不能在沸腾的溶液中进行,以免溶液溅出。

(3)沉淀完毕,必须检查沉淀是否完全。为此,将溶液放置片刻,使沉淀
下沉,待溶液完全清澈透明时,用滴管沿烧杯壁再加入 1 ~ 2 滴沉淀剂,如果上
层清夜中出现混浊,表示沉淀尚未完全,则须继续补加沉淀剂,直至沉淀完全
为止。

(4)在沉淀过程中,玻棒不能拿出烧杯,直至沉淀、过滤、洗涤结束后才能
取出。

2.1.5.3　沉淀的过滤和洗涤

沉淀的过滤和洗涤必须连续进行,不能间断,否则沉淀干涸就无法洗净。

沉淀的过滤方法有两种,即滤纸过滤法和微孔玻璃坩埚过滤法。前者适用

于需要灼烧的沉淀过滤,后者适用于只需烘干的沉淀的过滤。分别简述如下:

(1)滤纸过滤法。

①滤纸和漏斗的选择。

重量分析实验中常用滤纸的选择参见表2－9,如 $BaSO_4$ 为细粒晶形沉淀,可用直径较小(7～9 cm)而致密的慢速滤纸,对于 $Fe_2O_3 \cdot xH_2O$ 疏松的无定形沉淀,则应用快速滤纸。

定量分析中使用的漏斗是长颈漏斗,漏斗锥体角度为60°,颈的直径通常为3～5 mm,颈长为15～20 cm,出口处磨成45°(图2－14),当滤纸放入漏斗时,滤纸上缘应低于漏斗上沿0.5～1 cm,绝不能超出漏斗边缘。

②滤纸的折叠和漏斗的准备。

折叠滤纸前应先将手洗干净、揩干,以免弄脏、弄湿滤纸。折叠方法如下:

先把滤纸沿直径对折、压平,然后再对折,这时不要压平,如图[2－15(a)],然后从一边三层、一边一层处打开,即成一圆锥体,如图[2－15(b)]。

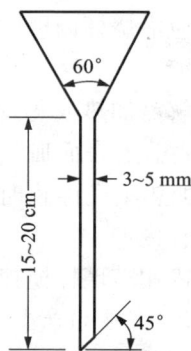

图2－14　长颈漏斗

如果漏斗角度不正好是60°,由于第二次对折时没有压平,可以稍微改变滤纸第二次对折的偏差程度,使滤纸锥体的上边缘与漏斗密合为止。此时方可把折边压平,并从漏斗中取出滤纸,将三层滤纸紧贴漏斗的外层撕下一角[如图2－15(a)]。撕下的部分不能太多,其高度不得超过1 cm,这样可使这个地方的内层滤纸更好地贴在漏斗上。撕下来的纸角保存在干净的表面皿上,备以

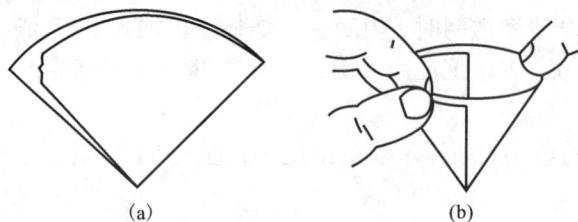

(a)　　　　　　　　　　(b)

图2－15　滤纸折叠示意图

后擦烧杯用。

将折叠好的滤纸放入漏斗中,滤纸锥体的三层一边应放在漏斗出口短的一边,用食指按紧三层的一边,用洗瓶吹入少量水将滤纸润湿,轻压滤纸赶去气泡,使滤纸锥体上部与漏斗壁间没有空隙。加水至滤纸边缘,漏斗颈内应全部被水充满形成水柱。如壁间没有空隙,当漏斗中水全部流尽后,颈内水柱仍能保留且无气泡。由于水柱的重力可起抽滤作用,从而加快过滤速度。

若不能形成完整的水柱,可用手指堵住漏斗下口,稍微掀起三层滤纸的一边。用洗瓶向滤纸的空隙处加水,使漏斗颈内及锥体的大部分被水充满。然后按紧纸边,放开堵住出口的手指,即能形成水柱。如仍形不成水柱或水柱中有气泡连续流出,说明纸边有微小空隙,可再用手指把纸边按紧,赶出气泡。漏斗颈一直充满水柱,过滤才能迅速进行。

将准备好的漏斗放在漏斗架上,下面放一洁净的烧杯承接滤液,漏斗出口长的一边紧靠杯壁,漏斗和烧杯上均盖好表面皿,备用。

③过滤。

过滤一般分三个阶段进行,第一是倾注(泻)法过滤清液;第二是初步洗涤;第三是转移沉淀到滤纸上。

ⓐ倾注(泻)清液。

为了避免沉淀堵塞滤纸,影响过滤速度,所以让上层清液首先通过滤纸。倾注时,溶液应沿着垂直的玻璃棒流入漏斗中,而玻棒的下端对着滤纸三层的一边,并尽可能接近滤纸,又不能接触滤纸(图 2-16)。倾入的溶液液面至少要低于滤纸边缘 0.5 cm,以免少量沉淀因毛细管作用越过滤纸上缘,造成损失。

暂停倾注时,烧杯嘴沿玻棒向上提起,至使烧杯直立(如图 2-17)。在此操作中要保持玻棒垂直且与烧杯嘴紧贴,以免烧杯嘴上的液滴流失,玻棒放回原烧杯时不能靠在烧杯嘴处。

过滤过程中,带有沉淀和溶液的烧杯及玻棒的放置方法应如图 2-18 所示,即玻棒靠在烧杯嘴的对面,在烧杯下放一表面皿(或木块)使烧杯倾斜,以利沉淀和清液分开,便于清液倾出。

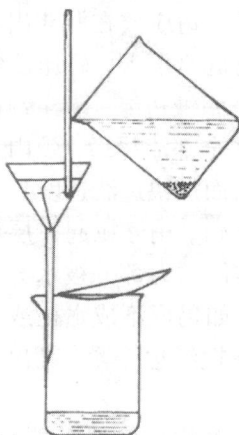

图 2 – 16　倾注法过滤

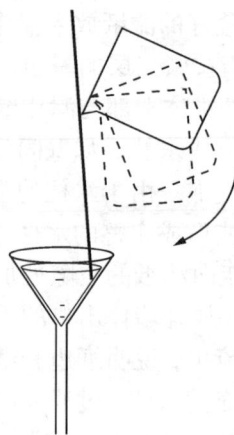

图 2 – 17　暂停倾注操作法

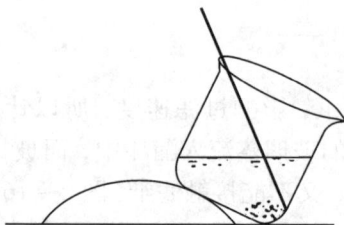

图 2 – 18　带有沉淀和溶液的烧杯倾斜静置

ⓑ初步洗涤。

将洗涤液装在聚氯乙烯中，每次挤出约 10 mL 淋洗烧杯内壁，使黏着在杯壁的沉淀集中到烧杯底部，用原来的玻棒充分搅拌，然后如图 2 – 18 放置烧杯，澄清后，再倾注过滤，如此重复洗涤 3 ~ 4 次。

ⓒ沉淀的转移。

向初步洗净的沉淀上加入 10 ~ 15 mL 洗涤液(加入量应不超过漏斗一次能容纳的量)，搅起沉淀，小心地使悬浊液顺着玻棒转移到漏斗中。这样重复几次，使大部分沉淀转移至漏斗，然后按图 2 – 19 所示的吹洗方法将沉淀吹洗至漏斗中，即用左手把烧杯拿在漏斗上方，烧杯嘴向着漏斗，拇指在烧杯嘴下方。同时，右手把玻棒从烧杯中取出横在杯口上，使玻棒伸出烧杯嘴 2 ~ 3 cm，然后，用左手食指按住玻棒较高地方，倾斜烧杯使玻棒下端指向三层滤纸一边，用右手以洗瓶吹洗整个烧杯内壁，使洗涤液和沉淀沿玻棒流入漏斗中。

如果仍有少量沉淀黏附在烧杯壁上而不能吹洗下来时，可将烧杯放在桌面上，用沉淀帚（如图 2 - 20）在烧杯内壁自上而下、自左至右擦拭，使沉淀集中在底部，再按图 2 - 19 操作，将沉淀吹洗入漏斗中。对牢固黏在杯壁上的沉淀，也可用前面折叠滤纸时撕下来的滤纸擦拭玻棒和烧杯内壁，将此滤纸放回漏斗中的沉淀上。

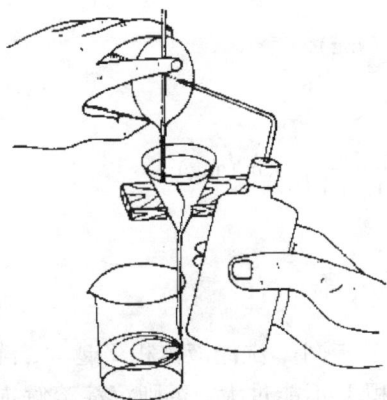

图 2 - 19　最后少量沉淀的转移

图 2 - 20　沉淀帚

必须指出，过滤开始后，应随时注意观察滤液是否透明。如果滤液混浊，说明有穿滤，这时必须换另一洁净烧杯承接滤液，在原漏斗上将穿滤的滤液进行第二次过滤。如果发现滤纸穿孔，则应更换滤纸重新过滤，而第一次用过的滤纸应保留。

④沉淀的洗涤。

沉淀全部转移到滤纸上后，须作最后的洗涤，其目的在于将沉淀表面吸附的杂质和残留的母液洗出。从洗瓶中吹出细流从三层滤纸一边的滤纸边缘稍下一点的地方开始冲洗，并往下做螺旋形移动，如图 2 - 21 所示。这样可使沉淀洗的干净，且

图 2 - 21　漏斗中沉淀的洗涤

可将沉淀集中到滤纸底部。

　　每次冲洗时洗涤液加入量以充满滤纸锥体的一半为限。每次加入洗涤液后要尽量滤干。如此反复多次，直至沉淀洗净为止。这种通常称为"少量多次"的原则，其洗涤效果较好，可通过下面的计算说明。

　　设过滤以后，沉淀上残留的溶液体积为 V_0 mL，其中杂质为 a mg，如果每次洗涤时加入洗涤液 V mL，洗涤后残留溶液的体积仍为 V_0 mL，则每次洗涤后沉淀残留的杂质质量为：

　　第一次洗涤后：

$$m_1 = \frac{V_0}{V + V_0} \times a \ (\text{mg})$$

　　第二次洗涤后：

$$m_2 = \frac{V_0}{V_0 + V}\left(\frac{V_0}{V_0 + V} \times a\right) = \left(\frac{V_0}{V_0 + V}\right)^2 \times a \ (\text{mg})$$

　　第 n 次洗涤后：

$$m_n = \left(\frac{V_0}{V + V_0}\right)^n \times a \ (\text{mg})$$

　　由计算式可见，沉淀上残留溶液的体积 V_0 越小，洗涤液体积 V 越大，洗涤次数 n 越多，则洗涤效果越好，但洗涤液体积 V 不能过大，否则沉淀溶解损失较多，而且洗涤时间过长。

　　洗涤沉淀的洗涤液，应根据沉淀的性质来确定，即：

　　①晶形沉淀，一般可用冷的稀沉淀剂洗涤，利用同离子效应以减少沉淀的溶失。但若沉淀剂为不易挥发的物质，则只能用水或其他溶剂来洗涤。

　　②非晶形沉淀，需用热电解质溶液洗涤，以防止产生胶溶现象，多采用易挥发的铵盐为洗涤剂。

　　③对于溶解度较大的沉淀，可采用沉淀剂加有机溶剂来洗涤，以降低沉淀的溶解度。

　　（2）微孔玻璃滤器过滤法。

　　在定量分析中，有些沉淀，特别是用有机沉淀剂所得的沉淀，不能高温灼烧，还有些沉淀不能与滤纸一起烘烤（如 AgCl），以及只需烘干后就可称量的沉淀均采用此类过滤器过滤。使用此类过滤器时，需用抽气过滤。

　　滤器使用前，先用盐酸或硝酸处理，然后用水洗净，洗时应将微孔玻璃坩埚（或漏斗）装置在具有橡皮垫圈或孔塞的抽滤瓶上（图 2 - 22）。抽滤瓶再用橡皮管接于抽气泵上，先注入酸液，然后抽滤，再注入蒸馏水，抽滤直至洗净为止。洗净的微孔玻璃坩埚（或漏斗）在烘干沉淀的相同温度下烘至恒重，以备使用。

将洗净、烘干至恒重的微孔玻璃滤器装入抽滤瓶的橡皮垫圈中，在抽滤条件下，采用倾注法过滤，其过滤、洗涤、转移沉淀等操作均与滤纸过滤法相同。

当结束抽滤时，应先拔出抽滤瓶上的橡皮管，然后关闭水泵，以免水泵中的水倒吸入抽滤瓶中。

特别注意的是微孔玻璃滤器不能过滤强碱性溶液，因为它会损坏玻璃坩埚或漏斗的微孔。

2.1.5.4 沉淀的烘干和灼烧

（1）干燥器的准备和使用。

干燥器是一种具有磨口盖子的厚质玻璃器皿。使用干燥器前，先将干燥器擦干净，烘干多孔瓷板。借助纸筒在底部放入适量筛去粉尘后的干燥剂（图 2 - 23），然后盖上瓷板。为使干燥器更好密合，应在干燥的磨口上涂上一层薄而均匀的凡士林油，盖上干燥器盖并来回推动盖，当磨口处清澈透明时，即表明凡士林油已均匀分布于磨口且磨口处密封最佳。

干燥剂一般常用变色硅胶、无水氯化钙等。由于各种干燥剂吸收水分的能力都是有一定限度的，因此干燥器中的空气并不是绝对干燥，而只是湿度相对降低而已。

使用干燥器时应注意以下几点：

①开启干燥器时，左手手心向内按住干燥器盖的下部，右手按住盖子上的圆柄，向左前方推开器盖，[如图 2 - 24 (a)]。盖子取下后应拿在右手中，用左手放入或取出物体后，及时盖上干燥器盖。盖子取下后，也可将其磨口向上放置在安全处，切忌放在桌子的边缘，以防滚落跌损。加盖时应当拿住盖子的圆柄推着盖好。

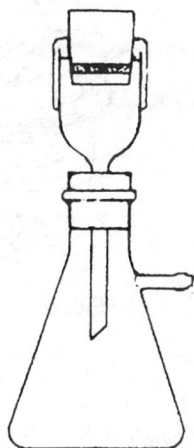

图 2 - 22 微孔玻璃滤器的安装

图 2 - 23 放入干燥剂

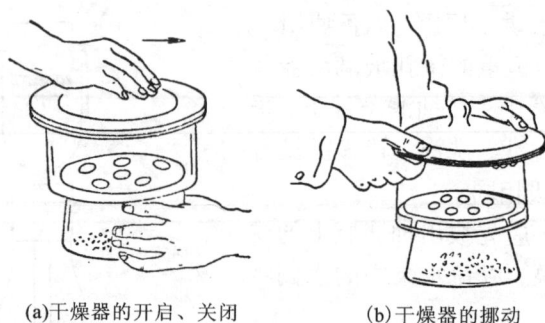

(a)干燥器的开启、关闭 (b)干燥器的挪动

图2-24 干燥器的开启、关闭和挪动方法

②将坩埚或称量瓶等放入干燥器时,应放在瓷板圆孔内。当放入热的坩埚后,应稍稍打开干燥器1~2次。不能把过热的物体放进干燥器中,以免干燥器中空气受热膨胀,引起器盖自动跳开而受到损伤;或冷却后,空气收缩,器内压力减小而难以开启。

③不能把含水分过多的物体放进干燥器,以免减弱干燥能力。

④冬季室温低,由于凡士林凝固,盖子一时不能推开,可用拧干的热毛巾覆盖在干燥器盖上,如此反复1~2次,盖子即能推开,绝不能用刀撬开或用火加热。

⑤搬动或挪动干燥器时,必须用双手揣着,并且用大拇指按住盖子,以防盖子滑落[如图2-24(b)],不能用单手托底部,更不允许抓住盖柄拎取。

(2)坩埚的准备。

灼烧沉淀常用瓷坩埚。使用前须用稀盐酸等溶剂洗净,晾干或烘干,然后用蓝黑墨水或硫酸亚铁溶液或$K_4[Fe(CN)_6]$溶液在坩埚与盖上编号,干后,在灼烧沉淀的温度下,于马弗炉内灼烧。第一次灼烧约0.5 h,取出稍冷后,转入干燥器中。将干燥器搬到天平室冷至室温,称量。如此重复灼烧直至两次称量的质量之差不超过0.2~0.3 mg,可认为坩埚已达"恒重",记下最后一次称量的质量。

微孔玻璃坩埚或漏斗恒重方法与瓷坩埚恒重方法相同,只是微孔玻璃坩埚或漏斗要放在一清洁的表面皿上,再放入烘箱内,于烘沉淀的温度下干燥。一般第一次烘干1~2 h,取出,于干燥器中冷却至室温,称量;再烘45 min至1 h,同法冷至室温,称量,如此反复直至恒重。

（3）沉淀的包裹。

晶形沉淀一般体积较小，可按图 2 – 25 所示方法进行。

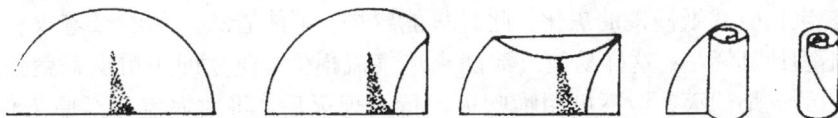

图 2 – 25　晶形沉淀的包裹

包裹步骤如下：

①用顶端细而圆的玻璃棒从滤纸的三层处小心地将滤纸与漏斗壁拨开，用洗净的手从三层滤纸处的外层把滤纸和沉淀取出；

②将滤纸打开成半圆形，自右端 1/3 半径处向左折起；

③自上边向下折，再自右向左卷成小卷；

④将滤纸包卷层数较多的一面向上，放入已恒重的坩埚中。

对于胶状沉淀，一般体积较大，不宜用上述方法包裹，可按图 2 – 26 所示方法包裹。包法是：用玻璃棒将滤纸边挑起，向中间折叠，将沉淀全部盖住后，再转移至已恒重的坩埚中，仍使三层滤纸部分向上。

（4）沉淀与滤纸的烘干及滤纸的炭化和灰化。

烘干在煤气灯或电炉上进行。在煤气灯上烘干时，坩埚口朝泥三角的顶角，坩埚盖斜架在坩埚口上，如图 2 – 27。为使滤纸和沉淀迅速干燥，应该用反射焰，即用小火加热坩埚盖的中部，这时热空气流便进入坩埚内部，而水蒸气则从坩埚上面逸出［如图 2 – 27(b)］。

图 2 – 26　胶状沉淀的包裹

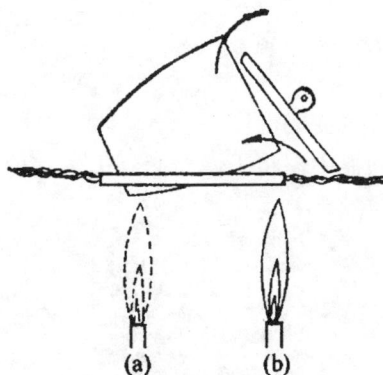

图 2 – 27　沉淀烘干与滤纸的炭化，灰化

　　滤纸和沉淀干燥后(这时滤纸只是被干燥,而不变黑),将煤气灯逐渐移至坩埚底部,使火焰逐渐加大,炭化滤纸,如图 2 – 27(a)所示。炭化时若温度升高太快,滤纸会生成整块的炭,需要长时间才能将其灰化,故不要使火焰加得太大。炭化时滤纸慢慢的焦化,此时只能冒烟,不能着火。如滤纸着火,不能置之不理让其燃尽,这样易使沉淀随火焰气流损失,应立即用坩埚盖盖住,使坩埚内的火焰熄灭,切不可用嘴吹灭。待火熄灭后,将坩埚盖移至原来位置,继续加热至全部炭化,即滤纸变黑。

　　炭化后可加大火焰,使滤纸灰化。滤纸灰化后,应呈灰白色。为使灰化较快进行,可用坩埚钳夹住坩埚使之转动,但不要使坩埚中的沉淀翻动,以免沉淀飞扬损失。

　　烘干、炭化和灰化在电炉上进行时,注意温度不能太高,坩埚盖不能盖严,必须留一空隙,其他操作和注意事项同前。

　　(5)沉淀的灼烧。

　　沉淀和滤纸灰化后,将坩埚移入自动控温马弗炉中,根据沉淀性质调节适当温度。盖上坩埚盖,但留有空隙。第一次灼烧 40 ~ 45 min,与空坩埚灼烧操作一样,取出,冷却至室温,称量。然后进行第二次、第三次灼烧,直至恒重为止。一般第二次以后的灼烧,20 min 即可。

　　用微孔玻璃滤器过滤时,沉淀和滤器放入烘箱中烘干至恒重,其操作与空微孔玻璃滤器恒重方法相同,烘箱温度根据沉淀性质确定。一般第一次烘干约 2 h,第二次 45 min 至 1 h。

实验一　氯化钡中钡含量的测定

一、实验目的

(1)掌握测定氯化钡中钡含量的原理、方法和计算;

(2)掌握晶形沉淀的制备、过滤、洗涤、烘干、灰化和灼烧及恒重等操作;

(3)学习电子分析天平的正确使用。

二、测定意义

氯化钡($BaCl_2 \cdot 2H_2O$)为无色有光泽的单斜晶体,相对密度为3.097,可溶于水,水溶液有苦味。氯化钡是一种用途广泛的化工产品,可用于净水、鞣革、颜料、纺织、陶瓷等工业。钡是剧毒品,食入0.2~0.5 g可引起中毒,致死剂量为0.8~0.9 g。

钡的测定可采用重量法、比色法、滴定法、等离子体光谱法、原子吸收法、硫酸钡比浊法等。重量分析法不需要标准溶液,通过沉淀和称量测得物质的含量,其测定结果的准确度高。目前在常量的 Si、N、P、S 等元素或化合物的定量分析中还经常使用。

三、方法原理

利用沉淀反应 $Ba^{2+} + SO_4^{2-} = BaSO_4 \downarrow$,称取一定量的 $BaCl_2 \cdot 2H_2O$,用水溶解,加稀 HCl 溶液酸化,加热至沸腾,并不断地搅动,慢慢地滴加稀、热的 H_2SO_4,Ba^{2+} 与 SO_4^{2-} 反应,形成晶形沉淀。沉淀经陈化、过滤、洗涤、烘干、炭化、灰化、灼烧后,以 $BaSO_4$ 形式称量,即可求出 $BaCl_2 \cdot 2H_2O$ 中 Ba 的含量。

用 $BaSO_4$ 重量法测定 Ba^{2+} 时,一般用稀 H_2SO_4 作沉淀剂。为了使 $BaSO_4$ 沉淀完全,H_2SO_4 的用量必须过量。由于 H_2SO_4 在高温下可挥发除去,故沉淀带下的 H_2SO_4 不会引起误差,因此沉淀剂可过量50%~100%。

四、仪器与试剂

电子分析天平,玻璃漏斗,烧杯,电炉,瓷坩埚,马弗炉,干燥器,定量滤纸(中速或慢速)。

H_2SO_4　$1 \ mol \cdot L^{-1}$;HCl　$2 \ mol \cdot L^{-1}$;HNO_3　$2 \ mol \cdot L^{-1}$;$AgNO_3$ $0.1 \ mol \cdot L^{-1}$;$BaCl_2 \cdot 2H_2O$ 固体(A. R)。

五、实验内容

(1)瓷坩埚的准备。

取两个洁净干燥的瓷坩埚,在 800~850℃的马弗炉中灼烧,第一次灼烧30~40 min,取出稍冷片刻,转入干燥器中冷却(刚放进时干燥器留一小缝隙,约 30 s 后再盖严)至室温后在电子分析天平上称量,记录瓷坩埚的质量。再将瓷坩埚放入马弗炉中 800～850℃灼烧 15～20 min,重复上述操作,称出瓷坩埚的质量。如此重复,直至两次灼烧后称量所得质量之差不超过 0.2 mg,即已恒重。

(2)称样与溶解样品。

准确称取 0.4～0.6 g BaCl$_2$·2H$_2$O 试样 2 份,分别置于 250 mL 烧杯中,各加 100 mL 蒸馏水,3 mL 2 mol·L^{-1} HCl 溶液,搅拌溶解,加热至近沸。

(3)沉淀的制备。

取 4 mL 1 mol·L^{-1} H$_2$SO$_4$ 溶液 2 份,分别置于两个 100 mL 烧杯中,加水 30 mL,加热至近沸,趁热将两份 H$_2$SO$_4$ 溶液用滴管逐滴分别加入到 2 份热的钡盐溶液中,并用玻璃棒不断搅拌,直至 2 份硫酸溶液加完为止。待 BaSO$_4$ 沉淀下沉后,于上层清液中加入 1～2 滴 1 mol·L^{-1} H$_2$SO$_4$ 溶液,仔细地观察沉淀是否完全。若清液变浑,应补加沉淀剂。沉淀完全后,将玻璃棒靠在烧杯嘴边,盖上表面皿,将盛有沉淀的烧杯放入水浴中,保温陈化 40 min。

(4)沉淀的过滤和洗涤。

溶液冷却后,用慢速或中速定量滤纸过滤,先将上层清液倾注在滤纸上,再以稀 H$_2$SO$_4$ 洗液(用 2～4 mL 1 mol·L^{-1} H$_2$SO$_4$ 稀释至 200 mL 配成)洗涤沉淀 3～4 次,每次约用 10 mL,洗涤时均用倾泻法过滤。然后,将沉淀小心转移至滤纸上,用洗瓶由上至下冲洗烧杯内壁,并用折叠滤纸时撕下的小片滤纸擦净烧杯内壁,将此滤纸片放在漏斗内,再用水洗涤沉淀至无 Cl$^-$ 为止。检查方法是:用洁净的小试管或表面皿收集 2 mL 滤液,加 0.1 mol·L^{-1} AgNO$_3$ 两滴,观察是否有白色沉淀出现,若不浑浊,即说明无 Cl$^-$。

(5)沉淀的灼烧和恒重。

将折叠好的沉淀滤纸包置于已恒重的瓷坩埚中,经烘干、炭化、灰化后,在 800～850℃的马弗炉中灼烧至恒重。计算 BaCl$_2$·2H$_2$O 中 Ba 的含量。

六、数据处理

(1)列表记录各项实验数据

(2)计算样品中 Ba 含量

七、问题讨论

(1)盐酸的作用。

①利用盐酸提高硫酸钡沉淀的溶解度,以得到较大晶粒的沉淀,利于过滤沉淀。常温下 BaSO$_4$ 在不同浓度的盐酸介质中的溶解度如表 1。

表 1　BaSO$_4$ 在盐酸介质中的溶解度

盐酸浓度（mol·L^{-1}）	0.1	0.5	1.0	2.0
溶解度（mg·L^{-1}）	10	47	87	101

由表 1 可见，在沉淀硫酸钡时，不要使盐酸浓度过高，在 0.05 mol·L^{-1}的盐酸溶液中进行，硫酸钡的溶解损失可忽略不计。

②在 0.05 mol·L^{-1}盐酸浓度下，溶液中的草酸根、磷酸根、碳酸根与钡离子不能发生沉淀反应，因此不会干扰。

③可防止盐类的水解作用。如有微量铁、铝等离子存在，在中性溶液中将因水解而生成碱式硫酸盐胶体微粒与硫酸钡一同沉出。实验证明，溶液的酸度增大，使三价离子共沉淀作用有显著的减小。

（2）硫酸钡沉淀的灼烧。

硫酸钡沉淀不能立即高温灼烧，因为滤纸碳化后对硫酸钡沉淀有还原作用：

$$BaSO_4 + 2C =\!=\!= BaS + 2CO_2 \uparrow$$

应先以小火使带有沉淀的滤纸慢慢灰化变黑，而绝不可着火。

如已发生还原作用，微量的硫化钡在充足空气中，可能氧化而重新成为硫酸钡：

$$BaS + 2O_2 =\!=\!= BaSO_4$$

若能灼烧达到恒重的沉淀，即上述氧化作用已告完成，沉淀已不含硫化钡。另外，灼烧沉淀的温度应不超过 800℃，且不宜时间太长，以免发生如下反应而使结果偏低。

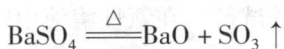

$$BaSO_4 \overset{\triangle}{=\!=\!=} BaO + SO_3 \uparrow$$

八、注意事项

（1）溶液需加热至近沸，但切忌长时间煮沸。

（2）沉淀剂应逐滴加入，并且应边加边搅拌。搅拌溶液时，应防止溶液溅失。

九、思考题

（1）为什么沉淀 BaSO$_4$ 时要在热溶液中进行，而在自然冷却后进行过滤？趁热过滤或强制冷却好不好？

（2）晶形沉淀的条件是什么？

（3）实验中为什么称取 0.4 ~ 0.6 g BaCl$_2$·2H$_2$O 试样？称样过多或过少有什么影响？

实验二 钢样中镍含量测定

一、实验目的

(1)学习有机沉淀剂在重量分析中的应用；

(2)学习重量分析法操作技术。

二、测定意义

镍是钢中重要的元素之一。镍可以提高钢的机械性能，增加钢的强度、韧性、耐热性，增加钢的防腐蚀、抗酸性及其导磁性等。镍还能够细化晶粒、提高钢的淬透性和增加钢的硬度。此外，在钢的热加工中，镍又有防止铜对金属表面产生有害影响之功能。主要用来制造不锈钢和其他抗腐蚀合金，如镍钢、铬镍钢及各种有色金属合金，含镍成分较高的铜镍合金，就不易腐蚀。也作加氢催化剂和用于陶瓷制品、特种化学器皿、电子线路、玻璃着绿色以及镍化合物制备等。

镍的测定方法方法有：火焰原子吸收分光光度法、丁二酮肟分光光度法、萃取分离 – 丁二酮肟分光光度法、丁二酮肟重量法。在测定钢铁中高含量镍时，经常使用丁二酮肟重量法。

三、方法原理

丁二酮肟分子式为 $C_4H_8O_2N_2$ 相对分子质量为 116.2，是二元弱酸，以 H_2D 表示，是测定镍选择性较高的试剂。在氨性溶液中以 HD^- 为主，与 Ni^{2+} 发生沉淀反应：

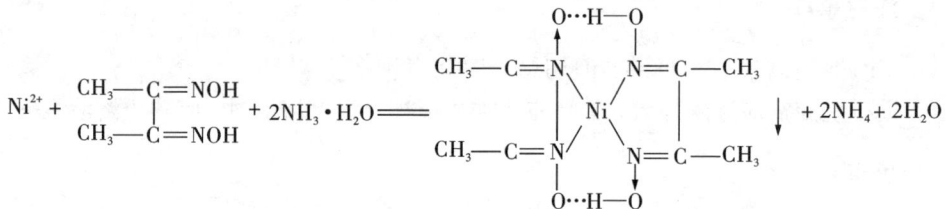

$$Ni^{2+} + \begin{array}{c} CH_3{-}C{=}NOH \\ | \\ CH_3{-}C{=}NOH \end{array} + 2NH_3 \cdot H_2O = \begin{array}{c} O\cdots H{-}O \\ CH_3{-}C{=}N \quad N{=}C{-}CH_3 \\ | \quad Ni \quad | \\ CH_3{-}C{=}N \quad N{=}C{-}CH_3 \\ O\cdots H{-}O \end{array} \downarrow + 2NH_4 + 2H_2O$$

沉淀呈红色，溶解度很小（$K_{sp} = 2.3 \times 10^{-25}$），组成恒定，经过滤，洗涤，在 120℃ 下烘干至恒重，称得丁二酮肟镍沉淀的质量，可计算 Ni 的质量分数。

丁二酮肟镍沉淀的条件，pH = 8～9 氨性溶液，pH 过小则生成 H_2D 沉淀易溶解，pH 过高，易形成 $[Ni(NH_3)_4]^{2+}$，都会造成丁二酮肟镍沉淀不完全。

Fe^{3+}、Al^{3+}、Cr^{3+}、Ti^{3+} 在氨水中也生成沉淀，有干扰；Cu^{2+}、Cr^{3+}、Fe^{2+}、

Pd^{2+} 亦可以形成配合物，产生共沉淀，可加入柠檬酸或酒石酸掩蔽。

四、仪器与试剂

P40 号微孔玻璃坩埚，烘箱，水循环真空泵，抽滤瓶，250mL 烧杯，表面皿。

混合酸 $HCl + HNO_3 + H_2O$ （3 + 1 + 2）；酒石酸溶液 500 g·L^{-1}；丁二酮肟 10 g·L^{-1} 乙醇溶液；氨水（1 + 1）；HCl（1 + 1）；HNO_3 2 mol·L^{-1}；$AgNO_3$ 0.1 mol·L^{-1}；NH_3 – NH_4Cl 洗涤液：每 100 mL 水中加入 1 mL 氨水和 1 g NH_4Cl；镍铬钢试样。

五、实验内容

（1）坩埚的准备。

将两只洁净的 P40 号微孔玻璃坩埚置于 150℃ 烘箱中烘 1.5 h，冷却，称量，再烘，称量至恒重。

（2）样品溶解。

准确称取两份镍铬钢样 0.15 g 左右，于 250 mL 烧杯中，盖上表面皿，加入混合酸 30 mL，于通风柜内小心加热至完全溶解，再煮沸 10 min，以除去氮的氧化物。稍冷，加酒石酸溶液 10 mL，在不断搅拌下滴加（1 + 1）氨水至弱碱性（pH≈9），溶液转变为蓝绿色，如有少量白色沉淀，应过滤除去，并用热的 NH_3 – NH_4Cl 溶液洗涤数次，残渣弃去。

（3）沉淀的制备。

在不断搅拌下，滤液用（1 + 1）HCl 酸化至溶液变为深棕绿色（pH = 3 ~ 4），用热水稀释至 250 mL 左右，在水浴中加热至 70 ~ 80℃，加入丁二酮肟乙醇溶液 50 mL，以沉淀 Ni^{2+}（每毫克 Ni^{2+} 约需 1 mL 丁二酮肟溶液），丁二酮肟在水中溶解度很小，沉淀剂加入量不能过量太多，以免沉淀剂从溶液中析出，最后再多加 20 ~ 30 mL，滴加（1 + 1）氨水使溶液 pH = 8 ~ 9，在 60 ~ 70℃ 水浴保温 30 min。

（4）沉淀的过滤和洗涤。

趁热用已恒重的微孔玻璃坩埚过滤，用微氨性的 20 g·L^{-1} 酒石酸溶液洗涤烧杯和沉淀 8 ~ 10 次，再用温水洗涤至无 Cl^- 为止（将滤液以稀 HNO_3 酸化，用 $AgNO_3$ 检查 Cl^-）。

（5）沉淀的烘干和恒重。

将微孔玻璃坩埚连同沉淀在 130 ~ 150℃ 烘箱中烘 1 h，冷却，称量，再烘干、冷却、称量，重复操作，直至恒重。

六、数据处理

列表记录各项实验数据，计算试样中镍的含量。

Ni 含量计算公式：

$$\omega_{Ni} = m_{Ni(HD)_2} \times \frac{M_{Ni}}{M_{Ni(HD)_2}} \times 100\%$$

式中：$M_{Ni} = 58.69$ g·mol^{-1}，$M_{Ni(HD)_2} = 288.94$ g·mol^{-1}。

七、问题讨论

（1）丁二酮肟试剂在水中的溶解度较小，但易溶于乙醇中。所以必须使用适量乙醇溶液，以防止丁二酮肟本身的共沉淀产生。在沉淀时溶液要充分稀释，并控制乙醇浓度为溶液总浓度的 20% 左右，乙醇浓度不能过大，否则丁二酮肟镍的溶解度也会增大。

（2）Fe^{3+}、Al^{3+}、Cr^{3+}、Zn^{2+}、Ca^{2+}、Mg^{2+}、Cu^{2+} 等在氨性溶液中生成氢氧化物沉淀而干扰测定，因此 pH 调至碱性前，需加入柠檬酸或酒石酸，使这些金属离子与之生成稳定配合物以消除干扰。

（3）Co^{2+}、Cu^{2+} 与丁二酮肟生成水溶性配合物，消耗试剂，而且严重玷污沉淀。加大沉淀剂的用量，增加溶液体积，在一定程度上可减少其干扰。

八、注意事项

（1）在酸性溶液中加入沉淀剂，再滴加氨水使溶液的 pH 逐渐升高，沉淀随之慢慢析出，这样能得到颗粒较大的沉淀。

（2）溶液温度不宜过高，否则乙醇挥发太多，引起丁二酮肟本身的沉淀，且高温下柠檬酸或酒石酸能部分还原 Fe^{3+} 为 Fe^{2+}，对测定有干扰。

（3）称样量以含 Ni 量 50～80 mg 为宜。丁二酮肟用量以过量 40%～80% 为宜，太少沉淀不完全，过多则在沉淀冷却过程中析出而造成结果严重偏高。

九、思考题

（1）溶解试样时加入 HNO_3 的作用是什么？

（2）为了得到纯净的丁二酮肟镍沉淀，应选择和控制好哪些实验条件？

（3）本实验与硫酸钡重量法有哪些异同？

2.2　滴定分析法

2.2.1　概述

滴定分析法是将一种已知浓度的试剂溶液(称为标准溶液)滴加到待测物质的溶液中,直到所加的试剂与待测物质按化学计量关系反应完全为止,根据标准溶液的浓度和消耗的体积,计算待测物质含量的方法。

根据滴定分析法所利用的化学反应类型,滴定分析法可分为酸碱滴定法、络合滴定法、氧化还原滴定法及沉淀滴定法。而根据滴定过程的不同,各类滴定法又可分为直接滴定、返滴定、置换滴定和间接滴定四种方式。

滴定分析法操作简便、快速,所用仪器设备简单而价廉,测定范围较宽。常用于中到高含量组分的测定,具有较高的准确度,相对误差可控制在±0.2%之内,在生产和科学研究中有较大的实用价值。

2.2.2　滴定分析仪器及其基本操作

溶液体积测量的误差是容量分析中误差的主要来源。一般地讲,体积测量的误差要比称量误差大,体积测量如果不够准确(如误差大于0.2%),其他操作步骤即使做得再准确,也是徒劳的,因为分析结果的准确度一般情况下是误差最大的那项因素所决定的。因此,为了使分析结果能符合所要求的准确度,就必须准确地测量溶液的体积。

测量溶液准确体积可用已知容量的玻璃量器,例如测量量出液体的体积可用滴定管、移液管和吸量管;测量容纳液体的体积可用容量瓶。

溶液体积测量的准确度,一方面取决于所用容量量器的容积是否正确,另一方面,更重要的是取决于准备与使用容量量器是否正确,下面分别讨论这些问题。

2.2.2.1　单标线吸量管

(1)单标线吸量管的规格和分级。

单标线吸量管如图2-28所示,通常称作移液管(下面的叙述中不加区别),是一种量出式仪器,用于准确移取一定体积的液体。移液管有1 mL、2 mL、3 mL、5 mL、10 mL、15 mL、20 mL、25 mL、50 mL、100 mL 10种规格。

移液管用耐水等级≤3级的钠钙或硼硅玻璃制作,由吸管、贮液泡(通称球部)和流液管组成,1 mL和2 mL的B级移液管可以是类似的直形管,也可以是较大容量的泡形。吸管上有一环状刻度线,其位置是由放出纯水的体积所决定的。

国家标准《实验室玻璃仪器－单标线吸量管》（GB 12808—91）规定其容量定义为：在 20℃时按下述方式排空而流出的 20℃水的体积。其中的方式是：把垂直放置的移液管充水到高出刻度线几毫米，除出黏附于流液口外面的液滴。然后将下降的弯液面调定至弯液面的最低点与刻度线的上边缘水平相切，视线在同一水平面，除去黏附在流液管口端的液滴，然后在流液口尖端与容器内壁保持接触的状态下，将管内纯水排入另一稍倾斜的容器中，当弯液面下降至流液口处静止时，再等待约 3 s后移走移液管（在有规定等待时间的情况下，移液管从容器移开前应遵循规定的等待时间），这样所流出的纯水的体积即是该移液管的标称容量。

图 2－28　单标线吸量管

移液管的容量准确度分为 A、B 两级，A 级为较高级，B 级为较低级。国家标准 GB12808—91 规定各种规格移液管的容量允差和流出时间分别如表 2－12 和表 2－13 所示。

表 2－12　各种规格单标线吸量管的容量允差　　　　（单位：mL）

标称容量		1	2	3	5	10	15	20	25	50	100
容量允差	A 级	±0.007	±0.010	±0.015	±0.020	±0.025		±0.030		±0.050	±0.080
	B 级	±0.015	±0.020	±0.030	±0.040	±0.050		±0.060		±0.100	±0.160

表 2－13　各种规格单标线吸量管的流出时间　　　　（单位：s）

精度级别		标称容量（mL）									
		1	2	3	5	10	15	20	25	50	100
A 级	最小	7		15		20		25		30	35
	最大	12		25		30		35		40	45
B 级	最小	5		10		15		20		25	30
	最大	12		25		30		35		40	45

注：流出时间是指在移液管垂直放置、接收容器稍微倾斜、使流液口尖端与容器接触并保持不动的情况下，测出的水的弯液面从刻度线下降至流液口处明显停止的那一点所占有的时间。

移液管上应有下列标志：标称容量（mL）、标准温度（20℃）、量出式符号（Ex）、精度级别（A 或 B）、生产厂名或注册商标。如：25 mL，20℃，Ex，A。其含义是：在 20℃时，按上述容量定义中规定的操作方法操作，放出的溶液体积为 25.00 ±0.03 mL，Ex 表示量出，A 是较高级的准确度等级。

（2）单标线吸量管的使用方法。

①洗涤。移液管应该洗净，使整个内壁和下部的外壁不挂水珠。为此，可先用自来水冲洗一次，再用铬酸洗液洗涤。方法是：以左手持洗耳球，将食指或拇指放在洗耳球的上方；右手拇指和中指拿住移液管吸管标线以上的地方，无名指和小指弯曲，在吸管后面顶住吸管，将洗耳球紧接在吸管口上（图 2 - 29）；流液管尖贴在吸水纸上，用洗耳球打气，吹去残留的水。然后，排除洗耳球内的空气，将移液管插入洗液瓶中，左手拇指或食指慢慢放松，当洗液被缓缓吸入至移液管球部时，移去洗耳球。右手食指按住管口，把管横过来，左手扶住管的下端，慢慢松开右手食指，一边转动移液管，一边使吸管口降低，让洗液布满全管。洗液从吸管口放回原瓶，然后用自来水充分冲洗。

再吸取纯水，将整个内壁润洗 3 次，方法同上，但用过的水应从流液口放出。每次的用水量以液面上升到球部为宜。也可用洗瓶从上口进行吹洗，最后用洗瓶吹洗管的下部外壁。

②移取溶液。移取溶液前，必须用吸水纸将流液管尖端内、外的水除去，然后用待移取的溶液洗涤 3 次。方法是将待吸溶液吸至球部（尽量不使溶液流回，以免稀释溶液），以后的操作，按用纯水洗涤的方法进行，切记用过的溶液应从流液口放出。

移取溶液时，将移液管直接插入待吸溶液液面以下 1 ~ 2 cm 深处，不要伸入太浅，以免液面下降而吸空；也不要伸入太深，以免移液管外壁附有过多的溶液。吸液时将洗耳球紧接在移液管口上，并注意容器中液面和流液管尖的位置，应使流液管尖随液面的下降而下降。当液面上升到标线以上时，

图 2 - 29　移取溶液

迅速移去洗耳球，并用右手食指按住吸管口。将移液管向上提出液面，将流液管下部伸入溶液的部分沿待吸液容器内壁轻轻转两圈，以除去管外壁上的溶液。然后使容器倾斜约 30°，其内壁与流液管尖紧贴，移液管垂直。微微松动右手食指，使液面缓缓下降，直到弯液面的最低点与刻度线的上边缘水平相切

（视线在同一水平面上）时，立即按紧食指。左手改拿接受溶液的容器，将接受容器倾斜，使内壁紧贴移液管尖成约30°倾斜。松启右手食指，使溶液自由地沿壁流下（图2－30）。待弯液面下降到流液口处静止时，再等3 s①后，移开移液管。

切勿把残留在管内的溶液吹出，因为在校准移液管时，已经考虑了末端所保留溶液的体积。

移液管用完后要放在移液管架上。

2.2.2.2　分度吸量管

分度吸量管通常简称为吸量管。是一种带有分度线的量出式玻璃量器（图2－31），用于移取非固定体积的溶液。国家标准《实验室玻璃仪器－分度吸量管》（GB 12807—91）规定了分度吸量管的分类、规格、分级、容量允许误差和流出时间等。

（1）分度吸量管的分类。

分度吸量管有不完全式流出吸量管、完全流出式吸量管、规定等待时间15 s的吸量管和吹出式吸量管四类。

①不完全式流出吸量管均为零线在上形式，最低分度线为标称容量［图2－31（a）］。任一分度线相应的容量定义为：在20℃时，从零线排放到该分度线时所流出的20℃水的体积（mL）。在分度线上的弯液面最后调定之前，液体自由流下，不允许有液滴黏附在管壁上。

②完全流出式吸量管有零线在上［图2－31（b）］和零线在下［图2－31（c）］两种形式，其任意一分度线对应的容量定义为：在20℃时，从分度线排放到流液口时所流出的20℃水的体积（mL）。液体自由流下，直至确定弯液面已

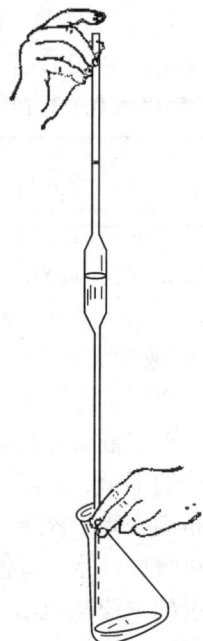

图2－30　放出溶液

---

①　以往的教学特别强调在溶液流至移液管尖后等待15 s，再将移液管尖靠在容器内壁上来回滚动一次，才能取出移液管。但国家标准《实验室玻璃仪器－单标线吸量管》（GB 12808—91）规定的单标线吸量管容量定义的操作是等待3 s。国家标准《实验室玻璃仪器－玻璃量器的校准和使用方法》（GB/T 12810—91）中对流出式吸量管（包括单标线吸量管和分度吸量管）的使用是这样规定的：为了得到正确的量出容量，吸量管应按其产品标准中有关容量定义所述的方法操作。吸量管与接收容器脱离之前，应遵守规定的等待时间。通常吸量管挂壁液体流至流液口的等待时间规定为3 s已足够，而且不需要准确测定。一旦确定弯液面达到流液口并趋于静止，吸量管即可与容器脱离接触。本书据此对等待时间和以后的操作作了更正。

降到流液口静止后，再将吸量管脱
离接受容器（指零点在下式）；或者
从零线排放到该分度线或流液口
20℃水的体积（mL）。在水流自由
流下，不允许有液滴粘附在管壁上
的情况下，直到分度线上的弯液面
最后调定为止（指零线在上式）。

　　③规定等待时间 15 s 的吸量
管是零线在上的完全流出式吸量管
［图 2 - 31（b）］。其任意一分度线
相应的容量定义为：在 20℃时，从
零线排放到该分度线所流出的
20℃水的体积（mL）。当弯液面降
到高出该分度线几毫米时水流被截
住，等待 15 s 后，再将弯液面调至
该分度线。在量取吸量管全容量溶
液时，排放过程中水流不应受到限
制，弯液面下降至流液口处静止
后，要等待 15 s，再从接受容器中
移走吸量管。

　　④吹出式吸量管有零线在上和
零线在下两种形式，均为完全流出
式，容量精度不分级，实际上相当
B 级，流速较快，且不规定等待时间。

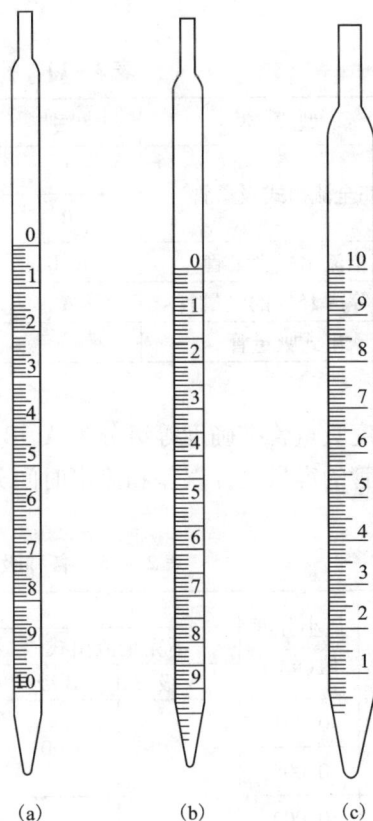

(a)　　　　(b)　　　　(c)

图 2 - 31　分度吸量管

　　吹出式吸量管的任一分度线相应的容量定义为：在 20℃时，从该分度线排
放到流液口所流出的 20℃水的体积（mL）（指零线在下），或从零线排放到该分
度线所流出的 20℃水的体积（mL）（指零线在上）。在量取吸量管全容量溶液
时，水流应不受限制，直到确定弯液面已到达并停留在流液口为上，随即将最
后一滴液滴吹出。

　　每支吸量管上有如下标志：生产厂商标，标准温度（20℃），标称容量
（mL），级别符号（A、B），吹出式标"吹"或"blow - out"，如果规定有等待时间，
应标"15 s"。

　　（2）分度吸量管的规格和分级。

分度吸量管的规格系列如表 2 – 14 所示。

表 2 – 14　吸量管的规格系列

型式	级别	规格
不完全流出式吸量管	A	1,2,5,10,25,50
	B	0.1,0.2,0.25,0.5,1,2,5,10,25,50
完全流出式吸量管	A、B	1,2,5,10,25,50
规定等待 15 s 的吸量管	A	0.5,1,2,5,10,25,50
吹出式吸量管		0.1,0.2,0.25,0.5,1,2,5,10

分度吸量管准确度等级分为 A、B 两级，A 级为较高级，B 级为较低级。各种吸量管的容量允许误差和流出时间分别见表 2 – 15 和表 2 – 16。

表 2 – 15　各种吸量管的容量允许误差

标称容量（mL）	最小分度值（mL）	容量允差（±mL）					
		不完全流出式		完全流出式		等待 15 s	吹出式
		A 级	B 级	A 级	B 级	A 级	
0.1	0.001		0.003				0.004
0.1	0.005						
0.2	0.002					—	0.006
0.2	0.01		0.005				
0.25	0.002	—					0.008
0.25	0.01						
0.5			0.010			0.005	0.010
0.5	0.02						
1	0.01	0.008	0.015	0.008	0.015	0.008	0.015
2	0.02	0.012	0.025	0.012	0.025	0.012	0.025
5	0.05	0.025	0.050	0.025	0.050	0.025	0.050
10	0.1	0.050	0.100	0.050	0.100	0.050	0.100
25							
25	0.2	0.100	0.200	0.100	0.200	0.100	—
50							

表 2 - 16　各种吸量管的容量流出时间

标称容量 （mL）	流出时间（s）				
	不完全流出式		完全流出式	等待 15 s	吹出式
	A 级	B 级	A、B 级	A 级	
0.1				—	
0.2	2 ~ 7		—		2 ~ 5
0.25					
0.5					
1	4 ~ 10	4 ~ 10	4 ~ 10	4 ~ 8	
2	4 ~ 12	4 ~ 12	4 ~ 12		3 ~ 6
5	6 ~ 14	6 ~ 14	6 ~ 14	5 ~ 11	
10	7 ~ 14	7 ~ 17	7 ~ 17		5 ~ 10
25	11 ~ 21	11 ~ 21	11 ~ 21	9 ~ 15	
50	15 ~ 25	15 ~ 25	15 ~ 25	17 ~ 25	—

　　尽量不要使用吸量管的全容量，以避免由吹出与不吹出可能带来的误差。用吸量管平行移取几份溶液时，每移一份溶液后必须重新调零，才能保证每次都利用相同部位量取溶液，尽量减小平行量液造成的误差。

　　（3）分度吸量管的使用方法。

　　分度吸量管的使用操作方法与移液管基本相同，不赘述。

2.2.2.3　单标线容量瓶

　　单标线容量瓶通常简称容量瓶，主要用于配制准确浓度的溶液或定量地稀释溶液。常和移液管配合使用，把配成溶液的某种物质分成若干等分。

　　（1）容量瓶的规格和分级。

　　国家标准《实验室玻璃仪器—单标线容量瓶》（GB/T 12086—2011）对容量瓶的结构类型、规格尺寸、准确度等级、允许误差和产品标志等作了具体规定，简述如下。

　　容量瓶是一种细颈的圆锥形或梨形的平底玻璃瓶（图 2 - 32），用硼硅酸盐玻璃制造，有无色和棕色两种。为保证密合性，管口部位为磨口，并配有磨口玻璃塞或塑料塞，瓶颈上刻有环形标线。容量瓶均为量入式，容量准确度等级分为 A、B 两级。瓶体上标有：标称容量（mL），标准温度（20℃），量入式符号

（In），准确度等级（A 或 B），生产企业或销售商的名称或商标，在瓶塞可以互换的情况下，还标有磨口的尺寸或号别。

容量瓶根据标称容量大小有多种规格，1~2 mL的容量瓶外形为圆锥形，5~50 mL 的为圆锥形或梨形，100~5000 mL 的为梨形。

容量瓶的容量定义为：在 20℃ 时，充满至标线所容纳的 20℃ 水的体积，以毫升为单位。采用下述方法调节弯液面：调节液面使弯液面的最低点与标线的上边缘水平相切，视线应在同一水平面上。

各种规格容量瓶的容量允许误差如表 2 - 17 所示。

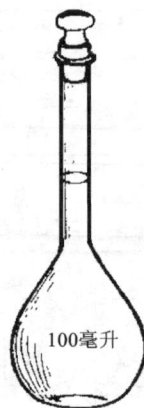

图 2 - 32　容量瓶

表 2 - 17　容量瓶的容量允差

标称容量	容量允差(±mL)	
（mL）	A 级	B 级
1	0.010	0.020
2	0.010	0.030
5	0.020	0.040
10	0.020	0.040
20	0.03	0.06
25	0.03	0.06
50	0.05	0.10
100	0.10	0.20
200	0.15	0.30
250	0.15	0.30
500	0.25	0.50
1000	0.40	0.80
2000	0.60	1.20
5000	1.20	2.40

（2）容量瓶的使用方法。

①容量瓶的准备。

为保证密合性，容量瓶与塞子要配套使用，塞子一般不能互相调换或另配。由于塞子打破会使容量瓶无法继续使用，所以在使用前应用细绳将磨口塞绑定在容量瓶的瓶颈上，防止塞子不慎打破或与其他容量瓶的塞子弄混。系绳余留长度 2～3 cm 即可，以可以开启塞子为宜。

容量瓶使用前要先检查是否漏水。试漏方法是：往容量瓶中加入自来水至标线，塞好瓶塞，一手按住瓶塞，另一手托住瓶底，然后将容量瓶倒立数分钟，仔细观察瓶口是否有水渗出。如不漏水，再将塞子旋转 180°后，继续倒立瓶体数分钟，看瓶口漏水与否。经检验不漏水的容量瓶才能使用。当需要用到多个规格相同的容量瓶时，有必要将容量瓶进行编号。

用少量铬酸洗液浸润容量器内壁几分钟，将铬酸洗液倒回原容器，然后用自来水洗去容量瓶内残留的铬酸洗液，内壁不挂水珠时，再用纯水至少洗涤 3 次。在某些仪器分析实验中还要用硝酸或盐酸溶液清洗。

②容量瓶的操作方法。

如果是用固体物质配制标准溶液，操作步骤分为如下：

ⓐ向容量瓶转移溶液。将准确称取的固体物质在小烧杯中用少量溶剂溶解后，再将溶液定量转移到预先洗净的容量瓶中。方法是：一手拿玻棒，并将它伸入瓶中；一手拿烧杯，烧杯嘴贴紧玻棒，慢慢倾斜烧杯，使溶液沿着玻棒缓缓流下[如图 2-33(a)所示]。倾完溶液后，将烧杯沿着玻棒轻轻上提 1～2 cm，同时将烧杯扶正(如图 2-17)，使附在玻棒和烧杯嘴之间的液滴回到烧杯中。再用洗瓶以少量蒸馏水冲洗烧杯内壁和玻棒 3～4 次，每次的洗出液按同样的方法全部转入容量瓶中，重复操作 3～4 次(叫做溶液的定量转移)。

ⓑ定容。向容量瓶中注入蒸馏水，当加水至 2/3 容积时，将容量瓶水平旋摇几周，使溶液初步混均。继续加水到液面在标线以下约 1 cm 处时，静置 1～2 min，让瓶颈上的溶液流下，溶液中的气泡逸出。再以滴管逐滴加水至弯液面最低点恰好与标线上边缘水平相切，盖上瓶塞。切记，只有定容完成后才可盖上塞子。

ⓒ混匀。左手捏住瓶颈上部，食指压住瓶塞顶端，右手指尖托住瓶底边缘[如图 2-33(b)所示]。将瓶倒转，左手保持不动，右手水平做圆周运动[如图 2-33(c)所示]，摇动几周，再倒转过来，使气泡上升到顶。如此重复 15 次以上。然后静置，打开瓶塞，让缝隙间的溶液流下后盖上瓶塞，再按上述方法混匀 5 次左右，使溶液充分混匀。

100 mL 以下的容量瓶，可不用右手托瓶，只用一只手拿住瓶颈及瓶塞进行颠倒摇动即可。

热溶液不能直接转移到容量瓶中进行定容，需要冷却至室温后再转移定

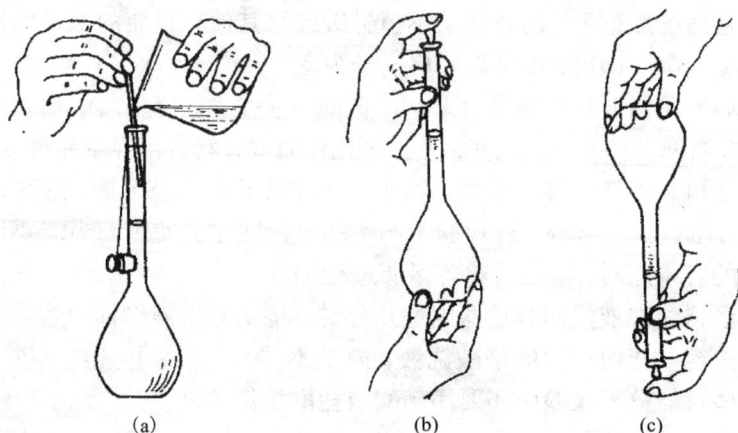

图 2-33　容量瓶的使用

容，否则误差较大。

　　容量瓶使用完后，要立即清洗干净，并在磨口和塞子之间加纸片隔开保存。

　　容量瓶是量器不是容器，所以不能用来长期存放溶液。溶液若要长期保存，应转移到试剂瓶中贮存。试剂瓶应先用该溶液润洗 2～3 次，然后再装溶液，以确保溶液浓度不受到影响。

　　2.2.2.4　滴定管

　　(1)滴定管的分类、分级。

　　滴定管是滴定时准确测量滴定溶液体积的量器，有时也用于精确取液。它的主要部分管身是一内径均匀、具有精确刻度(线的宽度不超过 0.3 mm)的细长玻璃管。国家标准《实验室玻璃仪器　滴定管》(GB/T 12805—2011)将滴定管分为无塞滴定管、具塞滴定管、三通活塞滴定管、三通旋塞自动定零位滴定管、侧边旋塞自动滴定管、侧边三通旋塞自动滴定管和座式滴定管七类，每一类根据标称容量不同有不同的规格。10 mL 以下的称半微量和微量滴定管，用于半微量和微量分析。10 mL 以上的称常量滴定管，用于常量分析。

　　GB/T 12805—2011 规定各种滴定管在零位分度线以上处，标志标称容量(如 50)、计量单位(mL)、制造厂商标、标准温度(20℃)、量出式符号(*Ex*)和准确度等级(A 或 B)，对于非标准旋塞的旋塞芯、壳，在旋塞芯柄和流液管上分别标示易辨认的相同标志。滴定管的准确度等级分 A、B 两级。各种规格滴定管的容量允许误差和流出时间如表 2 - 18。

表 2 - 18　各种规格滴定管的容量允差和流出时间

标称容量(mL)		1	2	5	10	25	50	100
最小分度值(mL)		0.01	0.01	0.02	0.05	0.1	0.1	0.2
流出时间 (s)	A 级	20 ~ 35	20 ~ 35	30 ~ 45	30 ~ 45	45 ~ 70	60 ~ 90	70 ~ 100
	B 级	15 ~ 35	15 ~ 35	25 ~ 45	25 ~ 45	35 ~ 70	50 ~ 90	60 ~ 100
允差 (±mL)	A 级	0.010	0.010	0.010	0.025	0.04	0.05	0.10
	B 级	0.020	0.020	0.020	0.050	0.08	0.10	0.20

注:流出时间是指当旋塞全开时,水的弯液面从零位标线降至最低分度线所用的时间。容量允差是指在标准温度20℃时,水以表中规定的流出时间流出,等待30 s后读数,测得的容量误差。容量允差表示零至任意一点的允差,也表示任意两检定点之间的允差。

除常见的无色滴定管外,还有棕色滴定管,用于见光易分解的溶液。有的滴定管带有蓝带,可使读数时更为清晰。

具塞滴定管俗称酸式滴定管,无塞滴定管俗称碱式滴定管。它们的结构和形状如图 2 - 34。

下面主要介绍这两类滴定管中的常量滴定管的使用方法。

(2)滴定管的使用。

酸式滴定管[图 2 - 34(a)]下端是玻璃旋塞,旋转旋塞溶液即从管内流出。它适于装酸性溶液和氧化性溶液,而不能盛装碱性溶液。碱性物质会与玻璃反应而使旋塞发生粘连。

碱式滴定管[图 2 - 34(b)]下端是用一段橡皮管连接的带尖嘴的玻璃

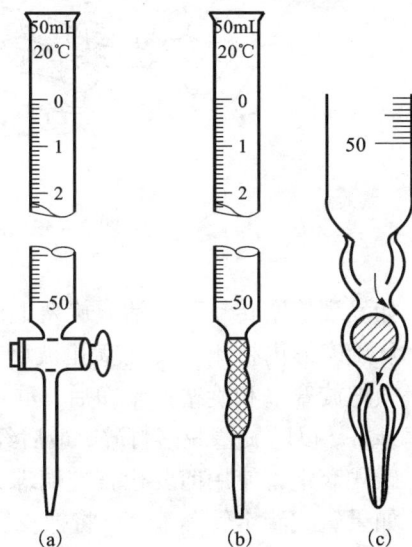

图 2 - 34　酸式、碱式滴定管

管,橡皮管内有一玻璃珠,代替玻璃旋塞,用于控制液体的流速[图 2 - 34(c)]。碱式滴定管用于盛装碱性溶液,凡是与橡皮反应的氧化性溶液如 $KMnO_4$、I_2 等都不能装在碱式滴定管中。

①滴定管的准备。

酸式滴定管在使用前要检查是否漏水、旋塞是否旋转灵活，该操作称为试漏。试漏的具体操作是先将旋塞关闭，在滴定管内充满水，将滴定管夹在滴定管架上，放置 2 min，观察管口及旋塞两端是否有水渗出；将旋塞转动180°，再放置 2 min，看是否有水渗出。若前后两次均无水渗出，旋塞转动也灵活，即可使用，否则应将旋塞取出，重新涂上凡士林后再试漏。

涂凡士林的方法是将旋塞取出，用滤纸或干净布将旋塞及旋塞槽内的水擦干净。用手指蘸少许凡士林，在旋塞的两头涂上薄薄一层［如图 2 – 35（a）］，在旋塞孔的两旁少涂一些，以免凡士林堵住旋塞孔，或者分别在旋塞粗的一端上和旋塞槽细的一端内壁涂一薄层凡士林。将旋塞直接插入旋塞槽中，向同一方向转动旋塞［如图 2 – 35（b）］，直到旋塞中油膜均匀透明。

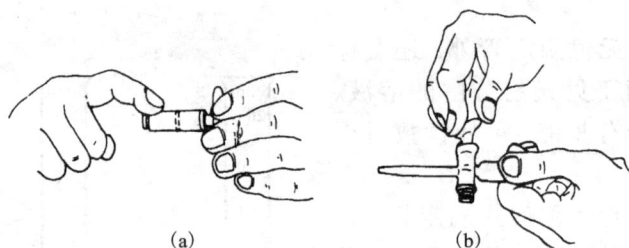

(a)   (b)

图 2 – 35　旋塞涂油和安装

如发现旋塞转动不灵活或旋塞上出现纹路，表示凡士林涂得不够；若是凡士林从旋塞缝内挤出，或旋塞孔被堵，表示凡士林涂得太多。遇到这些情况，都必须把旋塞槽和旋塞擦干净后，重新涂凡士林。涂好凡士林后，用橡皮圈将旋塞缠好，以防旋塞脱落打碎，最后经过试漏、洗涤，即可使用。

碱式滴定管使用前要检查玻璃珠大小是否合适，橡皮管是否老化，是否漏液。如果碱式滴定管漏液，可将橡皮管内玻璃珠位置移动一下，看漏液是否停止。若仍漏液，则说明玻璃珠太小或橡皮管已经老化松弛，需要更换玻璃珠或橡皮管。

②洗涤。

无明显油污的滴定管，可直接用自来水冲洗，再用滴定管刷蘸合成洗涤剂刷洗即可，但要注意铁丝部分不能接触管壁，以免划伤内壁，影响体积的准确测量。若有油污不能洗净时，可用铬酸洗液洗涤。用铬酸洗液洗酸式滴定管时，要先将管内的水尽量除去，关闭旋塞，倒入 5 ~ 10 mL 铬酸洗液于滴定管内，两手端住滴定管，边转动边将滴定管放平，并将滴定管口对着洗液瓶口，直至洗液布满全部内壁。洗净后将大部分洗液从管口放回原瓶，直立滴定管，打开旋塞，将剩余的洗液从出口管放回原瓶，这样出口管也洗净了。用自来水冲洗干净，管内壁应不挂水珠。

再用纯水洗涤 3 次，第一次用 10 mL 左右，第二、第三次各用 5 mL 左右。双手持滴定管身两端无刻度处，边转动边倾斜滴定管，使水布满全管并轻轻振荡。然后直立，打开旋塞将水从出口管放尽，同时冲洗出口管外壁。也可将大部分水从管口倒出，再将其余的水从出口管放出。每次应尽量放尽残留的水，最后将管的外壁擦干。

用铬酸洗液洗碱式滴定管时，要拔下橡皮管，用塑料乳头堵塞碱管下口进行洗涤。待用自来水冲洗干净后再接上橡皮管，再用纯水清洗。在用纯水清洗时，应特别注意不断改变方位捏橡皮管，使玻璃球的四周都洗到。

③装液（排气泡，调零）。

装入操作溶液前，应将试剂瓶中的溶液摇匀，使凝结在瓶内壁上的水珠混入溶液。操作溶液要直接倒入滴定管，而不能用其他容器转移。左手前三指持滴定管上部无刻度处，并使滴定管稍微倾斜，右手手心对着标签拿住试剂瓶往滴定管中倒溶液。大的试剂瓶则可放在桌子上，手拿瓶颈使瓶慢慢倾斜，让溶液慢慢沿滴定管内壁流下。

为了避免装入后的标准溶液被稀释，应用此种标准溶液润洗滴定管三次，第一次 10 mL，第二、第三次各用 5 mL，洗涤后的溶液必须打开旋塞从出口管放出，并且每次要尽量放尽。操作方法与用纯水洗涤相同。要特别注意的是一定要使操作溶液洗遍全部内壁，并使溶液接触管壁 1 ~ 2 min，以便与原来残留的溶液混合均匀（洗碱式滴定管时，仍需注意玻璃球下方的洗涤）。最后关闭旋塞，倒入操作溶液至零刻度线以上。

装入操作溶液后，应先排去管尖内的气泡，才能调零。酸式滴定管排气泡的方法是：右手拿滴定管上部无溶液处，并使滴定管倾斜约 30°，左手迅速打开旋塞（用烧杯承接溶液），利用在较高水压下迅速射出的液体，将管尖内的气泡随水流冲出。

碱式滴定管排气泡的方法是：装溶液至零刻度线以上后，将滴定管垂直夹在滴定管架上，左手拇指和食指捏住玻璃球所在部位并使橡皮管向上弯曲，出水管尖斜向上，然后在玻璃球部位往一边轻轻捏橡皮管使成一缝隙（如图 2 - 36 所示），溶液从缝隙间射出（用烧杯承接溶液），即可排除气泡。气泡

排完后，再一边捏橡皮管一边将橡
皮管放直，注意要待将橡皮管放直
后才能松开拇指和食指，否则出水
管仍会有气泡。

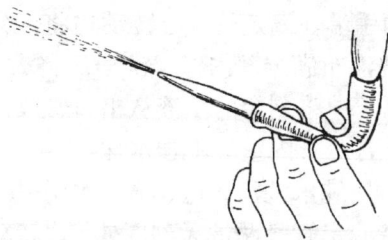

图 2 - 36　碱式滴定管排除气泡

滴定管排尽气泡后，需要重新
装液至刻度线以上，才可进行调零
操作。调零时，右手拇指和食指拎
住滴定管，左手慢慢转动旋塞或捏
挤橡皮管以控制水流，双眼平视零
刻度线，当液体的弯液面最低点与
零刻度（或低于零刻度的附近刻度）线上边缘水平相切时，立即停止放液。用小
烧杯内壁或锥形瓶外壁蘸掉滴定管尖悬挂的溶液后，进行读数。

④读数。

滴定管读数不准确而引起的误差，常常是定量分析误差的主要来源之一，
因此要掌握正确的读数方法。

读数应遵循以下原则：

ⓐ注入溶液或放出溶液后，必须等 1 ~ 2 min，使附着在内壁上的溶液流下
以后才能读数。每次读数前要检查滴定管内壁是否挂有水珠，管尖是否有
气泡。

ⓑ读数时，要像吊铅垂线那样用大拇指和食指拎住滴定管上部无溶液处，
使滴定管垂直。操作者的身体要正，眼睛平视。

ⓒ对于无色或淡色溶液，读取弯液面下沿最低点，视线应与分度线上边缘
在同一水平面上［如图 2 - 37（a）］。视线偏高，读数偏小，视线偏低，读数偏
大。对于深色溶液如 $KMnO_4$、I_2 溶液等，读取弯液面两侧的最高点［如图 2 - 37
（b）所示］。

ⓓ必须读到小数点后第二位，而且要估读到 0.01 mL。估计读数时，要考
虑刻度线本身的宽度。

ⓔ为了读数准确，可采用读数卡读数。读数卡可用涂有约 3 cm × 1.5 cm
黑色长方形的白纸制成。读数时，将读数卡放到滴定管背后，使黑色部分在弯
液面下约 1 mm 处，此时即可看到弯液面的反射层呈黑色，然后读此黑色弯液
面下缘的最低点［如图 2 - 37（c）所示］。深色溶液须读两侧最高点时，可用白
色卡片作为背景。

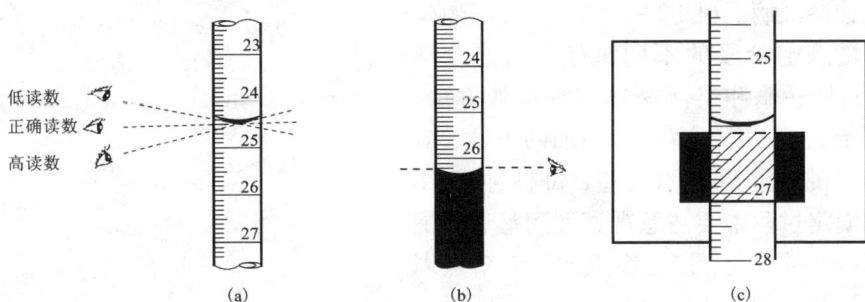

低读数
正确读数
高读数

(a)   (b)   (c)

图 2－37 滴定管读数

①使用"蓝带"滴定管时,读取蓝线上下两尖端相对点位置的读数(如图 2－38 所示)。

⑤滴定。

用酸式滴定管滴定时,左手控制滴管的旋塞。大拇指在前,食指和中指在后,手指略微弯曲,三指的指尖捏住旋塞,并轻轻向内扣住旋塞;无名指和小指向手心弯曲,轻轻地贴着出水管(如图 2－39)。

图 2－38 "蓝带"滴定管读数

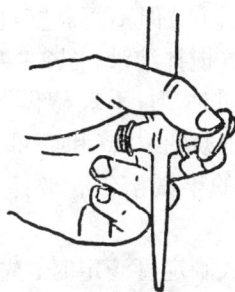

图 2－39 左手控制旋塞的拿法

右手拿锥形瓶。大拇指在前,食指和中指在后,三指拿住锥形瓶颈部,无名指和小指自然向手心弯曲,贴住锥形瓶。手臂不动,利用手腕和手指的力量摇动锥形瓶,使其做同一方向的圆周运动,以便使瓶内的溶液混合均匀。

滴定时,首先调整滴定管高度,使管尖高出锥形瓶口约 1 cm;提起锥形瓶,使滴定管尖伸入锥形瓶口 1～2 cm。在不断摇动锥形瓶的同时,左手慢慢打开旋塞让溶液滴下(图2-40)。

随滴定阶段的不同,有逐滴连续滴
加、只加一滴和半滴滴加三种加液方法。
刚开始滴定,用逐滴连续滴加的方法,溶
液滴出的速度可以稍快些,每秒钟3~5
滴。滴定过程中要注意观察液滴落点周围
溶液颜色的变化,接近终点即液滴落点周
围溶液颜色的变化较慢时,滴定速度要减
慢,应用只加一滴的方法,即滴一滴,摇
几下,观察颜色是否临近终点。临近终点
时,要用半滴滴加的方法。所谓半滴是将
旋塞稍稍转动,让溶液挂在滴定管尖上又

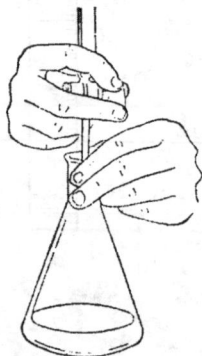

图2-40　酸式滴定管的滴定操作

不落下时,立即关闭旋塞,斜着上提锥形瓶使其与滴定管尖接触,将溶液蘸下。
摇动锥形瓶将附着的溶液洗下进行反应,也可用洗瓶吹入少量蒸馏水洗锥形瓶
内壁,使此溶液全部流下;重复半滴加入的操作,直到准确到达终点为止。

在烧杯中滴定时,将烧杯放在滴定台的
白瓷板上,调整滴定管高度,使滴定管下端
伸入烧杯1 cm左右。滴定管下端应在烧杯
中心的左后方,但不要靠壁过近。右手持玻
棒在右前方搅拌溶液(图2-41)。在左手滴
加溶液的同时,右手玻棒做圆周运动搅拌,
但不能接触烧杯内壁和底部。用玻棒下端
承接悬挂的半滴溶液,玻棒不要接触滴定
管尖。

用碱式滴定管滴定时,先用左手无名指
和小指夹住玻璃出水管;再拇指在前,食指
在后,用指尖捏住橡皮管中的玻璃珠所在部

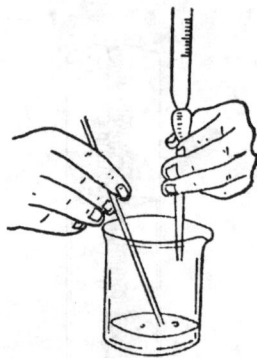

图2-41　在烧杯中滴定

位稍上处;最后中指自然弯曲贴着橡皮管,使滴定管,橡皮管和出水管保持在
一条垂直线上(如图2-42)。捏挤橡皮管,使橡皮管和玻璃珠之间形成一道缝
隙,溶液即可流出。注意不能捏挤玻璃珠下方的橡皮管,否则空气进入形成气
泡。停止滴定时,应先松开拇指和食指,再松开无名指和小指。

滴定中应注意的事项:

ⓐ摇锥形瓶时,应使溶液顺时针或逆时针向同一方向做圆周运动,但勿使

瓶口接触滴定管, 溶液也不得溅出。

　　ⓑ每次滴定前将液面调节在刻度 0.00 mL, 或接近"0"稍下的某一刻度, 这样可固定在某一段体积范围内滴定, 以减少体积误差。

　　ⓒ滴定结束后, 滴定管内剩余的溶液应弃去, 不得将其倒回原瓶, 以免沾污整瓶溶液。随即洗净滴定管, 并用纯水充满, 夹在滴定架上备用。

图 2 - 42　碱式滴定管的操作

2.2.3　玻璃量器的校准(检定)

　　任何玻璃量器的标称容量 $V_{标称}$ 都是有误差的。我国生产的玻璃量器能够满足一般的分析测试准确度要求。对于准确度要求很高的分析测试, 所用玻璃量器必须进行校准, 如滴定管、容量瓶等。国家计量检定规程《常用玻璃量器》(JJG 196—2006)规定滴定管、分度吸量管、A 级单标线吸量管和 A 级容量瓶采用衡量法检定, 也可以用容量比较法检定, 但以衡量法为仲裁检定方法。容量比较法需要标准玻璃量器。下面介绍在实验室就能进行的衡量校准法。

2.2.3.1　衡量法校准原理①

　　衡量法的原理是准确称量一定温度下量器中所容纳或放出的纯水质量, 根据该温度下纯水的密度计算出量器在 20℃ 时的容量。这种方法是基于在不同温度下水的密度都已经很准确地测定过。由质量换算成体积时, 要考虑三方面的影响: 温度对水的密度的影响、空气浮力对称量的影响和温度对玻璃量器体积膨胀收缩的影响。综合以上因素, 可得总的校正公式:

$$V_{20} = m \frac{\rho_B - \rho_A}{\rho_B (\rho_W - \rho_A)} [1 + \beta(20 - t)]$$

式中: V_{20}——标准温度 20℃ 时的被检玻璃量器的实际容量(mL);

　　　　ρ_B——砝码密度, 取 8.00 g·cm^{-3};

①　检定和校准的定义不同, 所遵循的法定标准也不同。国家计量检定规程《常用玻璃量器》(JJG 196—2006)和国家标准《实验室玻璃仪器 - 玻璃量器的容量校准和使用方法》(GB/T 12810—91), 两者都使用了衡量法, 但计算公式的形式不同, 导致计算方法和使用的表格不同。很多资料都以检定的方法作为校准的方法, 本书采用了这种做法。

ρ_A——测定时实验室内的空气密度，取 0.0012 g·cm^{-3}；

ρ_w——蒸馏水 t℃时的密度(g·cm^{-3})；

β——被检玻璃量器的体膨胀系数(℃$^{-1}$)；

t——检定时纯水的温度(℃)；

m——被检玻璃量器内所能容纳纯水的表观质量(g)。

为简便计算过程,将上式化简为下列形式:

$$V_{20} = m \cdot K(t)$$

$$K(t) = \frac{\rho_B - \rho_A}{\rho_B(\rho_W - \rho_A)}[1 + \beta(20 - t)]$$

$K(t)$ 值有表可查(表 2 - 19,表 2 - 20)。根据测得的纯水质量 m 和测定水温所对应的 $K(t)$ 值,即可由上式计算出被检玻璃量器在 20℃时的实际容量 V_{20}。实际容量 V_{20} 与标称容量 $V_{标称}$ 的差值为校正值 ΔV,即 $\Delta V = V_{20} - V_{标称}$。

表 2 - 19　常用玻璃量器衡量法 $K(t)$ 值表

钠钙玻璃体胀系数 25×10^{-6}℃$^{-1}$, 空气密度 0.0012 g·cm^{-3}

水温 t(℃)	0.0	0.1	0.2	0.3	0.4	0.5	0.6	0.7	0.8	0.9
15	1.00208	1.00209	1.00210	1.00211	1.00213	1.00214	1.00215	1.00217	1.00218	1.00219
16	1.00221	1.00222	1.00223	1.00225	1.00226	1.00228	1.00229	1.00230	1.00232	1.00233
17	1.00235	1.00236	1.00238	1.00239	1.00241	1.00242	1.00244	1.00246	1.00247	1.00249
18	1.00251	1.00252	1.00254	1.00255	1.00257	1.00258	1.00260	1.00262	1.00263	1.00265
19	1.00267	1.00268	1.00270	1.00272	1.00274	1.00276	1.00277	1.00279	1.00281	1.00283
29	1.00285	1.00287	1.00289	1.00291	1.00292	1.00294	1.00296	1.00298	1.00300	1.00302
21	1.00304	1.00306	1.00308	1.00310	1.00312	1.00314	1.00315	1.00317	1.00319	1.00321
22	1.00323	1.00325	1.00327	1.00329	1.00331	1.00333	1.00335	1.00337	1.00339	1.00341
23	1.00344	1.00346	1.00348	1.00350	1.00352	1.00354	1.00356	1.00359	1.00361	1.00363
24	1.00366	1.00368	1.00370	1.00372	1.00374	1.00376	1.00379	1.00381	1.00383	1.00386
25	1.00389	1.00391	1.00393	1.00395	1.00397	1.00400	1.00402	1.00404	1.00407	1.00409

引自国家计量检定规程《常用玻璃量器》(JJG 196—2006)

表 2 - 20　常用玻璃量器衡量法 $K(t)$ 值表

硅硼玻璃体胀系数 $10 \times 10^{-6} \text{℃}^{-1}$，空气密度 0.0012 g·cm^{-3}

水温 $t(\text{℃})$	0.0	0.1	0.2	0.3	0.4	0.5	0.6	0.7	0.8	0.9
15	1.00200	1.00201	1.00203	1.00204	1.00206	1.00207	1.00209	1.00210	1.00212	1.00213
16	1.00215	1.00216	1.00218	1.00219	1.00221	1.00222	1.00224	1.00225	1.00227	1.00229
17	1.00230	1.00232	1.00234	1.00235	1.00237	1.00239	1.00240	1.00242	1.00244	1.00246
18	1.00247	1.00249	1.00251	1.00253	1.00254	1.00256	1.00258	1.00260	1.00262	1.00264
19	1.00266	1.00267	1.00269	1.00271	1.00273	1.00275	1.00277	1.00279	1.00281	1.00283
20	1.00285	1.00286	1.00288	1.00290	1.00292	1.00294	1.00296	1.00298	1.00300	1.00303
21	1.00305	1.00307	1.00309	1.00311	1.00313	1.00315	1.00317	1.00319	1.00322	1.00324
22	1.00327	1.00329	1.00331	1.00333	1.00335	1.00337	1.00339	1.00341	1.00343	1.00346
23	1.00349	1.00351	1.00353	1.00355	1.00357	1.00359	1.00362	1.00364	1.00366	1.00369
24	1.00372	1.00374	1.00376	1.00378	1.00381	1.00383	1.00386	1.00388	1.00391	1.00394
25	1.00397	1.00399	1.00401	1.00403	1.00405	1.00408	1.00410	1.00413	1.00416	1.00419

引自国家计量检定规程《常用玻璃量器》(JJG 196—2006)

2.2.3.2　衡量法校准操作

校准在室温($20 \pm 5\text{℃}$)下进行，且室温变化不得大于 $1\text{℃} \cdot \text{h}^{-1}$，所用的纯水须提前 1 h 以上放入天平室使温度恒定。校准重复进行两次，两次的测量值之差不得超过量器容量允许误差的 1/4，取两次的平均值作为放出或容纳纯水的体积 V_{20}。每次称量重复两次，两次称量相差应小于 0.2 mg，取平均值。

(1)容量瓶的校准。

对清洗干净并经干燥处理的容量瓶进行称量，称得空容量瓶的质量；注纯水至容量瓶的标线处，称得纯水的质量；将温度计插入到被检容量瓶中，测得纯水的温度，读数准确到 0.1℃；查出 $K(20)$ 值，按公式计算被检定容量瓶在标准温度 20℃时的实际容量。

(2)单标线吸量管校准。

将清洗干净的吸量管垂直放置，充水至最高标线以上约 5 mm 处，擦去流液口外面的水，缓缓地将液面调整到被检分度线上，除去流液口的水滴，同时测量水的温度，准确到 0.1℃。用一只已经准确称得质量的容积大于被检吸量管容量的带磨口塞的锥形瓶承接水，吸量管流液口与锥形瓶内壁接触，锥形瓶倾斜30°，使水充分地流入锥形瓶中，当水流至流液口端不流时，等待3 s(等待15 s的吸量管须等待15 s)，随即将管尖的水滴蘸入锥形瓶内，盖紧磨口塞，准确称量纯水的质量，重复称量一次，两次称重相差应小于0.02 mg。根据测得的纯水质量 m 和测定水温所对应的 $K(t)$ 值，计算出被检吸量管在20℃时的实际容量。

(3)滴定管的校准。

在洗净的滴定管中装入蒸馏水，排去气泡，调节液面至0.00刻度，去掉管尖的水滴。同时测量水的温度，准确到0.1℃。用一只已经准确称得质量的容积大于被检滴定管容积的带磨口塞的锥形瓶承接水，完全开启旋塞(碱式滴定管则用力挤压玻璃小球处的橡皮管)，使水自由地流出，当液面降至被检分度线以上5 mm处时，等待30 s，然后在10 s内将弯液面调到被检分度线上，随即将管尖的水滴蘸入锥形瓶内，盖紧磨口塞，准确称量放出纯水的质量。

每次都从零开始，按一定容积间隔放出纯水，称量，记录。

校准点的确定:

1～5 mL:半容量和总容量两点。

25 mL:0～5、0～10、0～15、0～20、0～25 mL 五点。

50 mL:0～10、0～20、0～30、0～40、0～50 mL 五点

100 mL:0～20、0～40、0～60、0～80、0～100 mL 五点

根据测得的纯水质量 m 和测定水温所对应的 $K(t)$ 值，计算出20℃时的实际容量。

例如:校准一硅硼玻璃材质的50 mL滴定管，水温23.0℃，从0.00放水至10.00 mL，测得水的质量为9.8358 g，查得 $K(20)=1.00349$，计算得 $V_{20}=9.8358 \times 1.00349 = 9.8701$ mL，则校正值 $\Delta V = 9.8701 - 10.00 = -0.13$ mL。

也可以绘出滴定管体积校正值 $\Delta V - V_{标称}$ 曲线，供以后实验查用。

(4)容量瓶和移液管的相对校准。

由于移液管和容量瓶经常配套使用，因此它们之间的相对校准很有必要。例如25 mL移液管，其容积应等于100 mL容量瓶容积的1/4。

校准的方法:将容量瓶洗净，干燥。若容量瓶容积为100 mL，则用25 mL移液管移取蒸馏水4次置于100 mL容量瓶中，观察液面高度是否与标线吻合。如果不合，则用胶带纸或黑纸条做一与弯液面相切的标记。在以后的实验中，经过相对校准的容量瓶和移液管配套使用时，则采用新标线作为容量瓶容积的标线。

实验三　滴定分析基本操作练习

一、实验目的

(1)学习滴定分析常用仪器的洗涤和操作；

(2)学习滴定操作技术和终点的判断。

二、测定意义

滴定分析法是将一种已知准确浓度的试剂溶液(标准溶液)滴加到待测物质的溶液中，直到按化学计量关系反应恰好完全，根据标准溶液的浓度和消耗的体积求得试样中被测组分含量的分析方法。准确地测量溶液的体积是获得准确分析结果的重要前提之一，为此必须熟练掌握移液管、容量瓶及滴定管的正确操作技术，准确判断滴定终点。本实验学习这些基本操作，为后续实验做准备。

三、方法原理

$0.1\ mol \cdot L^{-1}$ HCl 溶液和 $0.1\ mol \cdot L^{-1}$ NaOH 相互滴定的滴定反应式为：

$$H^+ + OH^- \!=\!=\!= H_2O$$

化学计量点时的 pH 为 7.0，突跃范围为 pH $= 4.3 \sim 9.7$，选用在滴定突跃范围内变色的指示剂，可保证滴定的准确度。甲基橙的变色范围为 pH $= 3.1 \sim 4.4$，酚酞的变色范围为 pH $= 8.0 \sim 9.6$。使用同一指示剂，一定浓度的 HCl 和 NaOH 相互滴定时，所测得的体积比 V_{HCl}/V_{NaOH} 应是一定的。据此，可检验滴定操作技术和判断终点的能力。

四、仪器与试剂

50 mL 酸式滴定管，50 mL 碱式滴定管，25 mL 移液管，100 mL 容量瓶，250 mL 容量瓶，250 mL 锥形瓶。

$2.5\ mol \cdot L^{-1}$ HCl 溶液；$0.1\ mol \cdot L^{-1}$ NaOH 溶液；酚酞指示剂 $2\ g \cdot L^{-1}$ 乙醇溶液；甲基橙指示剂 $1\ g \cdot L^{-1}$。

五、实验内容

(1)容量瓶、移液管操作训练。

①按滴定分析基本操作方法洗涤移液管、容量瓶及滴定管。

②用量杯量取 10 mL $2.5\ mol \cdot L^{-1}$ HCl 溶液于 250 mL 容量瓶中，用蒸馏水稀释至刻度，摇匀。得 $0.1\ mol \cdot L^{-1}$ HCl 溶液。

③用 25 mL 移液管移取自来水 4 次置于 100 mL 容量瓶中，观察体积误差。重复操作，直至熟练。

（2）滴定操作训练。

①滴定前准备。

用 0.1 mol·L^{-1} HCl 溶液润洗酸式滴定管 2 ~ 3 次，每次 5 ~ 10 mL，然后将 HCl 溶液装入酸式滴定管中，排除管尖气泡，调节液面至 0.00 mL。

用 0.1 mol·L^{-1} NaOH 溶液润洗碱式滴定管 2 ~ 3 次，每次 5 ~ 10 mL，然后将 NaOH 溶液装入碱式滴定管中，排除气泡，调节液面至 0.00 mL。

②用量筒取水 30 mL 置于 250 mL 锥形瓶中，加入 2 滴酚酞指示剂，从酸式滴定管中放出 1 mL 0.1 mol·L^{-1} HCl 溶液，用装有 0.1 mol·L^{-1} NaOH 溶液的碱式滴定管滴定，观察锥形瓶溶液颜色变化，控制终点为微红色，保持 30 s 不褪色。再从酸式滴定管中向锥形瓶加入几滴 HCl 溶液，重复滴定。

③用量筒取水 30 mL 置于 250 mL 锥形瓶中，加入 2 滴甲基橙指示剂，从碱式滴定管中放出 1 mL NaOH 溶液，用装有 HCl 溶液的酸式滴定管滴定，观察锥形瓶溶液颜色变化，控制终点为橙色。再从碱式滴定管中向锥形瓶加入几滴 NaOH 溶液，重复滴定。

（3）盐酸、氢氧化钠溶液体积比的测定。

①HCl 滴定 NaOH。

用移液管移取 25.00 mL NaOH 溶液于 250 mL 锥形瓶中，加入 2 滴甲基橙指示剂。用 0.1 mol·L^{-1} HCl 溶液滴定至黄色变为橙色，记下读数。平行 3 份。计算体积比 V_{HCl}/V_{NaOH}，要求体积比的相对平均偏差不大于 0.3%。

②NaOH 滴定 HCl。

用移液管移取 25.00 mL HCl 溶液于 250 mL 锥形瓶中，加入 2 ~ 3 滴酚酞指示剂，用 0.1 mol·L^{-1} NaOH 溶液滴定至溶液呈微红色，保持 30 s 不褪色即为终点，记下读数。平行测定 3 份，计算体积比 V_{HCl}/V_{NaOH}，要求体积比的相对平均偏差不大于 0.3%。

六、数据处理

（1）记录各次滴定消耗滴定剂的体积。

（2）分别计算 HCl 滴定 NaOH 和 NaOH 滴定 HCl 的 V_{HCl}/V_{NaOH} 及其平均值。对两结果进行讨论。

七、问题讨论

CO_2 在酸碱滴定中有时影响很小，有时较大而不可忽视，影响的大小主要取决于滴定终点的 pH 值。

在酸碱滴定中出现的 CO_2 来源很多，如水中溶解的 CO_2，配制标准溶液的试剂本身吸收的 CO_2，标准溶液在放置过程中吸收的 CO_2，滴定过程中溶液吸收空气中的 CO_2 等。

溶解在水中的 CO_2 存在如下平衡：

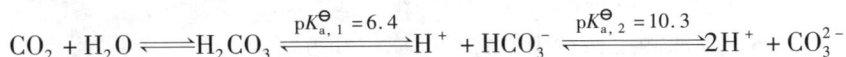

$$CO_2 + H_2O \Longleftrightarrow H_2CO_3 \underset{}{\overset{pK_{a,1}^{\ominus} = 6.4}{\Longleftrightarrow}} H^+ + HCO_3^- \underset{}{\overset{pK_{a,2}^{\ominus} = 10.3}{\Longleftrightarrow}} 2H^+ + CO_3^{2-}$$

由平衡式可知，pH > 10.3 时，体系中 CO_3^{2-} 为主要型体；$6.4 < pH < 10.3$ 时，主要以 HCO_3^- 型体存在；当 pH < 6.4 时，则主要以 CO_2 型体存在。因此，滴定终点时的 pH 值越低，则 CO_2 的影响越小。一般地说，如果终点溶液的 pH < 5，CO_2 的影响可忽略。

用 HCl 滴定 NaOH，若采用甲基橙指示剂，终点时 pH ≈ 4.0。滴定液中由各种途径引入的 CO_2 基本上不参与滴定，而滴定剂 NaOH 因吸收 CO_2 形成的 CO_3^{2-} 此时也基本上转化为 CO_2，因而 CO_2 不影响测定结果。但如果用酚酞作指示剂，终点时 pH ≈ 9.0，滴定液中的 CO_2 将转变为 HCO_3^-，滴定剂 NaOH 溶液中的 CO_3^{2-} 也仅被中和至 HCO_3^-，显然，这时 CO_2 对滴定是有影响的。所以，当滴定终点的 pH > 5 时，必须设法尽量排除 CO_2 的影响。通常采取加热煮沸除去滴定液中 CO_2，配制不含 CO_3^{2-} 的标准碱溶液，标定和测定时采用同一指示剂在同样条件下进行滴定等措施消除 CO_2 的影响。

八、注意事项

(1)指示剂的用量应在变色明显的前提下越少越好。

(2)注意两种指示剂终点颜色的判断。

九、思考题

(1)在滴定分析实验中，滴定管和移液管为何需用滴定剂和待移取的溶液润洗几次？锥形瓶和容量瓶是否需要同样的处理？为什么？

(2)为什么用 HCl 滴定 NaOH 时，采用甲基橙指示剂，而用 NaOH 滴定 HCl 时，使用酚酞指示剂？

实验四 铵盐中含氮量的测定(甲醛法)

一、实验目的

(1)掌握 NaOH 标准溶液的配制与标定方法;

(2)掌握甲醛法测定铵盐中氮含量的原理和方法。

二、测定意义

氮多以铵态氮和硝态氮存在于肥料、土壤及许多有机化合物,常常需要测定其中氮的含量。通常是将试样加以适当处理,使各种含氮化合物都转化为铵态氮,然后进行测定。其测定的方法主要有:①蒸馏法,俗称"凯氏定氮"法,适用于无机、有机物质中含氮量的测定,准确度较高。②甲醛法,适用于铵盐中铵态氮的测定,方法简便,生产中应用较广。

三、方法原理

(1)$0.1\ mol \cdot L^{-1}$ NaOH 溶液的标定。

标定碱溶液时,常用邻苯二甲酸氢钾或草酸等基准物质进行标定。邻苯二甲酸氢钾($KHC_8H_4O_4$)易纯制,无结晶水,易于干燥,不吸湿,摩尔质量较大,可降低称量误差。$KHC_8H_4O_4$ 与 NaOH 起反应时,物质的量之为 1∶1,因此,它是标定 NaOH 标准溶液较好的基准物质。标定反应如下:

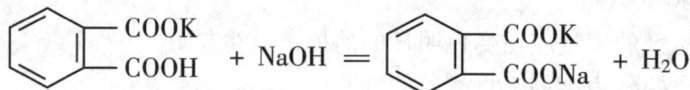

反应的产物是邻苯二甲酸钾钠,化学计量点时溶液 $pH \approx 9.1$,可用酚酞作指示剂。

(2)$(NH_4)_2SO_4$ 试样中氮含量的测定。

由于 NH_4^+ 的 $K_a = 5.6 \times 10^{-10}$ 酸性太弱,不能直接用 NaOH 标准溶液直接滴定。甲醛法是基于将铵盐与一定量的甲醛作用,生成相当量的酸(H^+)和质子化的六次甲基四铵盐($K_a = 7.1 \times 10^{-6}$),弱酸 NH_4^+ 被强化,反应如下:

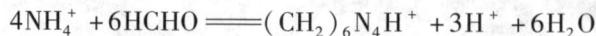

$$4NH_4^+ + 6HCHO \Longrightarrow (CH_2)_6N_4H^+ + 3H^+ + 6H_2O$$

生成的 H^+ 和质子化的六次甲基四胺盐,均可被 NaOH 标准溶液准确滴定

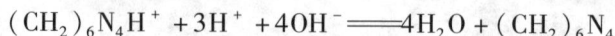

$$(CH_2)_6N_4H^+ + 3H^+ + 4OH^- \Longrightarrow 4H_2O + (CH_2)_6N_4$$

化学计量关系:$1\ N \sim 10H^-$。

滴定后所生成的六次甲基四胺是一种很弱的碱($K_b = 8 \times 10^{-10}$)，化学计量点的 pH 约为 8.8，可选用酚酞为指示剂。

四、仪器与试剂

电子分析天平，50 mL 碱式滴定管，250 mL 锥形瓶，100 mL 烧杯，100 mL 量筒。

NaOH（A. R）；酚酞指示剂　2 g·L^{-1}乙醇溶液；甲基红指示剂　2 g·L^{-1} 60% 乙醇溶液；甲醛水溶液（1 + 1）；邻苯二甲酸氢钾　基准物质，在 100 ~ 125℃干燥 1 h 后，置于干燥器中备用；铵盐试样。

五、实验内容

(1)0.1 mol·L^{-1} NaOH 溶液的配制（实验中可根据实际情况适当调整）。

称取 4 g 固体 NaOH，加入新鲜的或煮沸除去 CO_2 的蒸馏水，溶解完全后，转入带橡皮塞的试剂瓶中，加水稀释至 1 L，充分摇匀，备用。①

(2)0.1 mol·L^{-1} NaOH 标准溶液浓度的标定。

准确称取 0.6 ~ 0.8 g 邻苯二甲酸氢钾 3 份，分别置于 250 mL 锥形瓶中，加入 20 ~ 30 mL 蒸馏水溶解，若不能完全溶解，可稍微加热，冷却后，加入 1 ~ 2 滴酚酞指示剂，用待标定的 NaOH 溶液滴定至溶液呈微红色，30 s 不褪色即为终点。

(3)甲醛溶液的处理。

甲醛中常含有微量甲酸（$K_a = 1.77 \times 10^{-4}$），是由甲醛受空气氧化所致，应除去，否则产生正误差。处理方法：取原装甲醛（40%）的上层清液于烧杯中，用水稀释一倍，加入 1 ~ 2 滴 0.2% 酚酞指示剂，用 0.1 mol·L^{-1} NaOH 溶液中和至甲醛溶液呈淡红色。

(4)(NH$_4$)$_2$SO$_4$ 试样中氮含量的测定。

准确称取 0.2 ~ 0.23 g 的 $(NH_4)_2SO_4$ 试样 3 份，分别置于 250 mL 锥形瓶中，加 30mL 蒸馏水使之溶解，加入 1 滴甲基红指示剂，用 0.1 mol·L^{-1} 的 NaOH 溶液中和至溶液呈黄色（中和游离酸所消耗的 NaOH，其体积不计），加入 10 mL (1 + 1)的甲醛溶液，再加 2 滴酚酞指示剂，充分摇匀，放置 1 min 后，用 0.1 mol·L^{-1} NaOH 标准溶液滴定至溶液呈微橙红色，并保持 30 s 不褪色即为终点。

---

①　国家标准 GB/T 601—2002《化学试剂　标准滴定溶液的制备》中 NaOH 溶液的配制方法是：称取 110 g 氢氧化钠，溶于 100 mL 无二氧化碳的水中，摇匀，注入聚乙烯容器中，密闭放置至溶液清亮。量取 5.4 mL 上清液，用无二氧化碳的水稀释至 1000 mL，摇匀。

六、数据处理

（1）列表记录各项实验数据。

（2）结果计算：

①0.1 mol·L^{-1} NaOH 溶液的标定计算公式：

$$c_{NaOH} = \frac{m_{KHC_8H_4O_4} \times 1000}{V_{NaOH}M_{KHC_8H_4O_4}} \qquad M_{KHC_8H_4O_4} = 204.2 \text{ g·mol}^{-1}$$

②$(NH_4)_2SO_4$ 试样中含氮量计算公式：

$$w_N = \frac{c_{NaOH}V_{NaOH}M_N}{m_{样} \times 1000} \qquad M_N = 14.01 \text{ g·mol}^{-1}$$

七、问题讨论

NH_4NO_3 和 NH_4Cl 可用甲醛法测 N%。用甲醛法测定 NH_4HCO_3 中的含氮量时，可加入 1～2 滴甲基橙指示剂，用 0.1 mol·L^{-1} HCl 溶液滴定溶液由黄色至橙色除去 HCO_3^-。然后加入 10 mL 已中和的甲醛溶液，再加入 1～2 滴酚酞指示剂，摇匀，静置 1 min 后，用 0.1 mol·L^{-1} NaOH 标准溶液滴定至溶液呈微红色，并持续 30 s 不褪色即为终点。

八、注意事项

（1）甲醛是一种无色易溶于水的有害气体，可经呼吸道吸收，其水溶液"福尔马林"可经消化道吸收。甲醛对眼睛有很大的刺激，实验中要注意通风。

（2）采用甲醛强化 NH_4^+ 酸性时，一定要使 NH_4^+ 完全转化成六次甲基四胺盐。NH_4^+ 与 HCHO 的反应在室温下进行较慢，加入 HCHO 后须充分混匀并放置 1 min 后再滴定。

九、思考题

（1）为什么中和甲醛中的游离酸用酚酞指示剂，而中和 $(NH_4)_2SO_4$ 试样中的游离酸用甲基红指示剂？

（2）能否用返滴定方式测定铵盐中氮含量？为什么？

实验五　双指示剂法测定混合碱组分及其含量

一、实验目的

（1）学会双指示剂法测定混合碱中各组分含量的原理和方法；

（2）掌握酸式滴定管的滴定操作和滴定终点的判断。

二、测定意义

酸碱滴定法操作简便、分析速度快和结果准确而得到广泛应用。实际工作中，常常混合组分的测定比单组分纯溶液、纯物质的测定复杂。

NaOH 俗称烧碱，在生产和储藏过程中，常因吸收空气中的 CO_2 而部分转变为 Na_2CO_3，形成 Na_2CO_3 与 NaOH 的混合碱。纯碱的主要成分是 Na_2CO_3，还有少量的 $NaHCO_3$。为了检验烧碱、纯碱的质量等级，常需要对混合碱中各组分进行含量测定。混合碱的分析，目前广泛使用双指示剂法。

三、方法原理

（1）$0.1\ mol \cdot L^{-1}$ HCl 溶液的标定。

①无水碳酸钠为基准物质。

Na_2CO_3 用作基准物质的优点是易提纯、价格便宜，缺点是摩尔质量较小。

滴定反应：　　$Na_2CO_3 + 2HCl \rule[0.5ex]{1.5em}{0.4pt} 2NaCl + CO_2 \uparrow + H_2O$

所生成的 H_2CO_3，其饱和溶液的 pH 为 3.9，用溴甲酚绿 – 甲基红混合指示剂指示终点，终点颜色由绿色变为暗红色。

②硼砂为基准物质。

硼砂用作基准物质的优点是摩尔质量较大，吸湿性小，易于制得纯品，缺点是由于含有结晶水，当相对湿度小于 39% 时，会有明显的风化失水现象。

滴定反应：　　$Na_2B_4O_7 + 2HCl + 5H_2O \rule[0.5ex]{1.5em}{0.4pt} 4H_3BO_3 + 2NaCl$

化学计量点的 pH = 5.1，用甲基红指示剂指示终点，终点颜色由黄色变为橙色。

（2）混合碱分析。

在混合碱的试液中加入酚酞指示剂，用 HCl 标准溶液滴定至溶液由红色恰好变为无色，消耗 HCl V_1 mL。此时试液中所含 NaOH 完全被中和，Na_2CO_3 也被滴定成 $NaHCO_3$，反应如下：

$$NaOH + HCl \rule[0.5ex]{1.5em}{0.4pt} NaCl + H_2O$$

$$Na_2CO_3 + HCl \rule[0.5ex]{1.5em}{0.4pt} NaCl + NaHCO_3$$

再加入甲基橙指示剂，继续用 HCl 标准溶液滴定至溶液由黄色变为橙色，消耗 HCl V_2 mL。此时 $NaHCO_3$ 被中和成 H_2CO_3，反应为：

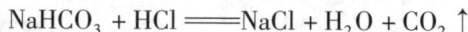

$$NaHCO_3 + HCl =\!=\!=\!= NaCl + H_2O + CO_2 \uparrow$$

根据 V_1 和 V_2 的大小，可以判断出混合碱的组成，并能计算出混合碱中各组分的含量。当 $V_1 > V_2$ 时，试液为 NaOH 和 Na_2CO_3 的混合物。当 $V_1 < V_2$ 时，试液为 Na_2CO_3 和 $NaHCO_3$ 的混合物。

四、仪器与试剂

电子分析天平，50 mL 酸式滴定管，25 mL 移液管，250 mL 容量瓶。

浓盐酸，无水 Na_2CO_3 基准试剂，硼砂基准试剂，甲基红指示剂　2 $g \cdot L^{-1}$ 60% 乙醇溶液，甲基橙指示剂　1 $g \cdot L^{-1}$，溴甲酚绿 – 甲基红混合指示剂，混合碱试液。

五、实验内容

(1)0.1 $mol \cdot L^{-1}$ HCl 溶液配制。

量取盐酸 9 mL，注入 1000 mL 水中，摇匀。（参照国家标准 GB/T 601—2002 化学试剂　标准滴定溶液的制备，实验中可根据实际情况调整。）

(2)0.1 $mol \cdot L^{-1}$ HCl 溶液的标定。

①用无水 Na_2CO_3 基准物质标定（参照国家标准 GB/T 601—2002）。

称取 0.2 ~ 0.22 g 于 270 ~ 300℃ 灼烧至恒重的无水碳酸钠基准试剂 3 份分别置于三个 250 mL 锥形瓶中，加 50 mL 水溶解，加 10 滴溴甲酚绿 – 甲基红混合指示液，用待标定的盐酸溶液滴定至溶液由绿色变为暗红色，煮沸 2 min，冷却后继续滴定至溶液再呈暗红色即为终点。同时做空白实验。

②用硼砂基准物质标定。

准确称取 0.4 ~ 0.6 g 硼砂 3 份，分别置于 250 mL 锥形瓶中，加水 20 ~ 30 mL 使之溶解（必要时可稍加热促进溶解）后，加 2 滴甲基红指示剂，用待标定的 HCl 溶液滴定至溶液由黄色恰好变为浅红色即为终点。

(3)混合碱分析。

平行移取 25.00 mL 混合碱试液 3 份，分别置于 250 mL 锥形瓶中，加 2 滴酚酞指示剂，用 HCl 标准溶液滴定至溶液由红色恰好褪为无色，记录滴定所消耗的 HCl 标准溶液的体积 V_1。再加入 2 滴甲基橙指示剂，继续用 HCl 标准溶液滴定至溶液由黄色恰变为橙色，记录所消耗 HCl 标准溶液的体积 V_2。

六、数据处理

(1)列表记录各项实验数据。

（2）结果计算。

①0.1 mol·L^{-1} HCl 溶液的标定计算公式。

无水 Na$_2$CO$_3$ 基准物质标定

$$c_{HCl} = \frac{2m_{Na_2CO_3} \times 1000}{(V_{HCl} - V_{空白})M_{Na_2CO_3}} \qquad M_{Na_2CO_3} = 105.99 \ (g \cdot mol^{-1})$$

硼砂为基准物质标定

$$c_{HCl} = \frac{2m_{Na_2B_4O_7 \cdot 10H_2O} \times 1000}{V_{HCl}M_{Na_2B_4O_7 \cdot 10H_2O}} \qquad M_{Na_2B_4O_7 \cdot 10H_2O} = 381.37 \ (g \cdot mol^{-1})$$

②混合碱计算公式。

当 $V_1 > V_2$ 时，试液为 NaOH 和 Na$_2$CO$_3$ 的混合物，其含量（以质量浓度 g·L^{-1} 表示）可由下式计算：

$$\rho_{NaOH} = \frac{[(c(V_1 - V_2)]_{HCl} \times M_{NaOH}}{1000V_s}$$

$$\rho_{Na_2CO_3} = \frac{(cV_2)_{HCl} \times M_{Na_2CO_3}}{1000V_s}$$

当 $V_1 < V_2$ 时，试液为 Na$_2$CO$_3$ 和 NaHCO$_3$ 的混合物，其含量（以质量浓度 g·L^{-1} 表示）可由下式计算：

$$\rho_{Na_2CO_3} = \frac{(cV_1)_{HCl} \times M_{Na_2CO_3}}{1000V_s}$$

$$\rho_{NaHCO_3} = \frac{[c(V_2 - V_1)]_{HCl} \times M_{NaHCO_3}}{1000V_s}$$

七、问题讨论

H$_2$CO$_3$ 的 p$K_{a1} = 6.37$，p$K_{a2} = 10.25$，则 Na$_2$CO$_3$ 的 p$K_{b1} = 3.75$，p$K_{b2} = 7.63$。若控制样品浓度为 0.1 mol·L^{-1}，则 $K_{b1}c > 10^{-8}$，但 $K_{b1}/K_{b2} = 10^{3.88} < 10^5$，第一突跃不明显；$K_{b2}c > 10^{-8.63} < 10^{-8}$，第二突跃也不明显。所以要严格控制终点 pH，并且达不到 0.1% 的误差要求，本实验允许误差为 0.3%。

无论哪种混合碱，第一计量点都成为 NaHCO$_3$ 的混合溶液。

$$pH_{sp} = \frac{1}{2}(pK_{a1} + pK_{a2}) = \frac{1}{2}(6.38 + 10.25) = 8.36$$

酚酞变色点 pH = 9.1，第一终点应控制酚酞红色褪尽，不能留有红色。

第二步滴定的滴定反应 HCO$_3^-$ + H$^+$ ══ H$_2$CO$_3$，计量点时为饱和 H$_2$CO$_3$ 溶液，其浓度为 004 mol·L^{-1}。

$$pH_{sp} = \frac{1}{2}(pK_{a1} + pc_{sp}) = \frac{1}{2}(6.38 + 1.40) = 3.89$$

甲基橙变色点 pH = 4.0，第二终点应控制为橙色。

八、注意事项

（1）混合碱系 NaOH 和 Na_2CO_3 组成时，酚酞指示剂可适当多加几滴，否则常因滴定不完全使 NaOH 的测定结果偏低，Na_2CO_3 的测定结果偏高。

（2）近终点时，要充分摇动锥形瓶，以防形成 CO_2 的过饱和溶液而使终点提前到达。

九、思考题

（1）采用双指示剂法测定混合碱，在同一份溶液中测定，试判断下列五种情况下，混合碱的组成？

①$V_1 = 0$，$V_2 > 0$；②$V_1 > 0$，$V_2 = 0$；③$V_1 > V_2$；④$V_1 < V_2$；⑤$V_1 = V_2$

（2）用 HCl 滴定混合碱时，将试液在空气中放置一段时间后滴定，将会给测定结果带来什么影响？若到达第一化学计算点前，滴定速度过快或摇动不均匀，对测定结果有何影响？

实验六　水杨酸钠的含量测定

一、实验目的

(1) 学会微量滴定管的正确操作及读数方法；

(2) 了解高氯酸标准溶液的配制与标定，掌握非水酸碱滴定的原理及操作；

(3) 学会结晶紫作指示剂的滴定终点判断。

二、测定意义

酸碱滴定一般在水溶液中进行，但是许多难溶于水的有机试样、解离常数小于 10^{-7} 的弱酸弱碱，因不能满足直接滴定的要求，而不能在水溶液体系直接滴定。采用非水溶剂，上述难题可得到很好地解决，扩大了酸碱滴定的应用范围。水杨酸钠 ($C_7H_5O_3Na$) 具有解热、镇痛、抗风湿的功效，对急、慢性痛风有一定疗效。水杨酸钠约 $K_{b2} = 9.4 \times 10^{-10}$，不能在水溶液直接进行酸碱滴定，常采用非水溶剂酸碱滴定法测定其含量。

三、方法原理

(1) $0.1\ mol \cdot L^{-1}$ 高氯酸标准溶液的标定。

在以冰醋酸为介质时，常见的酸中以高氯酸的酸性最强，因而在非水滴定中常用高氯酸的冰醋酸溶液作标准溶液。

高氯酸标准溶液通常用间接法配制。标定高氯酸标准溶液常以邻苯二甲酸氢钾为基准物，以结晶紫作指示剂，其标定反应为：

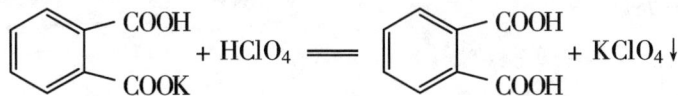

生成的 $KClO_4$ 不溶于冰醋酸 – 醋酐溶剂，因而有沉淀生成。

(2) 水杨酸钠含量的测定。

用醋酐 – 冰醋酸混合液作溶剂，以结晶紫为指示剂，用高氯酸的冰醋酸溶液进行滴定。其反应为：

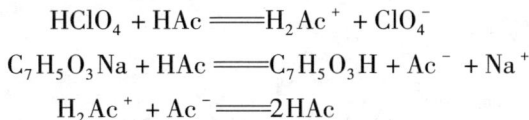

$$HClO_4 + HAc \Longrightarrow H_2Ac^+ + ClO_4^-$$

$$C_7H_5O_3Na + HAc \Longrightarrow C_7H_5O_3H + Ac^- + Na^+$$

$$H_2Ac^+ + Ac^- \Longrightarrow 2HAc$$

总反应式为：

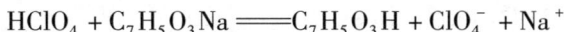

$$HClO_4 + C_7H_5O_3Na \Longrightarrow C_7H_5O_3H + ClO_4^- + Na^+$$

四、仪器与试剂

10 mL 微量滴定管，50 mL 锥形瓶，10 mL 量杯。

高氯酸 A. R，70% ~72%，相对密度 1.75；结晶紫指示剂 2 g·L^{-1}；醋酸 A. R；乙酸酐 A. R，97%，相对密度 1.08；邻苯二甲酸氢钾 基准试剂在 105 ~110℃ 干燥 1 h 后，置于干燥器中备用；水杨酸钠固体试样。

五、实验内容

(1)0.1 mol·L^{-1}高氯酸标准溶液的配制(参照国家标准 GB/T601—2002 化学试剂 标准滴定溶液的制备，实验中可根据实际情况调整)。

量取 8.7 mL 高氯酸在搅拌下注入 500 mL 冰醋酸中，滴加 20 mL 乙酸酐，搅拌至溶液均匀。冷却后用冰醋酸稀释至 1000 mL。

(2)0.1 mol·L^{-1}高氯酸标准溶液的标定。

称取 0.16 ~0.18 g 邻苯二甲酸氢钾基准物质 3 份，分别置于 50 mL 洁净干燥的锥形瓶中，加入 10 mL 乙酸酐 – 冰醋酸混合溶剂(体积比为 1:4)使之溶解，加 1 滴结晶紫指示剂，用待标定的高氯酸标准溶液滴定至溶液由紫色变为蓝色即为终点，并将结果用空白试验校正。

(3)水杨酸钠含量的测定。

精密称取在 105℃ 干燥至恒重的水杨酸钠样品 0.13 ~0.15 g 3 份，分别置于 50 mL 洁净干燥的锥形瓶中，加乙酸酐 – 冰醋酸混合溶剂(1 +4)10 mL 使之溶解，加 1 滴结晶紫指示剂，用高氯酸标准溶液滴定至蓝绿色，即为终点，记录滴定所消耗高氯酸标准溶液的体积，并将结果用空白试验校正。

六、数据处理

(1)列表记录各项实验数据。

(2)结果计算。

①0.1 mol·L^{-1}高氯酸标准溶液的标定公式：

$$c_{HClO_4} = \frac{m_{KHC_8H_4O_4}}{V_{HClO_4} \times \dfrac{M_{KHC_8H_4O_4}}{1000}} \qquad M_{KHC_8H_4O_4} = 204.2 \text{ g·mol}^{-1}$$

②水杨酸钠含量的计算公式：

$$C_7H_5O_3Na\% = \frac{c_{HClO_4}V_{HClO_4} \times \dfrac{M_{C_7H_5O_3Na}}{1000}}{m_s} \times 100 \qquad M_{C_7H_5O_3Na} = 160.10 \text{ g·mol}^{-1}$$

式中：V_{HClO_4}——空白校正后的体积。

七、问题讨论

市售高氯酸溶液的含量为70%～72%，含有约30%的水分，直接应用会对分析结果造成影响，因而要将其中的水分除去，方法是加入醋酸酐除去水分。醋酸酐与$HClO_4$反应时放出大量的热，因此配制时，不得使高氯酸与乙酸酐直接混合，而只能将$HClO_4$缓缓滴入冰醋酸中，然后滴入乙酸酐。

八、注意事项

（1）非水酸碱滴定中所用玻璃仪器均应预先洗净并烘干或倒置沥干。

（2）高氯酸、冰醋酸均能腐蚀皮肤，刺激黏膜，应注意防护。

（3）由于冰醋酸的体积膨胀系数较大，其体积随温度变化较大，故实验时应记下测定温度与标定温度。若测定温度与标定温度相差超过10℃，则应重新标定。

九、思考题

（1）为什么要做空白实验？

（2）冰醋酸相对于高氯酸、硫酸、盐酸和硝酸是什么溶剂？水相对这四种酸又是什么溶剂？

（3）若容器、试剂含有微量水分，会对测定结果产生什么影响？

实验七 天然水的硬度测定

一、实验目的

(1)学习 EDTA 标准溶液的配制和标定原理及方法;

(2)掌握钙、镁总量及钙分量测定的原理、方法和计算。

二、测定意义

水的总硬度是指水中 Ca^{2+}、Mg^{2+} 的总浓度,是水质分析的常规项目。

高硬度水中的钙、镁离子能与硫酸根结合,使水产生苦涩味,还会使人的胃肠功能紊乱,出现暂时的腹胀、排气多、腹泻等现象。纺织工业上硬度过高的水使纺织物粗糙且难以染色。锅炉使用了硬水,经长期烧煮后能生成锅垢,既浪费燃料,又易阻塞管道造成重大事故。相反,水的硬度过低则会增加对金属管材的溶解能力。

国家标准《生活饮用水卫生标准》(GB 5749—2006)中规定,生活饮用水的总硬度以 $CaCO_3$ 计,应不超过 $450\ mg \cdot L^{-1}$。《城市污水再生利用工业用水水质》(GB/T 19923—2005)中规定,冷却水、洗涤用水、锅炉用水、工艺与产品用水的总硬度以 $CaCO_3$ 计,应不超 $450\ mg \cdot L^{-1}$,并以 EDTA 滴定法测定。

三、方法原理

(1)$0.01\ mol \cdot L^{-1}$ EDTA 溶液标定。

用 ZnO 作基准物质标定,在 pH = 10 的 NH_3—NH_4Cl 缓冲溶液中,以铬黑 T(EBT)为指示剂,其标定反应为

滴定前 $Zn^{2+} + HIn^{2-} \Longrightarrow ZnIn^- + H^+$
                              (蓝色)   (紫红色)

滴定过程 $Zn^{2+} + H_2Y^{2-} \Longrightarrow ZnY^{2-} + 2H^+$

终点时 $ZnIn^- + H_2Y^{2-} \Longrightarrow ZnY^{2-} + HIn^{2-} + H^+$
         (紫红色)   (蓝色)

(2)水的硬度测定。

水的硬度测定分为水的总硬度和钙硬度测定。

①总硬度测定。

按国家标准方法用 EDTA 络合滴定法测定水的总硬度。在 pH = 10.0 的 NH_3—NH_4Cl 缓冲溶液中,以铬黑 T(EBT)为指示剂,用 EDTA 标准溶液滴定至溶液由酒红色变为纯蓝色即为终点。

滴定前： $Mg^{2+} + HIn^{2-} \Longrightarrow MgIn^- + H^+$
（蓝色） （酒红色）

滴定时： $H_2Y^{2-} + Ca^{2+} \Longrightarrow CaY^{2-} + 2H^+$

$H_2Y^{2-} + Mg^{2+} \Longrightarrow MgY^{2-} + 2H^+$

终点时： $MgIn^- + H_2Y^{2-} \Longrightarrow MgY^{2-} + HIn^{2-} + H^+$
（酒红色） （蓝色）

滴定时水中微量杂质 Fe^{3+}、Al^{3+} 等干扰离子可用三乙醇胺掩蔽，Cu^{2+}、Pb^{2+}、Zn^{2+} 等重金属离子可加 KCN、Na_2S 或巯基乙酸掩蔽。

(2)钙-镁硬度测定。

将水样用 NaOH 溶液调节 pH 介于 12～13 之间，此时 Mg^{2+} 完全沉淀为 $Mg(OH)_2$，而 Ca^{2+} 不沉淀，选用钙指示剂，用 EDTA 标准溶液滴定至溶液由红色变为蓝色即为终点，根据 EDTA 标准溶液的浓度和体积计算钙硬度，镁硬度由总硬度减去钙硬度求出。

四、仪器与试剂

电子分析天平，50 mL 酸式滴定管，25 mL 移液管，250 mL 容量瓶。

$Na_2H_2Y \cdot 2H_2O(A.R)$；ZnO 基准物质 于800℃ ±50℃高温炉中灼烧至恒重；(1+1)HCl；NaOH 100 $g \cdot L^{-1}$；NH_3—NH_4Cl 缓冲溶液(pH≈10)；三乙醇胺 200 $g \cdot L^{-1}$；Na_2S 20 $g \cdot L^{-1}$；(1+2)氨水；铬黑 T 指示剂 5 $g \cdot L^{-1}$；钙指示剂；水样 自备。

五、实验内容

(1)0.01 mol·L^{-1} EDTA 溶液的配制。

称取 4 g 乙二胺四乙酸二钠，加 1000 mL 水，加热溶解，冷却，摇匀(参照国家标准 GB/T601—2002 化学试剂 标准滴定溶液的制备，实验中可根据实际情况调整)。

(2)0.01 mol·L^{-1} EDTA 溶液的标定。

称取 0.2～0.22 g 氧化锌于 100 mL 烧杯中，用少量水湿润，加 10 mL(1+1)HCl 溶液，立即盖上表面皿，使其溶解。用水冲洗表面皿和烧杯内壁，定量转入 250 mL 容量瓶中，用水稀释至刻度，摇匀，计算 Zn 标准溶液的浓度。

用移液管平行移取 25.00 mL 0.01 mol·L^{-1} Zn^{2+} 标准溶液 3 份，分别置于 250 mL 锥形瓶中，滴加(1+2)氨水至溶液刚产生白色沉淀(pH=7～8，中和 Zn^{2+} 标准溶液中的 HCl)，加 25 mL 蒸馏水和 10 mL pH=10 NH_3—NH_4Cl 缓冲溶液，摇匀，加 3 滴铬黑 T 指示剂，用待标定 EDTA 溶液滴定至溶液由紫红色变为纯蓝色(即观察不到红色),即为终点。记录滴定所消耗的 EDTA 标准溶液体积,计算 EDTA 溶液的准确浓度。

(3)水的硬度。

学生自备水样。查阅文献资料,按照水样的采集、保存及预处理等方法,准备清澈的天然水或除纯净水以外的饮用水样 800 mL 以上。

①水的总硬度测定。

取水样 100.0 mL 3 份,分别置于 250 mL 锥形瓶中,加 1 ~ 2 滴(1 + 1) HCl酸化,煮沸数分钟以除去 CO_2,冷却后,加入 5 mL 三乙醇胺溶液,10mL pH = 10 的 NH_3—NH_4Cl 缓冲溶液,1 mL Na_2S 溶液,3 滴铬黑 T 指示剂,用 EDTA 标准溶液滴定至溶液由紫红色变为纯蓝色即为终点。

②水的钙硬度测定。

另取水样 100.0 mL 3 份,分别置于 250 mL 锥形瓶中,加 1 ~ 2 滴(1 + 1)HCl 酸化,煮沸数分钟以除去 CO_2,冷却后,加入 5 mL 三乙醇胺溶液,摇匀。再加 5 mL 100 g·L^{-1} NaOH 溶液,加钙指示剂约 0.1 g,用 EDTA 标准溶液滴定至溶液由红色变为纯蓝色,即为终点。

六、数据处理

(1)列表记录各项实验数据。

(2)结果计算。

① 0.01 mol·L^{-1} EDTA 标准溶液的标定公式:

$$c_{EDTA} = \frac{m_{ZnO} \times \dfrac{25.00}{250.0} \times 1000}{V_{EDTA} M_{ZnO}} \qquad M_{ZnO} = 81.38 \text{ g·mol}^{-1}$$

②水总硬度的计算公式

$$水的总硬度 = \frac{c_{EDTA} V_{EDTA} \times M_{CaCO_3} \times 1000}{V_{水样}} \qquad M_{CaCO_3} = 100.09 \text{ g·mol}^{-1}$$

③钙硬度和镁硬度的计算公式

$$钙硬度 = \frac{c_{EDTA} V_1 M_{CaCO_3} \times 1000}{V_{水样}}$$

$$镁硬度 = 总硬度 - 钙硬度$$

七、问题讨论

标定 EDTA 的基准物质很多,如 Zn、Cu、Bi 以及 ZnO、$CaCO_3$、$MgSO_4 \cdot 7H_2O$等,一般选用与被测组分相同的物质作基准物,这样滴定条件较一致,可减小误差。据此，本实验应使用 $CaCO_3$ 基准物质。但金属 Zn 的纯度高（达 99.99%），在空气中稳定，Zn^{2+} 与 ZnY^{2-} 均无色，既能在 pH = 5 ~ 6 以二甲酚橙为指示剂标定，又可在 pH = 9 ~ 10 氨性缓冲溶液中以铬黑 T 为指示剂标定，终点均很敏锐，因此实际工作中一般多采用金属 Zn 或 ZnO 为基准物质。

八、注意事项

（1）三乙醇胺掩蔽 Fe^{3+}、Al^{3+}，必须在酸性溶液中加入，然后在调节溶液 pH 至碱性，否则掩蔽效果不佳。水样中含 Fe^{3+} 量超过 10 mg·L^{-1} 时，用三乙醇胺掩蔽不完全，需用蒸馏水将水样稀释到 Fe^{3+} 含量不超过 10 mg·L^{-1}。

（2）EDTA 溶液应贮存在聚乙烯塑料瓶或硬质玻璃瓶中。若贮存在软质玻璃瓶中，EDTA 会溶解璃瓶中 Ca^{2+} 形成 CaY，使溶液浓度降低。

九、思考题

（1）用 EDTA 法测定水的硬度时，哪些离子的存在有干扰？如何消除？

（2）络合滴定中为什么要加入缓冲溶液？

实验八　铅铋合金中铅和铋的连续滴定

一、实验目的

(1)学会利用酸效应曲线进行混合液中金属离子连续滴定的条件选择;

(2)掌握混合液中金属离子连续测定的原理和条件控制。

二、测定意义

铅铋合金是一种重要材料,应用领域越来越广泛。在医疗领域,可用做特定形状的防辐射专用挡块,在放射治疗时能有效地遮挡人体正常组织,提高放射治疗的精确度与安全度;在模具制造领域,用作铸造制模,模具装配调试等;在电子电气、自动控制领域,用作热敏元件、保险材料、火灾报警装置等;在折弯金属管时,作为填充物。合金中各元素的含量直接影响到合金的性能,Pb,Bi 含量的高低成为评价其产品质量的主要指标。

三、方法原理

(1)$0.01 \ mol \cdot L^{-1}$ EDTA 溶液标定。

EDTA 标准溶液用于测定 Bi^{3+} 和 Pb^{2+} 时,宜用 ZnO 或金属锌作基准物质标定,在 pH 为 5~6 的六次甲基四胺溶液中,以二甲酚橙(XO)为指示剂进行滴定,其标定反应为:

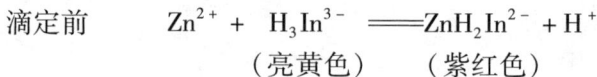

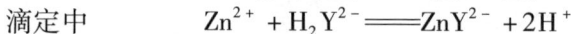

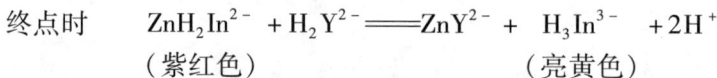

滴定前　　　　$Zn^{2+} + H_3In^{3-} \Longleftrightarrow ZnH_2In^{2-} + H^+$
　　　　　　　　（亮黄色）　　　（紫红色）

滴定中　　　　　$Zn^{2+} + H_2Y^{2-} \Longleftrightarrow ZnY^{2-} + 2H^+$

终点时　　　$ZnH_2In^{2-} + H_2Y^{2-} \Longleftrightarrow ZnY^{2-} + H_3In^{3-} + 2H^+$
　　　　　（紫红色）　　　　　　　　　　　　　（亮黄色）

(2)铅铋合金的测定。

铅铋合金中主要含有铅、铋和少量的锡,测定合金中的铅、铋含量时,用 HNO_3 溶解试样,这时试样中的锡形成 H_2SnO_2 沉淀,将其过滤除去,滤液用作铅、铋含量的测定。

Pb^{2+} 和 Bi^{3+} 均能与 EDTA 形成稳定的 1:1 配合物,其稳定常数分别为 $\lg K_{PbY} = 18.04$ 和 $\lg K_{BiY} = 27.94$,二者相差大于 6,故可通过控制酸度的方法在一份试液中连续滴定 Pb^{2+} 和 Bi^{3+}。二甲酚橙在 pH 小于 6 时显黄色,并与 Pb^{2+} 和 Bi^{3+} 形成紫红色配合物,因此,可作为 Pb^{2+} 和 Bi^{3+} 连续滴定的指示剂。

调节试液的 pH≈1,加入二甲酚橙指示剂,Bi^{3+} 与二甲酚橙形成紫红色配合物,在此条件下,Pb^{2+} 不能被滴定,也不与二甲酚橙显色。用 EDTA 滴定至溶液由紫红色转化为亮黄色,即为测定 Bi^{3+} 的终点。

在滴定 Bi^{3+} 后的溶液中,加入六次甲基四胺,调节溶液的 pH 为 5 ~ 6,此时,Pb^{2+} 与二甲酚橙形成紫红色配合物,用 EDTA 滴定至溶液颜色由紫红色转变为亮黄色,即为测定 Pb^{2+} 的终点。

四、仪器与试剂

分析天平,50 mL 酸式滴定管,25 mL 移液管,250 mL 容量瓶。

EDTA,金属锌(纯度 99.9% 以上),0.1 mol·L^{-1} HNO_3 溶液,(1 + 2) HNO_3 溶液,(1 + 1) HCl 溶液,二甲酚橙指示剂　2 g·L^{-1} 水溶液,六次甲基四胺溶液　200 g·L^{-1} 水溶液。

铅铋合金试样。

五、实验内容

(1)0.01 mol·L^{-1} EDTA 溶液的配制(参见实验七)。

(2)0.01 mol·L^{-1} EDTA 溶液标定。

准确称取 Zn 基准物 0.2 g,置于 100 mL 烧杯中,加入(1 + 1) HCl 10 mL,立即盖上表面皿,待锌溶解后,用少量水洗表面皿及烧杯内壁,定量转移 Zn^{2+} 于 250 mL 容量瓶中,用水稀释至刻度,摇匀。

用移液管移取 25.00 mL Zn^{2+} 的标准溶液于 250 mL 锥形瓶中,加入 2 滴二甲酚橙指示剂,滴加 20% 的六次甲基四胺溶液至溶液呈现稳定的紫红色,再过量 5 mL,用 EDTA 溶液滴定至溶液的颜色变为亮黄色,即为终点,平行测定 3 次。根据滴定用去 EDTA 体积和金属锌的质量,计算 EDTA 的浓度。

(3)铅铋合金的测定。

准确称取 0.5 ~ 0.6 g 铅铋合金试样,置于 100 mL 烧杯中,加入 6 ~ 7 mL (1 + 2) HNO_3 溶液,盖上表面皿,微沸溶解,待合金溶解完全后,趁热用 0.05 mol·L^{-1} HNO_3 淋洗表面皿及烧杯内壁,定量转入 100 mL 容量瓶中,用 0.05 mol·L^{-1} HNO_3 稀释至刻度,摇匀。

移取 25.00 mL 试液 3 份分别置于 3 个 250 mL 锥形瓶中,加入 10 mL 0.1 mol·L^{-1} HNO_3,加入 1 ~ 2 滴二甲酚橙指示剂,用 EDTA 标准溶液滴定至溶液由紫红色变为亮黄色即为终点。

在滴定 Bi^{3+} 后的溶液中,加入 20% 的六次甲基四胺溶液至溶液呈现稳定的紫红色后,再过量 5 mL,此时,溶液的 pH 为 5 ~ 6,以 EDTA 滴定至溶液由紫红色变为亮黄色即为终点。

六、数据处理

（1）列表记录各项实验数据。

（2）结果计算：

①0.01 mol·L^{-1} EDTA 溶液标定计算：

$$c_{\text{EDTA}} = \frac{m_{\text{Zn}} \times \dfrac{25.00}{250.0} \times 1000}{V_{\text{EDTA}} M_{\text{Zn}}} \qquad M_{\text{Zn}} = 65.39 \text{ g} \cdot \text{mol}^{-1}$$

②铅、铋含量计算：

$$w_{\text{Bi}}\% = \frac{c_{\text{EDTA}} V_{\text{EDTA}} M_{\text{Bi}}}{m_{\text{样}} \times \dfrac{25.00}{250.0} \times 1000} \qquad M_{\text{Bi}} = 208.98 \text{ g} \cdot \text{mol}^{-1}$$

$$w_{\text{Pb}}\% = \frac{c_{\text{EDTA}} V_{\text{EDTA}} M_{\text{Pb}}}{m_{\text{样}} \times \dfrac{25.00}{250.0} \times 1000} \qquad M_{\text{Pb}} = 207.2 \text{ g} \cdot \text{mol}^{-1}$$

七、问题讨论

已知 $\lg K_{\text{BiY}} = 27.94$，$\lg K_{\text{PbY}} = 18.04$，$c_{\text{Bi}} \approx c_{\text{Pb}} \approx 0.01 \text{ mol} \cdot \text{L}^{-1}$。因为 $\Delta\lg K = 27.94 - 18.04 = 9.90 > 6$，所以可以控制酸度选择滴定 Bi^{3+} 时 Pb^{2+} 不干扰。

（1）由 $\lg K_{\text{BiY}} = 27.9$，查酸效应曲线得 $\text{pH}_{\min} = 0.7$。$K_{\text{spBi(OH)}_3} = 4 \times 10^{-31}$，计算得 pH = 1.5 时，$\text{Bi}^{3+}$ 水解析出沉淀。因此滴定 Bi^{3+} 的适宜酸度范围是 pH 0.7～1.5。本实验以 HNO_3 控制 pH = 1。

（2）滴完 Bi^{3+} 后，Pb^{2+} 的滴定成为单一离子滴定问题，只要满足 $\lg K'_{\text{PbY}} \geq 6$ 即可。由 $\lg K_{\text{PbY}} = 18.0$，查酸效应曲线得滴定 Pb^{2+} 的 $\text{pH}_{\min} = 3.4$。由 $K_{\text{spPb(OH)}_2} = 1.2 \times 10^{-15}$，计算得 $\text{pH}_{\max} = 6.5$，滴定 Pb^{2+} 的适宜酸度范围是 pH 3.4～6.5。本实验用 $(\text{CH}_2)_6\text{N}_4\text{H}^+$—$(\text{CH}_2)_6\text{N}_4$ 缓冲溶液控制 pH = 5。

八、注意事项

（1）溶解合金时切勿煮沸，溶解完全后即停止加热，防止 HNO_3 过度蒸发以致造成崩溅和 Bi^{3+} 的水解。

（2）Bi^{3+} 与 EDTA 反应的速度较慢，滴定 Bi^{3+} 时速度不宜过快，且要剧烈摇动。

九、思考题

（1）本实验中用 Zn^{2+} 标定 EDTA 时，为什么要加入六次甲基四胺溶液？

（2）铅铋合金溶解后，转移和定容时为什么用稀硝酸而不用水？

实验九 胃舒平药片中铝和镁的测定

一、实验目的

(1)学会药剂测定的前处理方法;

(2)掌握沉淀分离的操作方法。

二、测定意义

胃舒平又名复方氢氧化铝,主要成分为氢氧化铝、三硅酸镁($Mg_2Si_3O_8 \cdot 5H_2O$)及少量中药颠茄浸膏,同时含有淀粉、滑石粉和液体石蜡等辅料。具有中和胃酸,减少胃液分泌、保护黏膜及解痉、镇痛作用,用于治疗胃酸过多、胃溃疡。

中国药典规定每片药片中 Al_2O_3 的含量不小于 0.116 g,MgO 的含量不小于 0.020 g。

三、方法原理

药片溶解后,分离去不溶物质,制成试液。取部分试液准确加入已知过量的 EDTA 标准溶液,并调节溶液 pH 为 3~4,煮沸使 EDTA 与 Al^{3+} 反应完全,冷却后调节溶液 pH 为 5~6,以二甲酚橙为指示剂,用锌标准溶液返滴过量的 EDTA,即测出铝的含量。

终点时溶液的颜色由黄色变为紫红色。由于二甲酚橙(XO)在 pH < 6.3 时呈黄色,pH > 6.3 时呈红色,而 Zn^{2+} 与二甲酚橙的配合物(Zn – XO)呈紫红色,因此,滴定过程中溶液的的酸度要控制在 pH < 6.3,以便于终点颜色的观察。

另取试液,调节 pH = 8 左右,使铝生成氢氧化铝沉淀分离后,调节 pH = 10,以铬黑 T 为指示剂,用 EDTA 标准溶液滴定滤液中的镁。

四、仪器与试剂

电子分析天平,50 mL 酸式滴定管,25 mL 移液管,5 mL 吸量管,250 mL 容量瓶。

ZnO 基准物质;$Na_2H_2Y \cdot 2H_2O$(A.R.);NH_4Cl 固体;六次甲基四胺溶液 200 g·L^{-1}水溶液;0.1 mol.$L^{-1}HNO_3$溶液;(1+2)HNO_3;(1+1)HCl;(1+1)氨水;NH_3—NH_4Cl 缓冲溶液(pH = 10);三乙醇胺溶液 350 g·L^{-1}水溶液;铬黑 T 指示剂 5 g·L^{-1};甲基红指示剂 2 g·L^{-1}乙醇溶液;二甲酚橙指示剂 2 g·L^{-1}水溶液;复方氢氧化铝药片,市售。

五、实验内容

（1）0.02 mol·L^{-1} EDTA 溶液的配制（同实验七，EDTA 用量根据浓度适当调整）。

（2）0.02 mol·L^{-1} EDTA 溶液标定（同实验八，基准物质用量根据浓度适当调整）。

（3）样品的处理。

取复方氢氧化铝药片 10 片研碎，准确称取药粉 1.8 ~ 2.0 g 于 100 mL 烧杯中，加入（1 + 1）HCl 20 mL，加水 50 mL，煮沸。冷却后过滤，并用水洗涤沉淀，收集滤液及洗涤液于 250 mL 容量瓶中，加水稀释至刻度，充分摇匀。

（4）铝的含量测定。

用吸量管准确吸取试液 5.00 mL 3 份，分别置于 250 mL 锥形瓶中，加水 25 mL。滴加氨水至刚出现浑浊，再加 HCl 至沉淀恰好溶解。准确加入 EDTA 溶液标准溶液 25.00 mL，再加 6 次甲基四胺溶液 10 mL，煮沸 10 min，冷却后，加二甲酚橙指示剂 2 滴，用锌标准溶液滴定至溶液由黄色变为红色，即为终点。

（5）镁的含量测定。

用移液管准确吸取试液 25.00 mL 3 份，分别置于 250 mL 锥形瓶中，滴加（1 + 1）氨水至刚出现沉淀，再加（1 + 1）HCl 溶液至沉淀恰好溶解。加固体 NH$_4$Cl 2 g，滴加 200 g·L^{-1} 6 次甲基四胺溶液至沉淀出现，再过量 15 mL 六次甲基四胺溶液，加热至 80℃ 保持 10 ~ 15 min。冷却后过滤，用少量水洗涤沉淀数次，收集滤液及洗涤液于 250 mL 锥形瓶中，加入 10 mL 350 g·L^{-1} 三乙醇胺溶液，10mL NH$_3$—NH$_4$Cl 缓冲溶液及甲基红指示剂 1 滴、铬黑 T 指示剂 1 滴，用 EDTA 标准溶液滴定至溶液由暗红色变为蓝绿色即为终点。

六、数据记录与处理

（1）列表记录各项实验数据。

（2）结果计算。

①0.02 mol·L^{-1} EDTA 溶液标定的计算公式。

$$c_{Zn} = \frac{m_{Zn} \times 1000}{250.0 \times M_{Zn}} \quad M_{Zn} = 65.39 \text{ g} \cdot \text{mol}^{-1} \quad c_{EDTA} = \frac{c_{Zn} V_{Zn}}{V_{EDTA}}$$

②复方氢氧化铝药片中三氧化二铝的含量计算公式。

$$\omega_{Al_2O_3}\% = \frac{(c_{EDTA} V_{EDTA} - c_{Zn} V_{Zn}) M_{Al_2O_3}}{m_s \times \frac{5.00}{250.0} \times 1000} \times 100 \quad M_{Al_2O_3} = 101.96 \text{ g} \cdot \text{mol}^{-1}$$

③复方氢氧化铝药片中氧化镁的含量计算公式。

$$\omega_{MgO}\% = \frac{c_{EDTA}V_{EDTA}M_{MgO}}{m_s \times \dfrac{25.00}{250.0} \times 1000} \times 100 \qquad M_{MgO} = 40.31 \text{ g} \cdot \text{mol}^{-1}$$

七、问题讨论

Al^{3+} 与 EDTA 反应速度慢，Al^{3+} 对指示剂二甲酚橙有封闭作用。当酸度不高时，Al^{3+} 水解生成一系列多核羟基配合物，这些多核氢氧基配合物不但与 EDTA 反应速度慢而且配合比也不稳定。故在滴定 Al^{3+} 时应采用返滴定法。

八、注意事项

(1)胃舒平药片试样中铝、镁含量可能不均匀，为使测量结果具有代表性，应取较多样品研细后再取部分进行分析。

(2)测定 Mg^{2+} 时，加入甲基红指示剂 1 滴，能使终点更为敏锐。

九、思考题

(1)能否用 F^- 掩蔽 Al^{3+}，而直接测定 Mg^{2+}？

(2)在分离 Al^{3+} 后的滤液中测定 Mg^{2+} 时，为什么还要加三乙醇胺溶液？

实验十　过氧化氢含量的测定

一、实验目的

(1)掌握 $KMnO_4$ 标准溶液的配制和标定;

(2)掌握 $KMnO_4$ 法测定 H_2O_2 的原理及方法。

二、测定意义

过氧化氢(H_2O_2)俗称双氧水,最高浓度为30%,是一种无色透明液体,易溶于水,在水中分解为水和氧。过氧化氢在工业,生物,医药等方面应用很广泛。利用 H_2O_2 的氧化性漂白毛、丝织物,医药上常用 H_2O_2 作消毒剂和杀菌剂。纯 H_2O_2 用作火箭燃料的氧化剂。由于 H_2O_2 在放置过程中会自行分解,故常需要测定它的含量。

微量过氧化氢测定采用仪器分析法,主要有分光光度法、高效液相色谱法,常量过氧化氢测定采用氧化还原滴定法,主要有高锰酸钾法、碘量法和铈量法。本实验采用高锰酸钾法测定过氧化氢含量。

三、方法原理

(1)$0.02\ mol \cdot L^{-1}\ KMnO_4$标准溶液的标定。

标定 $KMnO_4$ 标准溶液的基准物有多种,其中以 $Na_2C_2O_4$ 不含结晶水、容易提纯、性质稳定,所以最常用,其标定反应为:

$$2MnO_4^- + 5C_2O_4^{2-} + 16H^+ =\!=\!= 2Mn^{2+} + 10CO_2 \uparrow + 8H_2O$$

该反应的速度较慢,可采用增大反应物浓度和升高温度的方法来提高反应速度。一经反应生成 Mn^{2+} 后,由于 Mn^{2+} 对反应有催化作用,反应速度加快。

当溶液中 $KMnO_4$ 的浓度约为 $2 \times 10^{-6}\ mol \cdot L^{-1}$ 时,人眼即可观察到粉红色。$KMnO_4$ 做滴定剂时,利用稍过量 $KMnO_4$ 即出现粉红色以指示终点,因而称 $KMnO_4$ 为自身指示剂。

(2)过氧化氢含量的测定。

H_2O_2 在酸性介质中和室温条件下能被高锰酸钾定量氧化,其反应方程式为:

$$2MnO_4^- + 5H_2O_2 + 6H^+ =\!=\!= 2Mn^{2+} + 5O_2 \uparrow + 8H_2O$$

室温时,开始反应缓慢,随着 Mn^{2+} 的生成而加速。H_2O_2 加热时易分解,因此,滴定时通常加入 Mn^{2+} 作催化剂。

四、仪器与试剂

电子分析天平，50 mL 酸式滴定管，25 mL 移液管，250 mL 容量瓶。

$Na_2C_2O_4$ 基准物质　于 105 ~ 110℃ 干燥 2 h；$KMnO_4$(s)(A. R.)；H_2SO_4 溶液(1 + 5)；H_2O_2 试样　市售。

五、实验内容

(1)0.02 mol·L^{-1} $KMnO_4$ 标准溶液的配制。

称取 3.3 g 高锰酸钾，溶于 1050 mL 水中，缓缓煮沸 15 min，冷却，于暗处放置两周，用已处理过的 P10 号砂芯漏斗过滤，贮存于棕色瓶中。砂芯漏斗的处理是指在同样浓度的高锰酸钾溶液中缓缓煮沸 15 min(参照国家标准 GB/T 601—2002 化学试剂　标准滴定溶液的制备，实验中可根据实验情况调整用量)。

(2)0.02 mol·L^{-1} $KMnO_4$ 标准溶液的标定。

准确称取 0.20 ~ 0.22 g $Na_2C_2O_4$ 基准物质 3 份，分别置于 250 mL 锥形瓶中，加 50 mL 蒸馏水使其溶解，再加 10 mL (1 + 5) H_2SO_4，在水浴上加热至 75 ~ 85℃，趁热用 $KMnO_4$ 溶液滴定。加入 1 滴 $KMnO_4$ 摇动锥形瓶，使其褪色后再继续滴定，直到溶液呈现微红色并在 30 s 不褪色即为终点。

(3)过氧化氢含量的测定。

移取原装 30% 的 H_2O_2 溶液 10.00 mL 于 100 mL 容量瓶，加水稀释至刻度，充分摇匀。从中移取 10.00 mL 置于 250 mL 容量瓶中，加水稀释至刻度，充分摇匀。

用移液管平行移取稀释过的 H_2O_2 25.00 mL 3 份，分别置于 250 mL 锥形瓶中，加入 5 mL(1 + 5) H_2SO_4，用 $KMnO_4$ 标准溶液滴定到溶液呈微红色 30 s 不褪色即为终点。

六、数据处理

(1)列表记录各项实验数据。

(2)结果计算。

①$KMnO_4$ 标准溶液的标定计算公式。

$$c_{KMnO_4} = \frac{2m_{Na_2C_2O_4} \times 1000}{5 V_{KMnO_4} M_{Na_2C_2O_4}} \qquad M_{Na_2C_2O_4} = 134.00 \text{ g·mol}^{-1}$$

②过氧化氢含量计算公式[以 g·(100 mL)$^{-1}$ 表示]。

$$\rho_{H_2O_2} = \frac{5c_{KMnO_4} V_{KMnO_4} \dfrac{M_{H_2O_2}}{1000}}{2V_{样} \times \dfrac{10.00}{100.0} \times \dfrac{25.00}{250.0}} \times 1000 \qquad M_{H_2O_2} = 34.02 \text{ g} \cdot \text{mol}^{-1}$$

七、问题讨论

标定 $KMnO_4$ 标准溶液时应注意"三度一点":

(1)酸度:保持 $0.5 \sim 1.0$ mol $\cdot$ L^{-1} H_2SO_4 介质。酸度过低,MnO_4^- 部分还原为 MnO_2 沉淀,酸度过高又会促使 $H_2C_2O_4$ 分解。由于 Cl$^-$ 可被 MnO_4^- 氧化,而 HNO_3 又有一定的氧化性,所以使用 H_2SO_4 介质。

(2)温度:温度低于 70℃,反应速度太慢,高于 90℃,会造成 $C_2O_4^{2-}$ 部分分解,导致标定结果偏高,通常用水浴控制反应温度 70 ~ 85℃。

(3)滴定速度:本实验利用自身催化,应在加入一滴 $KMnO_4$ 溶液褪色后再进行滴定。若滴定速度过快会使 $KMnO_4$ 在强酸性溶液中来不及与 H_2O_2 反应而发生分解,使测定结果偏低。

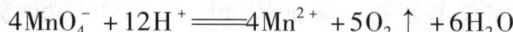

$$4MnO_4^- + 12H^+ \Longrightarrow 4Mn^{2+} + 5O_2\uparrow + 6H_2O$$

(4)滴定终点:MnO_4^- 自身指示剂。因空气中的还原性气体和尘埃均能使 $KMnO_4$ 溶液缓慢分解而褪色,故滴定至溶液微红色 30 s 不褪色才是终点。

八、注意事项

(1)滴定过程中若发现产生棕色浑浊,说明酸度不足,应立即加入 H_2SO_4。但是,若已经达到终点,则加 H_2SO_4 已无效,这时应该重做。

(2)高锰酸钾溶液为深色溶液,装入滴定管中弯月面不易看清楚,读数时应读两侧最高点。

(3)实验结束后,应立即用自来水冲洗滴定管,以免 MnO_2 堵塞滴定管管尖。

九、思考题

(1)配制 $KMnO_4$ 溶液应注意些什么?

(2)用高锰酸钾法测定 H_2O_2 时,能否用 HNO_3,HCl 和 HAc 来控制酸度?

实验十一　维生素 C 含量测定

一、实验目的

（1）掌握碘标准溶液的配制及标定；

（2）学习直接碘量法测定 V_C 含量原理及程序。

二、测定意义

维生素 C 又名抗坏血酸，在生物体内，维生素 C 是一种抗氧化剂，保护身体免于自由基的威胁，同时也是一种辅酶，是维持人体正常活动不可缺少的营养物质。其广泛的食物来源为各类新鲜蔬果，在食品工业上常用作抗氧化剂、酸味剂及强化剂。因此测定食品、药品以及血液中维生素 C 的含量对评价食品营养价值、鉴定药品质量以及健康指导等方面都具有重要的意义。

维生素 C 常用的测定方法有 2,6 - 二氯靛酚法（还原型 V_C）、2,4 - 二硝基苯肼法（总 V_C）、电位滴定法、碘量法、荧光分光光度法和高效液相色谱法。

三、方法原理

（1）I_2 溶液的标定。

①用 As_2O_3 为基准物质标定 I_2 溶液。

I_2 标准溶液的标定通常是用 As_2O_3 为基准物质（俗称砒霜，剧毒！），用淀粉为指示剂。先用 NaOH 溶液把 As_2O_3 溶解成亚砷酸钠：

$$As_2O_3 + 6NaOH \Longrightarrow 2Na_3AsO_3 + 3H_2O$$

然后用 H_2SO_4 中和过量的 NaOH。

标定应在 $NaHCO_3$ 溶液中进行，溶液的 pH 约为 8。因此实际滴定反应为：

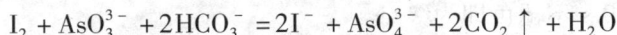

$$I_2 + AsO_3^{3-} + 2HCO_3^- = 2I^- + AsO_4^{3-} + 2CO_2\uparrow + H_2O$$

②用 $Na_2S_2O_3$ 标准溶液标定 I_2 溶液。

其标定反应为：

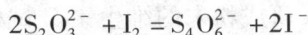

$$2S_2O_3^{2-} + I_2 = S_4O_6^{2-} + 2I^-$$

本实验用 $Na_2S_2O_3$ 标准溶液标定 I_2 溶液。

（2）维生素 C 含量的测定。

维生素 C 分子中含有的烯二醇基而具有较强的还原性，能被 I_2 定量地氧化成二酮基，其反应为：

$$\text{抗坏血酸} + I_2 = 2HI + \text{脱氢抗坏血酸}$$

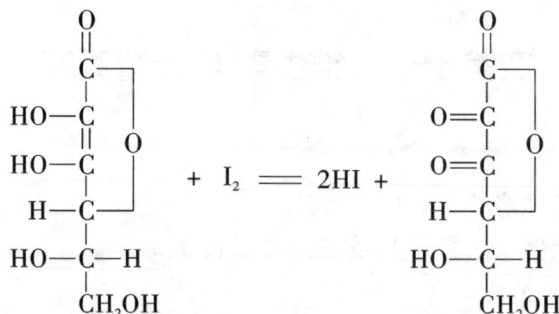

维生素 C 的标准电位为 0.18 V,容易被溶液中和空气中的氧氧化,在碱性介质中这种氧化作用更强,因此滴定宜在酸性介质中进行。考虑到 I^- 在强酸性中也易被氧化,故一般在 pH 3～4 的弱酸性溶液中进行滴定。

四、仪器与试剂

电子分析天平,50 mL 酸式滴定管,25 mL 移液管,I_2 固体;KI 固体;淀粉溶液 5 g·L^{-1} 水溶液;0.1000 mol·L^{-1} $Na_2S_2O_3$ 标准溶液;HAc(1+1)。

维生素 C 药片,蔬菜、水果果浆。

五、实验内容

(1)0.05 mol·L^{-1} I_2 溶液的配制　称取 13 g 碘及 35 g 碘化钾,溶于 100 mL 水中,稀释至 1000 mL,摇匀,贮存于棕色瓶中(国家标准 GB/T601—2002 化学试剂　标准滴定溶液的制备,实验中可根据实际情况调整)。

(2)0.05 mol·L^{-1} I_2 溶液的标定。

用移液管平行移取 25.00 mL $Na_2S_2O_3$ 标准溶液 3 份,分别置于 250 mL 锥形瓶中,加 50 mL 蒸馏水,2 mL 5 g·L^{-1} 淀粉溶液,用待标定的 I_2 溶液滴定至稳定的蓝色,30 s 不褪色即为终点。

(3)维生素 C 含量的测定。

①维生素 C 药片。

准确称取 0.20～0.22 g 研成粉末的维生素 C 试样 3 份,分别置于 250 mL 锥形瓶中,加入 100 mL 新煮沸并冷却的蒸馏水,立即用 I_2 标准溶液滴定至出现稳定的浅蓝色,30 s 内不褪色即为终点。

②果蔬中 V_C 含量的测定。

用小烧杯准确称取 30～50 g 新鲜并研碎了的果浆(橙子、橘子、番茄、辣椒等)试样,立即加入 10 mL(1+1)HAc,搅匀,转入 250 mL 锥形瓶,用新煮沸冷却的蒸馏水洗涤烧杯,洗涤液合并入 250 mL 锥形瓶中,加入 2 mL 5 g·

L^{-1} 淀粉指示剂，立即用 I_2 标准溶液滴定至稳定的蓝色，30 s 不褪色即为终点。平行 3 份。

六、数据处理

（1）列表记录各项实验数据。

（2）结果计算。

①0.05 $mol \cdot L^{-1}$ I_2 溶液的标定公式。

$$c_{I_2} = \frac{c_{Na_2S_2O_3} V_{Na_2S_2O_3}}{2V_{I_2}}$$

②维生素 C 含量的计算公式。

$$\omega_{C_6H_8O_6}\% = \frac{c_{I_2} V_{I_2} \dfrac{M_{C_6H_8O_6}}{1000}}{m_s} \times 100 \qquad M_{C_6H_8O_6} = 176.12$$

七、问题讨论

碘可以用升华法纯制到符合直接配制标准溶液的纯度，但因其具有挥发性，不宜在分析天平上称量，所以用间接法配制。为使碘中的微量碘酸盐杂质作用掉，以及中和硫代硫酸钠标准溶液配制时作为稳定剂加入的 Na_2CO_3，配制碘标准溶液时常加入几滴盐酸；为避免 KI 氧化，配制好的碘标准溶液，必须贮存在棕色试剂瓶中，密闭保存。

八、注意事项

用 I_2 标准溶液滴定维生素 C 含量的反应多在酸性溶液（醋酸、硫酸和偏磷酸）中进行，因在酸性溶液中维生素 C 受空气中 O_2 的氧化速度稍慢，较为稳定。但样品溶于稀酸后仍需立即滴定，故不宜将 3 份试样同时溶解。

九、思考题

（1）如果测定维生素 C 含量时，试样含有少量的还原性杂质对测定结果有何影响？

（2）维生素 C 本身是酸，为什么测定还要加酸？

实验十二 间接碘量法测定胆矾中铜的含量

一、实验目的

(1)掌握间接碘量法测定铜的原理和条件控制；
(2)学会 $Na_2S_2O_3$ 溶液的配制、保存和标定，掌握其标定的原理和方法。

二、测定意义

五水硫酸铜（$CuSO_4 \cdot 5H_2O$）俗名胆矾或蓝矾，是蓝色斜方晶体。可由稀硫酸作用于铜（同时通入空气）或氧化铜而得，易溶于水。胆矾在常温常压下很稳定，不潮解，在干燥空气中会逐渐风化，脱水时变为白色。硫酸铜是较重要的铜盐之一，在化学工业中用于制备其他铜盐，同时可用作纺织品媒染剂，农业杀虫剂，水的杀菌剂，饲料添加剂。无机农药波尔多液就是硫酸铜和石灰乳混合液，它是一种良好的杀菌剂，可用来防治多种作物的病害。胆矾中铜的含量常用碘量法测定。

三、方法原理

在 pH 为 3~4 的弱酸性溶液中，Cu^{2+} 与过量 I^- 作用生成难溶性的 CuI 沉淀和 I_2。

$$2Cu^{2+} + 4I^- \rightleftharpoons 2CuI\downarrow + I_2$$

生成的 I_2 可用 $Na_2S_2O_3$ 标准溶液滴定，以淀粉溶液为指示剂，滴定至溶液的蓝色刚好消失即为终点。

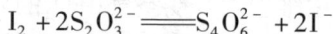

$$I_2 + 2S_2O_3^{2-} \rightleftharpoons S_4O_6^{2-} + 2I^-$$

由所消耗的 $Na_2S_2O_3$ 标准溶液的体积及浓度即可求算出铜的含量。

由于 CuI 沉淀表面吸附 I_2 致使分析结果偏低，为此可在大部分 I_2 被 $Na_2S_2O_3$ 溶液滴定后，再加入 NH_4SCN 或 KSCN 使 CuI（$K_{SP} = 1.1 \times 10^{-12}$）沉淀转化为溶解度更小、对 I_2 没有吸附作用的 CuSCN（$K_{SP} = 4.8 \times 10^{-15}$）沉淀，释放出被吸附的碘，从而提高测定结果的准确度。

利用此法还可测定铜合金、铜矿石及农药等试样中的铜。

四、仪器与试剂

分析天平，50 mL 酸式滴定管，25 mL 移液管，250 mL 容量瓶，250 mL 碘量瓶。

$K_2Cr_2O_7$ 基准物质，$Na_2S_2O_3 \cdot 5H_2O$（A. R），Na_2CO_3（A. R），KI   200 g · L^{-1}

水溶液，KI 固体，HCl　1 + 1，淀粉溶液　5 g·L^{-1}水溶液，H$_2$SO$_4$　1 mol·L^{-1}，NH$_4$SCN　100 g·L^{-1}，CuSO$_4$·5H$_2$O 固体。

五、实验内容

（1）0.1 mol·L^{-1} Na$_2$S$_2$O$_3$的配制。

称取 26 g Na$_2$S$_2$O$_3$·5H$_2$O 或 16 g 无水硫代硫酸钠，加 0.2 g 无水碳酸钠，溶于 1000 mL 水中，缓缓煮沸 10 min，冷却。放置两周后过滤（参照国家标准GB/T601—2002化学试剂 标准滴定溶液的制备，实验中可根据实验情况调整）。

（2）0.1 mol·L^{-1} Na$_2$S$_2$O$_3$溶液的标定。

准确称取 K$_2$Cr$_2$O$_7$基准物质 0.16～0.18 g 3 份，分别置于 250 mL 锥形瓶中，加入 25 mL 蒸馏水、10 mL 1 mol·L^{-1} H$_2$SO$_4$溶液、10 mL 100 g·L^{-1} KI 溶液，摇匀，在暗处（实验柜中）放置 5 min。待反应完全后，加入 50 mL 蒸馏水稀释，立即用待标定的 Na$_2$S$_2$O$_3$溶液滴定至溶液由红棕色变为黄绿色（或淡黄色），然后加入 2 mL 淀粉指示剂，继续滴定至溶液由深蓝色变为亮绿色即为终点。记录滴定所消耗 Na$_2$S$_2$O$_3$标准溶液的体积，计算 Na$_2$S$_2$O$_3$标准溶液的浓度。

（3）胆矾中铜含量的测定。

准确称取 CuSO$_4$·5H$_2$O 样品 2.0～2.2 g，置于 100 mL 烧杯中，加入 2 mL 1 mol·L^{-1} H$_2$SO$_4$溶液，加水 20 mL，待试样溶解后，定量转入 100 mL 容量瓶中，用水稀释至刻度，摇匀。

移取上述试液 25.00 mL 3 份，分别置于 25.00 mL 锥形瓶中，加水 20 mL，加入 10 mL 100 g·L^{-1} KI 溶液，立即用 Na$_2$S$_2$O$_3$标准溶液滴定由黄褐色变为浅黄色，然后加入 2 mL 淀粉指示剂，继续滴定至溶液由蓝色变为浅蓝色，再加入 10 mL 100 g·L^{-1} NH$_4$SCN 溶液，摇动数秒，继续滴定至蓝色刚好消失（略带粉红色）即为终点。记录滴定所消耗 Na$_2$S$_2$O$_3$标准溶液的体积，计算胆矾中铜的含量。

六、数据处理

（1）列表记录各项实验数据。

（2）结果计算。

① 0.1 mol·L^{-1} Na$_2$S$_2$O$_3$溶液的标定公式：

$$c_{Na_2S_2O_3} = \frac{6m_{K_2Cr_2O_7} \times 1000}{V_{Na_2S_2O_3}M_{K_2Cr_2O_7}} \qquad M_{K_2Cr_2O_7} = 294.18 \text{ g} \cdot \text{mol}^{-1}$$

②胆矾中铜含量计算公式:

$$c_{Cu}\% = \frac{c_{Na_2S_2O_3}V_{Na_2S_2O_3}\dfrac{M_{Cu}}{1\ 000}}{m_s \times \dfrac{25.00}{100}} \times 100 \qquad M_{Cu} = 63.55\ \mathrm{g \cdot mol^{-1}}$$

七、问题讨论

(1)标定 $Na_2S_2O_3$ 时, 置换反应 $Cr_2O_7^{2-} + 6I^- + 14H^+ \mathop{=\!=\!=} 2Cr^{3+} + 3I_2^- + 7H_2O$ 的反应完全度很高, 但因 $Cr_2O_7^{2-}/Cr^{3+}$ 为不可逆电对, 导致置换反应速度较慢, 须控制适当条件: 一、适当增大反应物浓度, 包括①KI 过量 20% 左右, 尽管成本较高。②控制尽可能高的 H^+ 浓度, 由于 H^+ 浓度增大时, 也提高了 O_2/H_2O 电对的电位, 导致溶解氧氧化 I^-。实验控制 H^+ 浓度 $0.2 \sim 0.4\ \mathrm{mol \cdot L^{-1}}$。二、为使反应完全, 应在加入酸后放置 $2 \sim 3\ \mathrm{min}$。

由于滴定反应 $I_3^- + 2S_2O_3^{2-} \mathop{=\!=\!=} 3I^- + S_4O_6^{2-}$ 要在中性或弱酸性溶液中进行, 因此, 滴定前需将溶液稀释一倍以降低酸度, 既减慢 I^- 被空气氧化的速度, 又可减弱滴入的 $Na_2S_2O_3$ 分解, 同时降低了 Cr^{3+} 的浓度, 使其亮绿色变浅, 便于终点观察。

(2)为了防止 Cu^{2+} 的水解及满足碘量法的要求, 反应必须在微酸性介质中进行(pH 为 $3 \sim 4$)。控制溶液的酸度常用 H_2SO_4 或 HAc, 而不用 HCl, 因 Cu^{2+} 易与 Cl^- 生成 $CuCl_4^{2-}$ 配离子不利于测定。若试样中含有 Fe^{3+}, 对测定有干扰, 因发生反应:

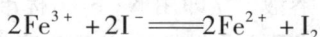

$$2Fe^{3+} + 2I^- \mathop{=\!=\!=} 2Fe^{2+} + I_2$$

使结果偏高, 可加入 NaF 或 NH_4F, 将 Fe^{3+} 掩蔽为 FeF_6^{3-}。

八、注意事项

(1)滴定时加入淀粉指示剂前应快滴慢摇, 以防止由于碘的挥发造成终点提前, 加入淀粉指示剂后应慢滴快摇, 以防止反应不完全造成的终点滞后。

(2)标定 $Na_2S_2O_3$ 溶液时, 滴定至终点了的溶液放置后会变蓝色。那是由于光照可加速空气氧化溶液中的 I^- 生成少量的 I_2 所致, 酸度越大此反应越快。经过 $5 \sim 10\ \mathrm{min}$ 后才变蓝属于正常; 如很快而且又不断变蓝, 则说明 $K_2Cr_2O_7$ 和 KI 的作用在滴定前进行不完全, 溶液稀释太早。遇到后者情况, 实验应重做。

九、思考题

(1)要使 $Na_2S_2O_3$ 溶液的浓度比较稳定, 应如何配制和保存?

(2)为什么碘量法测铜必须在弱酸性溶液中进行?

实验十三 氯化铵片剂中氯化铵含量测定

一、实验目的

（1）学会 $AgNO_3$ 标准溶液的配制和标定方法。

（2）掌握莫尔法、法扬司法测定 NH_4Cl 含量的原理和方法。

二、测定意义

氯化铵为无色结晶或白色结晶性粉末；无臭、味咸、凉；有引湿性。本品在水中易溶，在乙醇中微溶。氯化铵是祛痰药和辅助利尿药，用于祛痰、利尿、代谢性碱中毒和酸化尿液。内服氯化铵后，可刺激胃黏膜迷走神经末梢，反射性引起支气管腺体分泌增加，使稠痰稀释，易于咳出，因而对支气管黏膜的刺激减少，咳嗽也随之减轻。此外，氯化铵被吸收至体内后，分解为氨离子和氯离子两部分，铵离子到肝脏内被合成尿素，由肾脏排出时要带走一部分水分，加之氯离子在肾脏排泄时，在肾小管内形成高浓度，也要带走多量的阳离子（主要是 Na^+）和排出水分，从而呈现利尿作用。由于氯化铵为强酸弱碱盐，可使尿液呈现酸性，故有酸化尿液作用。

莫尔法的应用比较广泛，生活用水、工业用水、环境水质监测以及一些化工产品、药品、食品中氯的测定都使用莫尔法。

三、方法原理

用莫尔法测定 NH_4Cl 的含量，是根据分步沉淀的原理。在中性或弱碱性溶液中，以 K_2CrO_4 为指示剂，用 $AgNO_3$ 标准溶液进行滴定。由于 $AgCl$ 的溶解度比 Ag_2CrO_4 小，因此溶液中首先析出 $AgCl$ 沉淀，当 $AgCl$ 定量沉淀后，过量 1 滴 $AgNO_3$ 溶液，Ag^+ 与 CrO_4^{2-} 生成砖红色 Ag_2CrO_4 沉淀，指示到达终点。主要反应如下：

$$Ag^+ + Cl^- \longrightarrow AgCl\downarrow（白色） \qquad K_{sp} = 1.8 \times 10^{-10}$$

$$2Ag^+ + CrO_4^{2-} \longrightarrow Ag_2CrO_4\downarrow（砖红色） \qquad K_{sp} = 2.0 \times 10^{-12}$$

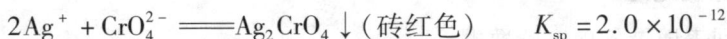

滴定最适宜的 pH 范围为 6.5 ~ 10.5，如有铵盐存在，溶液的 pH 最好控制在 6.5 ~ 7.2 之间。

指示剂的用量以 5×10^{-3} mol·L^{-1} 为宜。凡是能与银离子生成难溶性化合物或络合物的阴离子都干扰测定。如 PO_4^{3-}、SO_3^{2-}、CO_3^{2-}、S^{2-}、AsO_3^{3-}、AsO_4^{3-}、$C_2O_4^{2-}$ 等。凡是能与 CrO_4^{2-} 指示剂生成难溶化合物的阳离子也干扰测定，如

Ba^{2+}、Pb^{2+} 等。

$AgNO_3$ 标准溶液的浓度用基准物质 NaCl 标定,其原理同上。

四、仪器与试剂

电子分析天平,50 mL 酸式滴定管,25 mL 移液管,100 mL 和 250 mL 容量瓶。

$AgNO_3$ 固体(A. R.);K_2CrO_4　50 g·L^{-1} 水溶液;NaCl 基准试剂　在 500~600℃高温炉中灼烧半小时后,置于干燥器中冷却。也可将 NaCl 置于带盖的瓷坩锅中,加热,并不断搅拌,待爆炸声停止后,将坩锅放入干燥器中冷却后使用;NH_4Cl 试样;氯化铵片。

五、实验内容

(1)0.1 mol·L^{-1} $AgNO_3$ 溶液的配制。

称取 17.5 g 硝酸银,溶于 1000 mL 水中,摇匀。溶液贮存于棕色瓶中(国家标准 GB/T 601—2002 化学试剂 标准滴定溶液的制备,实验中可根据实际情况调整)。

(2)0.1 mol·L^{-1} $AgNO_3$ 标准溶液浓度的标定。

准确称取 0.5~0.6 g 基准物质 NaCl 于小烧杯中,加 20~30 mL 蒸馏水溶解,定量转移到 100 mL 容量瓶中,稀释至刻度,摇匀。

平行移取 25.00 mL NaCl 溶液 3 份,分别置于 250 mL 锥形瓶中,加 25 mL 蒸馏水,加入 50 g·L^{-1} K_2CrO_4 指示剂 1 mL,用待标定的 $AgNO_3$ 溶液滴定至溶液呈砖红色即为终点。

(3)NH_4Cl 的含量测定。

准确称取 1.0~1.2 g NH_4Cl 试样置于小烧杯中,加水溶解后定量地转移至 250 mL 容量瓶中,用水稀释至刻度,摇匀。

移取 NH_4Cl 试液 25.00 mL 3 份,分别置于 250 mL 锥形瓶中,加 25 mL 蒸馏水,加 50 g·L^{-1} K_2CrO_4 指示剂 1 mL,用 $AgNO_3$ 标准溶液滴定至恰好混悬液呈砖红色,即为终点。

六、数据处理

(1)列表记录各项实验数据。

(2)结果计算。

①$AgNO_3$ 标准溶液浓度的计算公式:

$$c_{AgNO_3} = \frac{\dfrac{m_{NaCl}}{M_{NaCl}} \times \dfrac{25.00}{100.0}}{V_{AgNO_3}} \times 1000 \qquad M_{NaCl} = 58.489$$

②NH_4Cl 含量的计算公式：

$$\omega_{NH_4Cl} = \frac{c_{AgNO_3} \times V_{AgNO_3} \times \dfrac{M_{NH_4Cl}}{1000}}{m_s \times \dfrac{25.00}{250.0}} \times 100 \qquad M_{NH_4Cl} = 53.49 \text{ g} \cdot \text{mol}^{-1}$$

七、问题讨论

(1)如果 $pH > 10.5$，产生氧化银沉淀；$pH < 6.5$ 则大部分铬酸根离子转变成重铬酸根离子，使终点推迟出现。如果有铵盐存在，为了避免产生银氨配离子，滴定时溶液的 pH 应控制在 $6.5 \sim 7.2$ 的范围内，当铵根离子的浓度大于 $0.1 \text{ mol} \cdot \text{L}^{-1}$ 时，便不能用莫尔法进行测定。

(2)指示剂的用量对滴定终点的准确判断有影响，一般浓度为 $5 \times 10^{-3} \text{ mol} \cdot \text{L}^{-1}$ 为宜。有时对要求高的分析，需作指示剂的空白校正：以无 Cl^- 的 $CaCO_3$ 固体(相当于滴定时 $AgCl$ 的沉淀量)制成相似于实际滴定的浑浊溶液，加入相当量指示剂溶液，逐滴加入 $AgNO_3$ 标准溶液至终点颜色相同为止。若不经空白校正，将给试样分析结果带来正误差。

八、注意事项

(1)指示剂的用量大小对测定有影响，必须定量加入。

(2)实验完毕后，将装 $AgNO_3$ 标准溶液的滴定管先用蒸馏水冲洗，再用自来水洗净，以免 $AgCl$ 沉淀残留于管内。

九、思考题

(1)K_2CrO_4 指示剂的用量多少对 Cl^- 测定结果有何影响？

(2)用 K_2CrO_4 作指示剂，能否用 $NaCl$ 标准溶液直接滴定 Ag^+？为什么？

第 3 章　光谱分析法

3.1　紫外－可见分光光度法

3.1.1　概述

分光光度法是基于物质分子对光的选择性吸收建立起来的一系列分析方法，包括比色、紫外、可见、红外及荧光分光光度法。本部分实验内容涉及的是紫外、可见分光光度法。

波长 200～400 nm 范围的光称为紫外光，人眼能感觉到的光的波长在 400～750 nm 之间，称为可见光。分子价电子跃迁所需的能量为 1～20 eV，若取 5 eV，其相应的波长为：

$$\lambda = \frac{hc}{\Delta E_e} = \frac{6.62 \times 10^{-34} \text{ J} \cdot \text{s} \times 3.0 \times 10^{10} \text{ cm} \cdot \text{s}^{-1}}{5 \times 1.60 \times 10^{-19} \text{J}} = 2.5 \times 10^{-5} \text{ cm} = 250 \text{ nm}$$

因此，由价电子跃迁而产生的分子光谱位于紫外及可见光部分。测量某种物质对于不同波长光的吸收程度，以波长为横坐标，吸光度为纵坐标，可得到一条曲线（吸收光谱曲线或吸收曲线），它能清楚地反映物质对光的吸收情况。

当一束平行单色光通过均匀、非散射的液体（或固体、气体介质）时，光的一部分被吸收，一部分透过溶液，一部分被器皿表面反射。实践证明，溶液对光的吸收程度，与溶液浓度、液层厚度及入射光波长有关。当入射光波长一定时，其定量关系符合朗伯－比尔定律。

紫外和可见分光光度法具有较高的灵敏度（一般情况下可测定 10 μg·L^{-1} 的物质）和较好的准确度（相对误差通常为 1%～5%），操作简便，快速可靠，仪器设备也不复杂，是目前我国工业、农业、医药检验、卫生防疫、环境保护等部门广泛采用的一种仪器分析方法。

3.1.2　紫外－可见分光光度计的基本结构

各种型号的紫外－可见分光光度计，就其基本结构来说，都是由五个部分组成,即光源、单色器、吸收池、检测器和信号指示系统。

（1）光源。

在整个紫外光区或可见光区可以发射连续光谱,具有足够的辐射强度、较好的稳定性、较长的使用寿命。分光光度计中常用的光源有热辐射光源和气体放电光源两类。

可见光区:钨灯作为光源,其辐射波长范围在 320~2500 nm。紫外区:氢、氘灯。发射 185~400 nm 的连续光谱。

（2）单色器。

将光源发射的复合光分解成单色光并可从中选出一任意波长单色光的光学系统。包括:

①入射狭缝:光源的光由此进入单色器;

②准光装置:透镜或返射镜使入射光成为平行光束;

③色散元件:将复合光分解成单色光;棱镜或光栅;

④聚焦装置:透镜或凹面反射镜,将分光后所得单色光聚焦至出射狭缝;

⑤出射狭缝:光源的光由此进入样品池。

（3）吸收池。

放置各种类型的吸收池(比色皿)和相应的池架附件。吸收池主要有石英池和玻璃池两种。在紫外区须采用石英池,可见区一般用玻璃池。

（4）检测器。

利用光电效应将透过吸收池的光信号变成可测的电信号,常用的有光电池、光电管或光电倍增管。

（5）信号指示系统。

它的作用是放大信号并以适当方式指示或记录下来。常用的信号指示装置有检流计、数字显示、微机,进行仪器自动控制和结果处理。

3.1.3　722 型可见分光光度计的使用及维护

722 型分光光度计外部结构见图 3 - 1。

（1）仪器的使用方法。

①预热仪器。为使测定稳定,将电源开关打开,使仪器预热 20 min,为了防止光电管疲劳,不要连续光照。预热仪器时和在不测定时应将比色皿暗箱盖打开,使光路切断。

②选定波长。根据实验要求,转动波长手轮,调至所需要的单色波长。

③调节 $T = 0\%$。按模式按键,选择进入透光率这一档,打开试样室的盖

子，使用"0%"按键，使数字显示为"00.0"。

④调节 $T = 100\%$。按模式按键，选择进入透光率，关上试样室的盖子，使用"100%"按键，使数字显示为"100"。

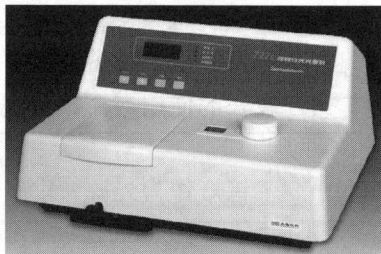

图 3 - 1 722 型分光光度计外部结构图

将盛蒸馏水(或空白溶液，或纯溶剂)的比色皿放入比色皿座架中的第一格内，并对准光路，把试样室盖子轻轻盖上，调节透光率"100%"旋钮，使数字显示正好为"100.0"。

⑤吸光度调零。按模式按键，选择进入吸光度，将参比溶液置于光路中，放入比色皿座架的 1 号位置，盖上试样室盖子，按"100%"键，使数字显示为"0.000"(如不到，则反复调节，或重复③④⑤，直至吸光度为"0.000")。

⑥吸光度的测定。将盛有待测溶液的比色皿放入比色皿座架中的其他位置，盖上试样室盖，轻轻拉动试样架拉手，使待测溶液进入光路，此时数字显示值即为该待测溶液的吸光度值。读数后，打开试样室盖，切断光路。重复上述测定操作 1~2 次，读取相应的吸光度值，取平均值。

⑦关机。实验完毕，切断电源，将比色皿取出洗净，并将比色皿座架用软纸擦净。

(2)仪器的维护。

①为了防止光电管疲劳，不测定时必须将试样室盖打开，使光路切断，以延长光电管的使用寿命。

②取拿比色皿时，手指只能捏住比色皿的毛玻璃面，而不能碰比色皿的光学表面。

③比色皿不能用碱溶液或氧化性强的洗涤液洗涤，也不能用毛刷清洗。比色皿外壁附着的水或溶液应用擦镜纸或细而软的吸水纸吸干，不要擦拭，以免损伤它的光学表面。

3.1.4　UV - 1800 型紫外 - 可见分光光度计的使用及维护

UV - 1800 紫外可见分光光度计由光源、单色器、样品室、检测系统、电机控制、液晶显示、键盘输入、电源、RS232 接口、打印接口等部分组成。仪器框图如图 3 - 2 所示，光学系统图如图 3 - 3 所示。

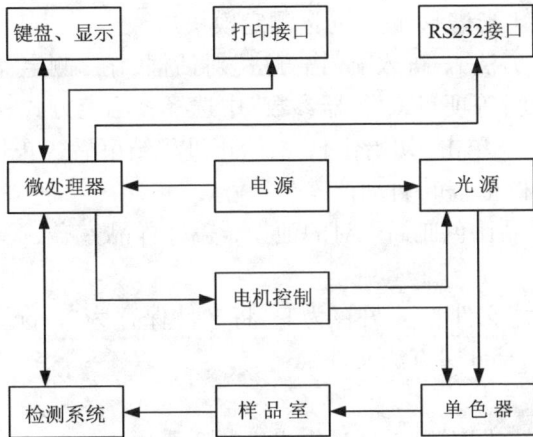

图 3-2　仪器框图

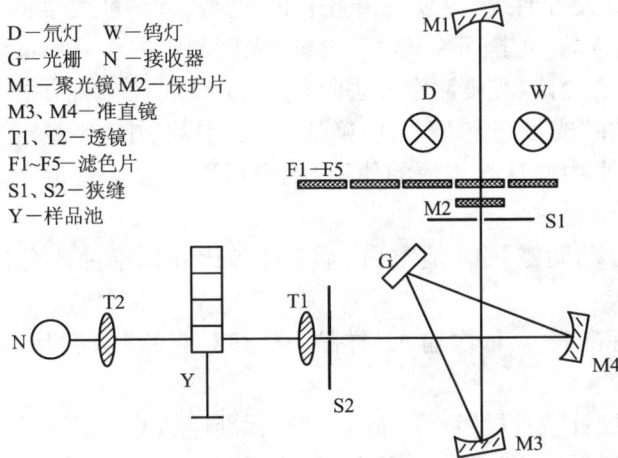

D-氘灯　W-钨灯
G-光栅　N-接收器
M1-聚光镜 M2-保护片
M3、M4-准直镜
T1、T2-透镜
F1~F5-滤色片
S1、S2-狭缝
Y-样品池

图 3-3　光学系统图

3.1.4.1　仪器的使用方法

(1)建立通讯。

①打开 UV-1800 主机开关,仪器自动进行开机自检。

②开启计算机并运行 UVProbe 软件,单击工具栏中的[连接],计算机将监测仪器自检状况。当所有自检顺利通过后,建立通讯。

（2）光谱测定。

①单击工具栏［光谱］，进入光谱测定模块。

②［编辑］－［方法］，进入"光谱方法"对话框，在"测定"选项卡中设定［波长范围］［扫描速度］等项目，"仪器参数"中选择＜测定方式＞等项目，"附件"确定使用［池数目］，单击［初始化］，初始化过程结束后，单击［确定］。

③执行［基线校正］和［自动调零］。

④将参比、样品比色皿插入对的池架，盖好样品室盖，单击［开始］，进入光谱扫描。

⑤扫描结束后［文件］－［另存为］，将文件保存为".spc"（光谱文件），实验方法［另存为］".smd"（方法文件）。

（3）光度测定。

①单击工具栏［光度测定］，进入光度测定模块。

②［编辑］－［方法］，打开"光度测定方法向导"对话框，设置"波长类型"并添加使用"波长"，单击［下一步］，选择"标准曲线"的类型、"定量法"和激活的 WL 选项，设置曲线"参数"，单击［下一步］。设置"光度测定方法向导－测定参数（标准）"，单击［下一步］。设置"光度测定方法－测定参数（样品）"，单击［下一步］。确认"光度测定方法向导－［文件属性］"后单击完成。单击工具栏［方法］，在"光度测定方法"中确认"仪器参数"中的［测定方式］等项目，在"附件"选项卡中确认6连池的使用"池数目"，进行［初始化］。结束后［关闭］。

③执行［自动调零］和［池空白］后，将参比和标准品比色皿放入对应的池架。

④激活［标准表］，依次输入"样品 ID"和对应的"浓度"、"权重因子"等内容。

⑤单击光度计按键栏［读取 Std］，进行标准样品的光度测定。

⑥测定后通过［文件］－［另存为］".pho"（光度测定文件）、".pmd"（方法文件）和".std"（标准文件）。

⑦使用已保存的方法或新建光度测定方法后，执行［自动调零］和［池空白］，再将参比和样品比色皿放入对应的池架。

⑧激活［样品表］，输入"样品 ID"等信息，单击光度计按键栏［读取 Unk］，进行样品的光度测定。

⑨从［文件］－［打开］"光度测定文件"对话框，选择所要使用的".std"（标准文件），将标准曲线引入，从而自动得到样品的浓度。

⑩保存相应的光度测定文件、方法等信息。

⑪断开 UVProbe 和仪器的连接，关闭仪器主机开关，退出 UVProbe 操作界面。

3.1.4.2　仪器的维护

①试样室的检查：每日一次。

在使用液体样品较多的情况下，使用前先检查一下样品池内是否留有溢出的溶液；每次使用液体样品后，也应作上述检查。如果该溢出的样品溶液残留于试样室，则该溶液经蒸发气化后，其原子或分子就会充满试样室的光路，至使发生测量错误，这一点请注意。

②干燥剂的调换：每周一次。

每周一次检查仪器左部干燥筒内的防潮硅胶是否变色，如发现硅胶颜色变红，应将其取出调换或烘干至蓝色，待冷却后再置入。

③波长校正：每年 1 ~ 3 次。

用镨钕滤光片测 509 nm 和 808 nm 两个吸收峰。

④每次仪器使用完毕后，用随机提供的塑料套罩住，在套子内应放数袋硅胶，以免灯室受潮，反射镜发霉或玷污，影响仪器性能。

3.1.5　比色管和比色皿

3.1.5.1　比色管

仪器分析实验中，常用比色管配制测定溶液。

比色管是一种平底细长管形状的量入式玻璃量器，有 5 mL、10 mL、25 mL、50 mL、100 mL 5 种规格。又分 A（具嘴）、B（无塞）、C（具塞）三种型式，分度线一般为两条，即半量和全量。分析化学实验中常用的是具塞比色管，如图 3 - 4 所示。

制造比色管的玻璃应无色、透明，其底部应平整光滑，厚度均匀，放在白纸上观察时，不得有黑影或其他杂色。分度线和量的数值应为白色或不上色。两条标线应制成围线，其宽度不得大于 0.3 mm，同组各支比色管的分度线高低差值：5 ~ 10 mL 不得超过 0.7 mm，25 ~ 100 mL 不得超过 1 mm。

图 3 - 4　具塞玻璃比色管

具塞比色管的磨口应细腻无光斑，在管口和塞上标注相同的编号。使用前要检查磨口塞的密合情况。先将塞和管口清洗擦干，使得磨砂面上无脏物和纤维。将水注入至最高标线，盖紧塞子。用手轻压塞盖，颠倒 10 次，每次颠倒时停留在倒置状态下至少 10 s，然后用滤纸在塞与颈间周围擦看，不应有水渗出。

比色管的容量允差如表 3 – 1。

表 3 – 1　比色管的容量允差

标称容量(mL)	5	10	25	50	100
容量误差(mL)	± 0.06	± 0.10	± 0.25	± 0.40	± 0.60

引自中华人民共和国国家计量检定规程《专用玻璃量器》(JJG 10 – 2005)

对比表 2 – 17 容量瓶的容量允差可知，比色管的容量误差较大。主要用于目视比色分析，粗略测量溶液浓度。因此，对于准确度要求较高的测定，应使用容量瓶配制测定溶液。

比色管管壁较薄，使用时要轻拿轻放，清洗比色管时不能用硬毛刷刷洗，以免磨伤管壁影响透光度。在目视比色分析中，同一比色实验要使用同样规格的比色管，比色时一次只将装待测溶液的比色管与一支装标准溶液的比色管进行对比，对比时将两支比色管置于光照程度相同的白纸前面，用肉眼观察颜色差异。

3.1.5.2　玻璃比色皿

在分子光谱分析中，进行吸光度测定时放置溶液的容器称为比色皿，又称吸收池。比色皿一般为长方体，如图 3 – 5。

比色皿的底及两侧为磨毛玻璃，另两面为平面且平行的透光面，用光学玻璃制成，透光面和毛玻璃用玻璃粉高温烧结或胶黏合在一起。荧光分光光度计使用的是具有四个透光面的比色皿（俗称"四通比色皿"）。

图 3 – 5　玻璃比色皿

按光路长度分为 1 mm、2 mm、5 mm、10 mm、20 mm、30 mm、40 mm、50 mm、100 mm 等规格。还有有带盖和不带盖、平底和圆底之分。

国家标准《玻璃比色皿》(GB/T 26791—2011)规定的玻璃比色皿的分类，要求，试验方法、标志等如下。

比色皿按光谱透过范围分为三类，如表 3 - 2。

表 3 - 2　比色皿按光谱透过范围的分类

名　称	分类代号	特　征
可见光学玻璃比色皿	G	在可见光谱范围内透明，在 360 ~ 1100 nm 波长范围内透光率≥80%
紫外光学石英玻璃比色皿	Q 或 S	在紫外和可见光谱范围内透明，在 200 ~ 1100 nm 波长范围内透光率≥80%
红外光学石英玻璃比色皿	I	在可见和红外光谱范围内透明，在 360 ~ 2800 nm 波长范围内透光率≥80%

用紫外可见分光光度计或红外分光光度计进行检测，用规定的波长和介质，将一个比色皿的透光率调至 100% 后，测量同一组光路长度相等的其他比色皿的透光率，其配套一致性要求如表 3 - 3。

表 3 - 3　比色皿的配套性要求

名称	波长(nm)	测试介质	配套一致性
可见光学玻璃比色皿	440	蒸馏水	相同光路长度的一组比色皿透光率的差值不应大于 0.5%
紫外光学石英玻璃比色皿	220	蒸馏水	
红外光学石英玻璃比色皿	2730	空气	

在比色皿的一个透光面的右上角有产品分类代号标志，或者在比色皿的一个非透光面的上部有箭头标志。有产品分类代号标志的透光面作为进光方向，有箭头标志的箭头所指的方向为出光方向。

比色皿的工作条件为：环境温度 5 ~ 35℃，相对湿度不应大于 85%，室内应无腐蚀性气体。

比色皿应能经受(1 + 1)的盐酸、240 g·L^{-1} 的氢氧化钠、四氯化碳 3 种介质，各浸泡 24 h 后不应有脱胶、渗漏现象。

比色皿的使用方法：

拿取比色皿时，手指只能接触两侧的毛玻璃，避免接触透光面。荧光分光光度计上使用的四通比色皿一般可轻拿四角，不得接触任何一面。同时注意轻拿轻放，防止损坏。不得将比色皿的透光面与硬物或脏物接触。溶液应沿毛玻璃面慢慢倒入或倒出。应用待测溶液洗涤比色皿内壁 2～3 次，盛装溶液的高度为比色皿高度的 2/3 即可。透光面如有残液可先用滤纸轻轻吸附，然后再用镜头纸或丝绸擦拭。将镜头纸的光滑面向外、粗糙面向内折叠两次，沿一个方向将透光面的残液擦拭干净。

　　比色皿要垂直置于比色皿架中，以保证在测量时入射光垂直于透光面，避免光的反射损失，保证光程固定。

　　比色皿用完后，应立即清洗干净，晾干，存放于干净的容器或盒子中备用。

　　特别注意的是凡含有腐蚀玻璃的溶液，不得长期盛放在比色皿中。不能将比色皿放在火焰或电炉上进行加热或干燥箱内烘烤。

实验十四 邻二氮菲分光光度法测定铁的含量

一、实验目的

(1)熟悉分光光度法的条件试验及测定方案的拟定;

(2)掌握邻二氮菲分光光度法测定铁的方法及络合比的测定方法;

(3)了解分光光度计的构造、性能及使用方法。

二、测定意义

铁是最重要的基本结构材料,钢铁的年产量代表一个国家的现代化水平。对各种样品中所含有的铁进行测定,有助于对产品的生产进行监督。

测定铁的方法有很多,常量铁可以用滴定法测定,微量铁和痕量铁则要用仪器分析的方法,邻二氮菲分光光度法测铁是一种常用的测定微量铁的方法。

由于铁离子本身的吸光系数比较小,一般都利用显色反应进行分光光度测定,为使测定有较高的灵敏度和准确度,选择最佳的测定条件是很重要的。这些条件包括仪器测量条件、显色反应条件以及参比溶液的选择。吸光光度法的实验条件如测定波长、溶液酸度、显色剂用量、稳定时间、温度等,是可以通过实验来确定的。本次实验在测定铁含量之前,选择酸度、显色剂用量、稳定时间等吸光光度法的条件进行实验,以求了解确定实验条件的方法。

三、方法原理

许多无机配合物有电荷迁移跃迁所产生的电荷迁移吸收光谱。$Fe(phen)_3^{2+}$ 的吸收光谱就是由电荷迁移跃迁产生的。

在 $pH = 2 \sim 9$ 的溶液中,Fe^{2+} 与邻二氮菲(phen)生成稳定的橙红色配合物 $Fe(phen)_3^{2+}$:

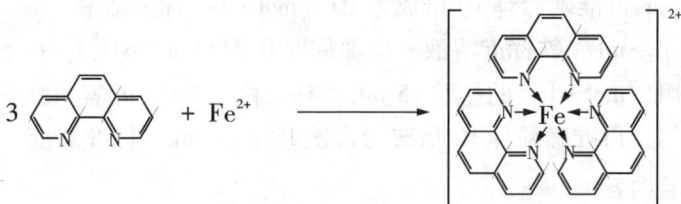

根据朗伯－比耳定律 $A = \varepsilon bc$,当入射光波长 λ 及光程 b 一定时,在一定浓度范围内,有色物质的吸光度 A 与该物质的浓度 c 成正比。只要绘出校准曲线,测出试液的吸光度,就可以由校准曲线查得对应的浓度值。

此配合物的 $\lg K_稳 = 21.3$,摩尔吸光系数 $\varepsilon_{510} = 1.1 \times 10^4 \ L \cdot mol^{-1} \cdot cm^{-1}$。

　　测定时,控制溶液 pH = 5 较为适宜,酸度高时,反应进行较慢,酸度太低,则二价铁离子水解,影响显色。

　　Fe^{3+} 也能与邻二氮菲生成 3:1 配合物,呈淡蓝色,$\lg K$ 稳 = 14.1。所以在加入显色剂之前,应用盐酸羟胺($NH_2OH \cdot HCl$)将 Fe^{3+} 还原为 Fe^{2+},其反应式如下:

$$4Fe^{3+} + 2NH_2OH = 4Fe^{2+} + N_2O + 4H^+ + H_2O$$

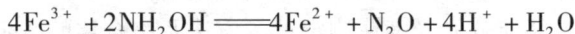

　　有很多元素干扰测定,须预先进行掩蔽或分离,如钴、镍、铜、铬与试剂形成有色配合物;钨、钼、铜、汞与试剂生成沉淀,还有些金属离子如锡、铅、铋则在邻二氮菲铁配合物形成的 pH 范围内发生水解,因此当这些离子共存时,应注意消除它们的干扰。

　　分光光度法还是研究络合物平衡和组成的一种有效的方法,本实验对 $Fe(phen)_3^{2+}$ 的组成测定采用摩尔比法。

四、仪器与试剂

　　(1)722 型分光光度计及 1 cm 比色皿。

　　(2)醋酸钠:1 mol·L^{-1},氢氧化钠 0.4 mol·L^{-1},盐酸 2 mol·L^{-1},盐酸羟胺 10%(临时配制)。

　　(3)邻二氮菲(0.1%,5.00×10^{-3} mol·L^{-1}):称取 0.1 g 邻二氮菲溶解在 100 mL 1 + 1 乙醇溶液中。(临用时配制)

　　(4)邻二氮菲(0.02%,1.00×10^{-3} mol·L^{-1})将(3)配制的邻二氮菲溶液取 10 mL 用 1 + 1 乙醇溶液稀释至 50 mL。

　　①$1.00 \times 10^{-4}$ mol·L^{-1} 铁标准溶液。准确称取 0.1961 g $(NH_4)_2Fe(SO_4)_2 \cdot 6H_2O$ 于烧杯中,用 2 mol·L^{-1} 的盐酸 15 mL 溶解,移至 500 mL 容量瓶中,以水稀释至刻度,摇匀;再准确稀释 10 倍成为 10^{-4} mol·L^{-1} 标准溶液。

　　②10.0 μg·mL^{-1} 铁标准溶液。准确称取 0.3511 g $(NH_4)_2Fe(SO_4)_2 \cdot 6H_2O$ 于烧杯中,用 2 mol·L^{-1} 的盐酸 15 mL 溶解,移入 500 mL 容量瓶中.以水稀释至刻度,摇匀。再准确稀释 10 倍成为含铁 10 μg·mL^{-1} 标准溶液。

五、实验内容

　　(1)吸收曲线的绘制和测量波长的选择。

　　用吸量管准确吸取 1.00×10^{-4} mol·L^{-1} 铁标准溶液 10 mL 置于 50 mL 容量瓶中,加入 10% 盐酸羟胺溶液 1mL,摇匀后加入 1 mol·L^{-1} 醋酸钠溶液 5 mL 和 0.1% 邻二氮菲溶液 3 mL,以水稀释至刻度,摇匀。在分光光度计上,用

1 cm吸收池，以水为参比溶液，从 430～570 nm，每隔 20 nm(吸收峰附近减小间隔，可以每隔 5 nm)测定一次吸光度，绘制出吸收曲线，从吸收曲线上确定测定铁的适宜波长。

(2)测定条件的选择。

①邻二氮菲与铁配合物的稳定性。

按上述方法另配一份溶液，在确定的最大吸收波长 510 nm 处，从加入显色剂后立即测定一次吸光度，经 0.5 min，1 min，2 min，5 min，15 min，30 min，45 min，60 min 后，各测一次吸光度。以时间为横坐标，吸光度为纵坐标，绘制 A—t 曲线，从曲线上判断配合物显色和稳定的时间。

②显色剂浓度的影响。

取 25 mL 比色管 8 个，用吸量管准确吸取 1.00×10^{-4} mol·L^{-1} 铁标准溶液 5 mL 于各比色管中，加入 10% 盐酸羟胺溶液 3 mL，摇匀，再加入 1 mol·L^{-1} 醋酸钠 5 mL，然后分别加入 1.00×10^{-3} mol·L^{-1} 邻二氮菲溶液 0.3，0.5，1.0，1.5，2.0，3.0，4.0 和 4.5 mL，以水稀释至刻度，摇匀。在分光光度计上，用所确定的波长，1 cm 比色皿，以水为参比测定各溶液的吸光度。绘制 A—V 曲线，由曲线上确定显色剂最佳加入量。以邻二氮菲与铁的浓度比为横坐标，吸光度为纵坐标作图，根据曲线前后部分延长线的交点位置，确定铁与邻二氮菲的络合比。

③溶液酸度对配合物的影响。

准确吸取 1.00×10^{-3} mol·L^{-1} 铁标准溶液 10 mL 置于 100 mL 容量瓶中，加入 2 mol·L^{-1} 盐酸 5 mL 和 10% 盐酸羟胺溶液 10 mL，摇匀，经 2 min 后，再加入 0.1% 邻二氮菲溶液 30 mL，以水稀释至刻度，摇匀后备用。

取 25 mL 比色管 7 个，用吸量管分别准确吸取上述溶液 10 mL 于各比色管中，然后在各个比色管中，依次用吸量管准确加入 0.4 mol·L^{-1} 的氢氧化钠溶液 1.0，2.0，3.0.4.0，6.0.8.0 及 10.0 mL，以水稀释至刻度，摇匀，在分光光度计上，用所确定的波长，1 cm 比色皿，以水为参比测定各溶液的吸光度。然后测定各剩余溶液的 pH。先用 pH 1～14 广泛试纸确定其粗略 pH，然后进一步用精密 pH 试纸确定其较准确的 pH(最好采用 pH 计测量)。以 pH 为横坐标，吸光度为纵坐标，绘制 A–pH 曲线，由曲线确定适宜的 pH 范围。

④根据上面条件实验的结果，拟出邻二氮菲分光光度法测定铁的测定条件并讨论之。

(3)铁含量的测定。

①校准曲线的绘制。取 25 mL 比色管 6 个，分别准确加入 10 μg·mL^{-1} 铁

标准溶液 0.0，1.0，2.0，3.0，4.0 和 5.0 mL 于各比色管中，各加 10% 盐酸羟胺溶液 1 mL，摇匀，经 2 min 后再各加 1 mol·L^{-1}醋酸钠溶液 5 mL 和 0.1% 邻二氮菲溶液 3 mL，以水稀释至刻度，摇匀。在分光光度计上用 1 cm 比色皿，在最大吸收波长处以水为参比测定各溶液的吸光度，以 25 mL 含铁总量为横坐标，吸光度为纵坐标，绘制校准曲线。

②吸取未知液 5 mL，按上述标准曲线相同条件和步骤测定其吸光度。根据未知液吸光度，在校准曲线上查出测定液中铁的量，然后计算试样中微量铁的含量，以 g·L^{-1}表示。

六、数据处理

（1）绘制曲线：①吸收曲线；②$A-t$ 曲线；③吸光度与显色剂用量曲线；④$A-pH$ 曲线；⑤络合比测定曲线；⑥校准曲线。

（2）计算未知液中铁的含量

七、问题讨论

溶液酸度是影响显色反应的主要因素之一，溶液酸度的影响表现在许多方面。多数显色剂是有机弱酸或弱碱，介质的酸度会直接影响显色剂的离解程度，从而影响显色反应的完全程度。由于 pH 的不同，可形成具有不同络合比，不同颜色的配合物；pH 增大会引起某些金属离子水解而形成各种型体的羟基配合物，甚至可能析出沉淀，或者由于生成金属的氢氧化物而破坏有色配合物，使溶液的颜色完全褪去。在本实验中，控制溶液 pH = 5 较为适宜，酸度高时，反应进行较慢，酸度太低，则二价铁离子水解，影响显色。

八、注意事项

测定溶液的吸光度时，先要用参比溶液调节透光率为 100%，以消除溶液中其他成分和溶剂对光的吸收以及比色皿对光的反射所带来的误差。因此，要根据试样溶液的性质，选择合适的参比溶液。本实验所选用的参比溶液是试剂参比，因为显色剂或其他试剂在测定波长有吸收，按显色反应相同的条件，只是不加入试样，同样加入溶剂和试剂作为参比溶液。这种参比溶液可消除试剂中的组分产生吸收的影响。

九、思考题

（1）如果要测定样品中亚铁的含量，是否需要加入盐酸羟胺？

（2）在本实验的各项测定中，哪些试剂的加入体积要准确，而哪些试剂则不必准确，为什么？

实验十五　甲基橙离解常数的测定

一、实验目的

（1）掌握分光光度法测定一元弱酸（或弱碱）离解常数的原理、方法、测定步骤及实验数据的处理方法；

（2）熟练地掌握分光光度计的基本操作技术。

二、测定意义

可见分光光度法除了可以进行定量分析外，还可用来对配合物的组成、稳定常数、离解常数进行测定。对于分析化学中常用的指示剂或显色剂离解常数的测定也常用光度法测定，因为这些指示剂或显色剂大都是有机弱酸或弱碱，只要它们的酸色型和碱色型的吸收曲线不重叠，就可以设计适当的方法，测定其离解常数。

有机化合物的离解常数除了用光度法测定之外，还可用电位法进行测定。

三、方法原理

甲基橙是有机弱酸（表示为 HMO），它的酸型和碱型具有不同颜色：HMO 为红色，MO^- 为黄色，根据其解离平衡：

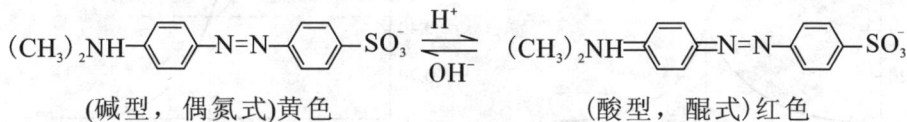

$$(CH_3)_2NH\text{—}\underset{}{\bigcirc}\text{—N=N—}\underset{}{\bigcirc}\text{—}SO_3 \underset{OH^-}{\overset{H^+}{\rightleftharpoons}} (CH_3)_2NH\text{—}\underset{}{\bigcirc}\text{—N=N—}\underset{}{\bigcirc}\text{—}SO_3$$

（碱型，偶氮式）黄色　　　　　　　　　　　（酸型，醌式）红色

$$K_a = \frac{[H^+][MO^-]}{[HMO]}$$

甲基橙的浓度为 c 时，在一定波长下测得甲基橙溶液的吸光度 A 可表示为：

$$A = \varepsilon_{HMO}b[HMO] + \varepsilon_{MO^-}b[MO^-] = \varepsilon_{HMO}b\frac{c[H^+]}{K_a + [H^+]} + \varepsilon_{MO^-}b\frac{cK_a}{K_a + [H^+]} \quad (1)$$

b 为光程，ε_{HMO} 为酸型在测定波长下的摩尔吸光系数，ε_{MO^-} 为碱型在测定波长下的摩尔吸光系数。

若调节 pH，使甲基橙溶液几乎全部以 HMO 的形式存在，则

$$A_{HMO} = \varepsilon_{HMO}b[HMO] \approx \varepsilon_{HMO}bc$$

$$\varepsilon_{HMO} = \frac{A_{HMO}}{bc}$$

同理，调节 pH，使甲基橙几乎全部以 MO^- 形式存在，可以求得碱型摩尔

吸光系数 $\varepsilon_{\mathrm{MO^-}} = \dfrac{A_{\mathrm{MO^-}}}{bc}$。

因此，
$$A = \frac{A_{\mathrm{HMO}}}{bc} \cdot b \frac{c[\mathrm{H^+}]}{K_{\mathrm{a}} + [\mathrm{H^+}]} + \frac{A_{\mathrm{MO^-}}}{bc} \cdot b \frac{cK_{\mathrm{a}}}{K_{\mathrm{a}} + [\mathrm{H^+}]} \qquad (2)$$

整理后有：
$$K_{\mathrm{a}} = \frac{A_{\mathrm{HMO}} - A}{A - A_{\mathrm{MO^-}}} \cdot [\mathrm{H^+}]$$

$$\mathrm{p}K_{\mathrm{a}} = \lg \frac{A - A_{\mathrm{MO^-}}}{A_{\mathrm{HMO}} - A} + \mathrm{pH} \qquad (3)$$

当 $\lg \dfrac{A - A_{\mathrm{MO^-}}}{A_{\mathrm{HMO}} - A} = 0$，即 $A = \dfrac{A_{\mathrm{HMO}} + A_{\mathrm{MO^-}}}{2}$ 时，$\mathrm{p}K_{\mathrm{a}} = \mathrm{pH}$。

即调节溶液的 pH，测定其吸光度，利用作图法可以解得 $\mathrm{p}K_{\mathrm{a}}$。本实验采用双线作图法求甲基橙的 $\mathrm{p}K_{\mathrm{a}}$。

双线作图法为：分别选择酸型和碱型吸收波长，固定甲基橙溶液浓度而改变 pH，进行吸光度的测量，作 A – pH 曲线，两条 A – pH 曲线的交点所对应 pH 即为 $\mathrm{p}K_{\mathrm{a}}$，如图 1 所示。

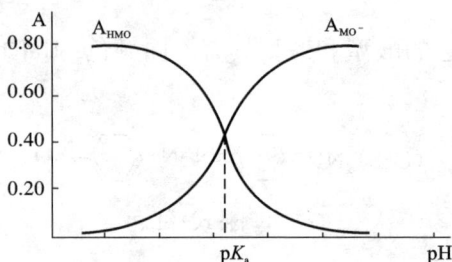
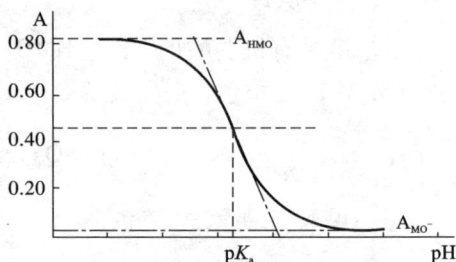

图 1　双线作图法计算 $\mathrm{p}K_{\mathrm{a}}$　　　　图 2　单线作图法计算 $\mathrm{p}K_{\mathrm{a}}$

四、仪器与试剂

722 型分光光度计，pHS – 2 型酸度计。

甲基橙溶液 1.00×10^{-3} mol·L^{-1}；0.1 mol·L^{-1} 盐酸、0.05 mol·L^{-1} 盐酸，0.1 mol·L^{-1} 醋酸，pH 为 3.8、4.6、5.6 的 HAc – NaAc 缓冲溶液，0.2 mol·L^{-1} 醋酸钠，0.1 mol·L^{-1} 氢氧化钠。

五、实验内容

(1) 吸收确定酸式最大吸收波长、碱式最大吸收波长、等吸收点波长。

① 分别用吸量管各移取 5.00 mL 甲基橙溶液于两个 50 mL 容量瓶中，分别

用 0.1 mol·L⁻¹的盐酸和 0.1 mol·L⁻¹的氢氧化钠定容，并编号 A，B。

②用分光光度计测量溶液 A，B 在 400~600 nm 范围内的吸光度，每隔 10 nm 测一次做成 A~λ 曲线，得到在酸性条件下的最大吸收波长 $\lambda_A = 510$ nm，碱性条件下的最大吸收波长 $\lambda_B = 460$ nm。

(2)不同酸度甲基橙溶液的配制及 pH 测定、双线作图法计算 pK_a。

①向 9 个做好标记的 50 mL 容量瓶中分别移取 5.00 mL 标准液，分别用 0.1 mol/L 盐酸，0.05 mol·L⁻¹盐酸，0.1 mol·L⁻¹的醋酸，pH = 3.8 的缓冲液，pH = 4.6 的缓冲液，pH = 5.6 的缓冲液，蒸馏水，0.2 mol·L⁻¹的醋酸钠，0.1 mol·L⁻¹氢氧化钠溶液定容至 50 mL，编号为 1~9。

②用标准缓冲溶液校准酸度计后，分别测定 9 个溶液的 pH，然后分别在波长为 λ_A 和 λ_B 下测定 9 个溶液的吸光度值。

六、数据处理

列表记录各项实验数据。以溶液的 pH 为横坐标，吸光度为纵坐标作图，求得 pK_a。

七、问题讨论

(1)除了双线作图法，还可用单线作图法求得 K_a，具体方法是：选择酸型或碱型最大吸收波长，固定甲基橙浓度，改变 pH，进行吸光度测定，作 A-pH 曲线，如图 2 所示，当吸光度等于酸型吸光度和碱型吸光度之和的一半时，所对应的 pH 即为甲基橙的 pKa 值。

(2)甲基橙的 pK_a 值也可利用公式：

$$pK_a = \lg \frac{A - A_{MO^-}}{A_{HMO} - A} + pH$$

直接计算获得。上式中的吸光度均可由实验测得，将测得的数据代入到公式中，可算出甲基橙的 pK_a 值。如有 n 个浓度相同而 pH 不同的溶液，就可测得 n 个 pK_a 值，然后取其平均值。

八、注意事项

(1)实验中酸度的控制尤其重要，整个实验中都要注意这个问题。

(2)一元弱碱的解离常数可将公式稍作变换后，也用此法测定。

九、思考题

(1)纯酸型、纯碱型的吸收曲线是如何得到的？

(2)若有机酸的酸性太强或太弱时，能否用本法测定？为什么？

实验十六　苯酚的紫外吸收光谱绘制及含量测定

一、实验目的

（1）掌握紫外吸收光谱的绘制；

（2）了解溶剂性质对吸收光谱的影响；

（3）了解紫外－可见吸收分光光度计的结构及其使用。

二、测定意义

苯酚是工业上排出的主要酚类物质，是一种公认的有毒化学物质。苯酚污染会给生态系统带来很大危害。污染土壤，使农作物减产或枯死；污染水体，会使水生生物受到抑制，繁殖下降、生长变慢，严重时导致死亡；侵入人体，会与细胞原浆中蛋白质结合形成不溶性蛋白，使细胞失去活性。苯酚对神经系统、泌尿系统、消化系统均有毒害作用。一旦被人吸收就会蓄积在各脏器组织内，很难排除体外，达到一定量时就会破坏肝细胞和肾细胞，造成慢性中毒，使人出现不同程度的头昏、头痛、皮疹、精神不安、腹泻等症状。

因此在检验饮用水的卫生质量、工业废水排放情况以及使用苯酚的一些产品中苯酚含量是否超标时，需对水溶液中苯酚含量进行测定。

苯酚的测定除了用本实验采用的紫外分光光度法进行测定外，还可用气相色谱和可见分光光度法（利用4－氨基安替比林与苯酚的显色反应）进行测定。

三、方法原理

具有苯环结构的化合物在紫外光区均有较强的特征吸收峰，在苯环上的给电子基团如—OH 使吸收增强。苯酚在紫外光区的最大吸收波长 $\lambda_{max} = 270$ nm，其吸收程度与苯酚的含量成正比，因此可用紫外分光光度法直接测定水中苯酚的含量。

苯酚由于有苯环的影响，酚羟基的酸性比醇羟基强，苯酚的酸性介于碳酸和碳酸氢根离子之间。在测定苯酚时，要关注它的这些特性。

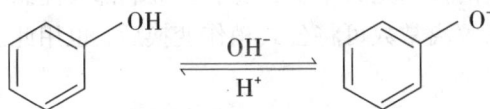

在盐酸溶液与氢氧化钠溶液中，苯酚的紫外吸收光谱有很大差别，因此在实际测定中，如果样品带有一定的酸碱性，则苯酚的测定还需加缓冲溶液。

四、仪器与试剂

UV – 1890 型紫外分光光度计，1 cm 石英比色皿。

盐酸 0.1 mol · L^{-1}、氢氧化钠 0.1 mol · L^{-1}。

苯酚标准溶液，250 mg · L^{-1} 准确称取 0.0250 g 苯酚于 250 mL 烧杯中，加去离子水 20 mL 使之溶解，移入 100 mL 容量瓶，用去离子水稀释至刻度，摇匀。

含苯酚的水样。

五、实验内容

（1）标准系列溶液的配制。

取 5 支 25 mL 比色管，分别加入 1.00 mL，2.00 mL，3.00 mL，4.00 mL，5.00 mL 苯酚标准溶液，用去离子水稀释至刻度，摇匀待测。

（2）不同酸碱性质的苯酚溶液的配制。

①30 μg · mL^{-1} 苯酚的 NaOH 水溶液。

准确移取 250 mg · L^{-1} 的苯酚水溶液 3.00 mL 于 25 mL 比色管中，加入 0.1 mol · L^{-1} 的 NaOH 溶液 5 mL，加水稀释至刻度。

②30 μg · mL^{-1} 苯酚的 HCl 水溶液。

准确移取 250 mg · L^{-1} 的苯酚水溶液 3.00 mL 于 25 mL 比色管中，加入 0.1 mol · L^{-1} 的 HCl 溶液 5 mL，加水稀释至刻度。

（3）吸收曲线的测量。

取上述标准系列溶液中任一溶液，用 1 cm 石英比色皿，以溶剂空白作参比，设置光谱扫描参数，在 220 ~ 350 nm 波长范围内，进行吸收曲线的扫描，从扫描图上读取最大吸收波长。

（4）溶液性质对吸收光谱的影响。

①酸性条件下苯酚的吸收光谱。

用 30 μg · mL^{-1} 苯酚的 HCl 水溶液，在 220 ~ 350 nm 波长范围内，以水作参比溶液，扫描吸收光谱，读取最大吸收波长。

②碱性条件下苯酚的吸收光谱

用 30 μg · mL^{-1} 苯酚的 NaOH 水溶液，在 220 ~ 350 nm 波长范围内，以水作参比溶液，扫描吸收光谱，读取最大吸收波长。

（5）校准曲线的制作。

在苯酚的最大吸收波长下，用 1 cm 比色皿，以溶剂空白作参比，测量标准系列溶液的吸光度。列表记录标准系列溶液与水样的吸光度，以吸光度为纵坐标，标准系列溶液浓度为纵坐标，绘制标准曲线。

（6）水样的测定。

与测量标准系列溶液的相同条件下，测量水样的吸光度。根据校准曲线计算出水样中苯酚的含量$(g \cdot L^{-1})$。

六、数据处理

（1）绘制苯酚在 3 种介质中的紫外吸收光谱，并讨论之。

（2）绘制工作曲线，计算水样中苯酚的含量。

七、问题讨论

苯在紫外区有三个吸收带，均由 $\pi - \pi^*$ 引起。E_1 吸收带在 185 nm，$\varepsilon = 104$（60000）；E_2 吸收带在 204 nm，$\varepsilon = 103$（7900）；B 吸收带（苯带）在 254 ~ 260 nm（230 ~ 270 nm），$\varepsilon = 200$，是由振动跃迁叠加在 $\pi - \pi^*$ 上引起。当苯环上有单取代基为—OH，即为苯酚时，E_2、B 带红移，则有：$E_2 = 210$ nm，$B = 270$ nm。

有机溶剂特别是极性溶剂对溶质紫外吸收峰的波长、强度及形状可能产生影响，这种现象称为溶剂效应。上述苯酚是 2% 的甲醇溶液，如以水或其他试剂为溶剂时，则它的紫外吸收峰有所变化。

八、注意事项

（1）苯酚有一定的酸性，在实验中使用苯酚时要注意安全。

（2）需要时，苯酚标准溶液的浓度可用硫代硫酸钠标定。

九、思考题

（1）紫外与可见分光光度计的操作有何异同？部件有何异同？

（2）比较并解释酸性、中性和碱性条件下苯酚吸收光谱的变化。

实验十七　紫外分光光度法测定蛋白质含量

一、实验目的

(1)学习紫外分光光度法测定蛋白质含量的原理;

(2)掌握紫外分光光度法测定蛋白质含量的实验技术。

二、测定意义

恩格斯说:"生命是蛋白质存在的形式。"没有蛋白质就没有生命。组成蛋白质的基本单位是氨基酸,食物中的蛋白质必须经过肠胃道消化,分解成氨基酸才能被人体吸收利用,吸收后的氨基酸只有在数量和种类上都能满足人体需要,身体才能利用它们合成自身的蛋白质。

蛋白质含量测定常用的方法有定氮法,双缩脲法(Biuret 法)、Folin – 酚试剂法(Lowry 法)和紫外吸收法。定氮法定虽然比较复杂,但较准确。定氮法和双缩脲法是以蛋白质中氮含量来进行定量的,而 Folin – 酚试剂法和紫外吸收法是以蛋白质中氨基酸含量来进行定量分析的。因此,一种蛋白质溶液用这四种方法测定,有可能得出四种不同的结果。在选择方法时应考虑所测定的样品形式与对测定的要求。

三、方法原理

本实验采用紫外分光光度法测定蛋白质含量。蛋白质中酪氨酸和色氨酸残基的苯环含有共轭双键,因此,蛋白质具有吸收紫外光的性质,其最大吸收峰位于 280 nm 附近(不同的蛋白质吸收波长略有差别)。在最大吸收波长处,吸光度与蛋白质溶液的浓度的关系服从朗伯 – 比耳定律。

核酸在 280 nm 也有强的吸收,而生物样品中常混有核酸。核酸的最大吸收波长为 260 nm,因此可用双波长测定法进行分别测定。

紫外光度法测定蛋白质不需加任何试剂和处理,可保留制剂的生物活性,故常用于酶疫蛋白质的含量测定及各种生物、生化、食品中蛋白质的测定。

四、仪器与试剂

UV – 1800 型紫外可见分光光度计,比色管,吸量管。

标准蛋白质溶液: 5 mg · mL^{-1}; 0.9% NaCl。

待测蛋白质溶液。

五、实验内容

(1)启动计算机,打开主机电源开关,启动工作站并初始化仪器。

（2）在工作界面上选取择光谱测量，设置测量波长，仪器预热 30 min。

（3）将空白放入测量池中，扫描空白，校零。

（4）校准曲线的制作：用吸量管分别吸取 1.00，2.00，3.00 mL，4.00 mL，5.00 mL 5 mg·mL^{-1} 标准蛋白质溶液于 5 只 10 mL 比色管中，用 0.9% NaCl 溶液稀释至刻度，摇匀。用 1cm 石英比色皿，以 0.9% NaCl 溶液为参比，在 278 nm 处分别测定各标准溶液的吸光度。

（5）样品测定：取待测蛋白质溶液 3 mL，按上述方法测定，278 nm 处的吸光度值。平行测定 3 份。

六、数据处理

（1）以蛋白质浓度为横坐标，吸光度为纵坐标绘制校准曲线。

（2）根据样品溶液的吸光度，从校准曲线上查出待测蛋白质的浓度。

七、问题讨论

（1）此法的特点是测定蛋白质含量的准确度较差，干扰物质多，在用校准曲线法测定蛋白质含量时，对那些与标准蛋白质中酪氨酸和色氨酸含量差异大的蛋白质，有一定的误差。故此法适于用测定与标准蛋白质氨基酸组成相似的蛋白质。若样品中含有嘌呤、嘧啶及核酸等吸收紫外光的物质，会出现较大的干扰。

（2）在进行有生物活性物质的测定时，应尽可能使样品处于近似在体内的环境以保证其正常的功能，例如：维持一定的渗透压；维持正常机能所必需的比例适宜的各种离子；酸碱度与血浆相同并且有缓冲能力等。能起到上述作用的就是生理盐水即为 0.9% 的 NaCl。

八、注意事项

进行紫外吸收法测定时，由于蛋白质吸收峰常因 pH 的改变而有变化，因此要注意溶液的 pH，测定样品时的 pH 要与测定校准曲线的 pH 相一致。

九、思考题

（1）紫外吸收法与其他测定蛋白质含量方法相比，有何缺点及优点？

（2）若样品中含少量有核酸类杂质，应如何测定？

3.2　荧光光度法

3.2.1　概述

常温下，处于基态的分子吸收一定波长的辐射能成为激发分子，激发态分子通过无辐射跃迁至第一激发态的最低振动能级，再以辐射跃迁的形式回到基态，发出比吸收光波长长的光而产生荧光。

在稀溶液中，荧光强度 I_F 与物质的浓度 c 有以下的关系：

$$I_F = 2.303\varphi I_0 \varepsilon bc$$

式中：I_0 为入射光强度；ε 为荧光分子的摩尔吸光系数；b 为液槽厚度；φ 为荧光过程的量子产率。当实验条件一定时，荧光强度与荧光物质的浓度成线性关系：

$$I_F = Kc$$

这就是荧光光谱法定量分析的理论依据。

荧光分析法的特点：

(1)与紫外可见分光光度法比较，荧光分析法具有更高的灵敏度；

(2)选择性好。荧光法既能依据发射光谱，又能依据吸收光谱来鉴定物质；

(3)所需试样量少、操作方法简便。

荧光是光致发光，荧光测定必须选择合适的激发波长和荧光测定波长。激发光谱和发射光谱是荧光测定时选择激发波长和荧光测定波长的依据。

激发光谱　固定测量波长(选最大发射波长)，化合物发射的荧光强度与照射光波长的关系曲线。激发光谱曲线的最高处，处于激发态的分子最多，荧光强度最大。

发射光谱　固定激发光波长(选最大激发波长)，化合物发射的荧光强度与发射光波长关系曲线。

固定发射光波长进行激发光波长扫描，找出最大激发光波长，然后固定激发光波长进行荧光发射波长扫描，找出最大荧光发射波长。

3.2.2　荧光分析仪器

常用的荧光分析仪器由激发光源、单色器、样品槽、检测器和显示记录器五部分构成。如图 3-6 所示：

(1)光源。在荧光计中常用卤钨灯作光源，荧光分光光度计采用高压汞灯

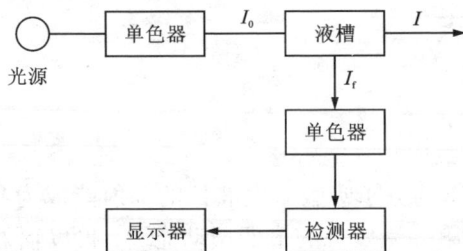

图 3 - 6　荧光分析仪器的结构示意图

或氙弧灯作光源。

(2)单色器。荧光计的单色器是滤光片,只能用于定量分析;荧光分光光度计采用两个光栅单色器,可获得激发光谱和荧光光谱。

(3)检测器。荧光计采用光电管作检测器;荧光分光光度计采用光电倍增管作检测器。

荧光分析仪器与分光光度计比较主要差别有两点:

(1)荧光分析仪器采用垂直测量方式,以消除透射光的影响;

(2)荧光分析仪器有两个单色器,能够获得单色性较好的激发光并消除其他杂散光干扰。

3.2.3　棱光 F97Pro 荧光分光光度计的使用与维护

3.2.3.1　仪器的使用

棱光 F97Pro 荧光分光光度计见图 3 - 7。

(1)开机顺序。

①开机前首先确认荧光分光光度计的主机两个开关均处于关闭状态,打开计算机及打印机电源。

②先接通电源开关,5 s 后再按下氙灯点灯按钮,当氙灯点燃后,再接通主开关。请留意开机顺序,否则可能造成仪器不正常工作。

③Windows 建立后,点击桌面的 F97运行软件,随后操作界面自动进入,仪器

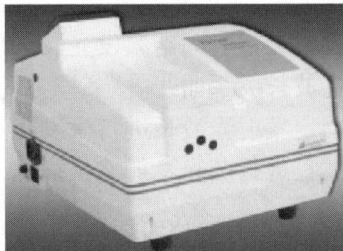

图 3 - 7　棱光 F97Pro 荧光分光光度计

进入自检状态，开机预热 20 min 后才能进行测定工作。

④按界面提示选择操作方式。

（2）测量。

置进样品以及样品定位：将已经装进样品的石英荧光比色皿四面擦净后放进样品室内试样槽中。

调整波长：在 λ_{NOW} 状态下，在当前波长值的四周寻找最大值。

调整灵敏度：目的是使测试样品的显示值在适当数值。调节灵敏度挡在FLUOR 状态下显示值在合适值之间。按 Mode 键，至 FACT 指示灯亮，可以看到其值为 100.0（若要调节可按 100% 或者 0%），再按 Mode 至 CORR 指示灯亮，其值为当前的荧光值。

（3）关机：测试完毕后，先关闭仪器开关，再关闭氙灯电源。

3.2.3.2　仪器的维护

（1）次安装使用荧光分光光度计前，必须仔细阅读使用说明。

（2）开机时，请先开氙灯电源，再开主机电源。每次开机后请先确认一下一起两边排热风扇工作正常，以确保仪器正常工作，发现风扇有故障，应停机检查。

（3）主机工作时顶部排热器温度很高切勿触摸，以免受伤。

（4）氙灯点亮后需一定时间稳定，故进行精密测试应在 30 min 以上。

（5）当氙灯未能触发，并连续发生"吱吱"高频声或"叭叭"打火声时，请立即关掉氙灯电源，稍后数秒重新触发。请尽量减少不必要的氙灯触发次数，避免氙灯在高压下反复触发。关闭氙灯电源后，若要重新使用，等 60 s 以后重新触发。

（6）运行未知浓度的样品测试时，灵敏度设置从低位向高围（0～7）逐步设置，当灵敏度较高时（>3），为了保护光电倍增管，勿将强光置入样品室内。

（7）当且仅当操作者错误操作或其他干扰引起微机错误时，应该立即关断主机电源，重新启动，但无须关断氙灯电源。

（8）单色器内用螺丝紧固处不得松动，光学器件和仪器运行环境需保护清洁。清洁仪器外表时，勿使用乙醇乙醚等有机溶剂，勿在工作中清洁，不使用时请加防尘罩。

（9）荧光比色皿保持清洁。

实验十八　荧光光度法测定多维葡萄糖粉中维生素 B₂ 的含量

一、实验目的

(1)学习荧光光度法测定多维葡萄糖粉中维生素 B_2 的分析原理；

(2)掌握荧光光度计的操作技术和测定多维葡萄糖粉中 VB_2 的方法。

二、测定意义

VB_2(又称核黄素)是橘黄色无臭的针状结晶，分子式：$C_{17}H_{20}N_4O_6$，相对分子质量 376.37，其结构式如下：

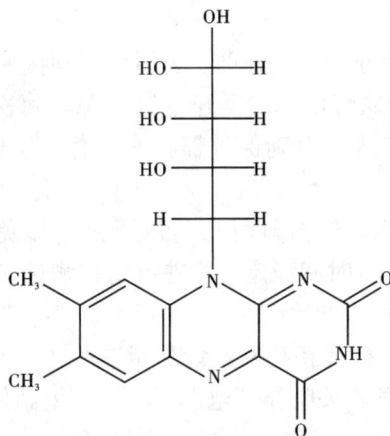

VB_2 为体内黄酶类辅基的组成部分(黄酶在生物氧化还原中发挥递氢作用)，参与碳水化合物、蛋白质、核酸和脂肪的代谢，可提高肌体对蛋白质的利用率，促进生长发育；参与细胞的生长代谢，是肌体组织代谢和修复的必须营养素；强化肝功能、调节肾上腺素的分泌；保护皮肤毛囊黏膜及皮脂腺的功能。

当人体严重缺乏 VB_2 时，会影响机体的生物氧化，使代谢发生障碍，引起一些病症，如口角炎、舌炎、鼻和脸部的脂溢性皮炎、眼睛角膜发红，充血等。

人体内 VB_2 的储存是很有限的，因此每天都要由饮食提供。VB_2 的主要食物来源为瘦肉、肝、蛋黄、糙米及绿叶蔬菜等。

VB_2 的两个性质是造成其损失的主要原因：①可被光破坏；②在碱溶液中加热可被破坏。据目前所知，VB_2 没有毒性。

因此，我们需要了解身体是否缺乏 VB_2、一些含有维生素食品或药品中的

VB$_2$ 含量时，都要用荧光法来测定其中的 VB$_2$。

三、方法原理

VB$_2$ 易溶于水而不溶于乙醚等有机溶剂，在中性或酸性溶液中稳定，光照易分解，对热稳定。

VB$_2$ 溶液在 430～440 nm 蓝光的照射下，发出绿色荧光，其峰值波长为 525 nm，荧光在 pH＝6～7 时最强，在 pH＝11 时消失。

多维葡萄糖中含有 VB$_1$、VB$_2$、VC、VD$_2$ 及葡萄糖，其中 VC 和葡萄糖在水溶液中不发荧光，VB$_1$ 本身无荧光，在碱性溶液中用铁氰化钾氧化后才产生荧光，VD$_2$ 用二氯乙酸处理后才有荧光，它们都不干扰 VB$_2$ 的测定。

四、仪器与试剂

棱光 F97pro 型荧光分光光度计，10 mL 吸量管，2 mL 吸量管，10 mL 容量瓶。

VB$_2$；0.03 mol·L^{-1} 的 HAc 溶液。

多维葡萄糖粉。

五、实验内容

（1）溶液的配制。

①10 mg·L^{-1} VB$_2$ 标准溶液的配置。精密称量约 10 mg 的 VB$_2$，以 0.03 mol·L^{-1} 的 HAc 溶液稀释至 1000 mL。

②标准系列溶液的配制。在 6 个干净的 50 mL 容量瓶中，分别吸取 0.50，1.00，1.50，2.00，2.50 和 3.00 mL VB$_2$ 标准溶液，以 0.03 mol·L^{-1} HAc，稀释至刻度，摇匀。

③未知试样的配制。称取 0.15～0.2g 多维葡萄糖粉试样，用 0.03 mol·L^{-1} 乙酸溶解后转入 50 mL 容量瓶中，并稀释至刻度，摇匀。

（2）测定激发光谱，选定最大激发波长。

用 3 号标准系列溶液，设置发射流长为 540 nm，在 250～400 nm 范围内扫描，绘制激发光谱，确定最大激发波长。

（3）测定发射光谱、选定最大发射波长。

用 3 号标准溶液，从得到的激发光谱中找出最大激发波长，在此激发波长下，在 400～600 nm 范围内扫描，绘制发射光谱，确定最大荧光发射波长。

（4）绘制校准曲线。

在确定的激发波长和发射波长下，以 0.03 mol·L^{-1} HAc 作为空白，按从稀到浓的顺序测定各标准溶液的荧光强度。以溶液的荧光强度为纵坐标，标准溶液浓度为横坐标,绘制校准曲线。

(5)未知样品的测定。

用测定标准系列时相同的条件,测量样品溶液的荧光强度。

六、数据处理

(1)绘制激发光谱和发射光谱。

(2)以荧光强度为纵坐标,以浓度为横坐标绘制校准曲线或求出回归方程。

(3)用回归方程或在校准曲线上求得其浓度,并求算出样品中 VB_2 的含量。

七、问题讨论

(1)荧光强度与激发光强度成正比,提高激发光强度,可成倍提高荧光强度。而对于吸收光度法,增大入射光强度,出射光强度同时增大,其灵敏度不变。因此,荧光光度法较吸收光度法灵敏度高。

(2) VB_2 在碱性溶液中经光线照射,会发生分解而转化为光黄素,后者的荧光比核黄素的荧光强得多。因此,测量时溶液要控制在酸性范围内,且注意避光。

八、注意事项

(1)在测量时最好用同一个荧光池,以避免由于荧光皿之间的差异而引起的误差。

(2)荧光分析法的灵敏度非常高,一定要认真仔细操作,才可得到准确的结果。

九、思考题

(1) VB_2 在 pH = 6 ~ 7 时荧光最强,本实验为何在酸性溶液中测定?

(2)荧光光度计的比色皿为什么是四面透光?

实验十九　荧光光度法测定邻－羟基苯甲酸和间－羟基苯甲酸

一、实验目的

（1）掌握荧光分析法测定邻－羟基苯甲酸和间－羟基苯甲酸的基本原理和操作；

（2）用荧光分析法进行多组分含量的测定。

二、测定意义

邻－羟基苯甲酸，又名水杨酸，是一种白色的结晶粉状物，可溶于水、乙醇、丙酮、等有机溶剂。它存在于自然界的柳树皮、白珠树叶及甜桦树中，是重要的精细化工原料。水杨酸本身就是一种用途极广的消毒防腐剂，它也可作为医药中间体，用于合成抑氮磺胺、水杨酸偶氮磺胺二甲嘧啶、阿司匹林等多种药物。

间－羟基苯甲酸，又名 3－羟基苯甲酸、间－羟基安息香酸，是一种无色结晶或白色粉末，易溶于热水，溶于乙醇和乙醚，不溶于苯。间－羟基苯甲酸是合成农药豆田无毒中间体和除草剂的主要原料，也用作杀菌剂、涂料、防腐剂、离子交换剂、增塑剂及医药的中间体，也可用来合成偶氮染料等。

正由于这两种物质在工业中的重要性，所以需要对其含量进行测量，首选的方法就是分子荧光法。

三、方法原理

邻－羟基苯甲酸和间－羟基苯甲酸分子组成相同，均含一个能发射荧光的苯环，但因取代基位置的不同而具有不同的荧光性质。在 pH 12 的碱性溶液中，二者在 310 nm 附近紫外光的激发下均会发射荧光；在 pH 5.5 的近中性溶液中，间－羟基苯甲酸不发荧光，邻－羟基苯甲酸因分子内形成氢键增加分子刚性而有较强荧光，且其荧光强度与 pH 12 时相同。利用此性质，可在 pH 5.5 时测定二者混合物中邻－羟基苯甲酸含量，间－羟基苯甲酸不干扰。另取同样量混合物溶液，测定 pH 12 时的荧光强度，减去 pH 5.5 时测得的邻－羟基苯甲酸的荧光强度，即可求出间－羟基苯甲酸的含量。

四、仪器与试剂

棱光 970 型荧光分光光度计 。

邻－羟基苯甲酸标准溶液 60 mg · L^{-1}，间－羟基苯甲酸标准溶液 60 mg · L^{-1}，HAc－NaAc 缓冲溶液 pH 5.5，0.12 mol · L^{-1} NaOH。

五、实验内容

(1)配制标准系列溶液和未知溶液。

①分别移取 2.00，4.00，6.00，8.00，10.00 mL 邻－羟基苯甲酸标准溶液于已编号的 50 mL 容量瓶中，各加入 5.0 mL pH 5.5 的 HAc－NaAc 缓冲溶液，用去离子水稀释至刻度，摇匀备用。

②分别移取 2.00，4.00，6.00，8.00，10.00 mL 间－羟基苯甲酸标准溶液于已编号的 50 mL 容量瓶中，各加入 5.0 mL 0.12 mol · L^{-1}的 NaOH 溶液，用去离子水稀释至刻度，摇匀备用。

③取未知溶液各 5.0 mL 于 50 mL 容量瓶中，其中一份加入 5.0 mL pH 5.5 的 HAc－NaAc 缓冲溶液，另一份加入 5.0 mL 0.12 mol · L^{-1}的 NaOH 溶液，均用去离子水稀释至刻度，摇匀备用。

(2)测定荧光激发和发射光谱。

①邻－羟基苯甲酸的激发光谱。

将浓度为 12 mg · L^{-1}的邻－羟基苯甲酸放入试样槽中，在操作软件界面上设定测量参数。固定发射波长为 400 nm，激发光谱的扫描起始波长 250 nm，终止波长 350 nm，扫描间隔 1 nm，激发狭缝 10 nm，负高压调至使荧光相对强度处于 90～100 的范围。扫描图谱，通过扫描出来的激发光谱，确定激发波长。

②邻－羟基苯甲酸的发射光谱。

将浓度为 12 mg · L^{-1}的邻－羟基苯甲酸放入试样槽中，固定确定的激发波长，在操作软件界面上设置发射光谱的扫描起始波长 250 nm，终止波长 500 nm，扫描间隔 1 nm，发射狭缝 10 nm，负高压调至使荧光相对强度处于 90～100 的范围。扫描得发射光谱，找到最大发射波长。

③间－羟基苯甲酸的激发光谱。

将浓度为 12 mg·L^{-1}的间－羟基苯甲酸放入试样槽中，其他操作同"四 2 (1)"。

④间－羟基苯甲酸的发射光谱。

操作同"四 2 (2)"。

(3)荧光强度测定。

①邻－羟基苯甲酸的标准曲线及试样。

在操作软件界面上输入激发波长和发射波长。然后点击"添加"，输入 1 号样品浓度"0"(即去离子水)，点击"确定"。然后依次添加 2－6 号样品浓度。

放入浓度为 0(即去离子水)的 1 号样放入样品池，测量荧光强度。同样方法依次放入 2－6 号邻－羟基苯甲酸溶液，进行测量。由软件绘制出校准曲线。

将 pH 5.5 的未知溶液放入样品池进行测量。

②间－羟基苯甲酸的标准曲线及试样。

溶液换成间－羟基苯甲酸溶液，其他操作同"四 3(1)"。校准曲线绘制完成后，将 pH 12 的未知溶液放入样品池进行测量。

六、数据处理

(1)分别绘制邻－羟基苯甲酸、间－羟基苯甲酸的激发光谱和发射光谱。

(2)分别绘制邻－羟基苯甲酸、间－羟基苯甲酸的校准曲线，并求出相应的回归方程。

(3)利用绘制的标准曲线和回归方程，计算未知液中邻－羟基苯甲酸浓度（mg·L^{-1}）。

(4)将 pH 12 未知溶液的荧光强度与 pH 5.5 未知溶液的荧光强度的差值代入间－羟基苯甲酸的标准曲线方程中，计算稀释的未知液中间－羟基苯甲酸的浓度，然后换算成原始未知液中的浓度（mg·L^{-1}）。

七、问题讨论

化合物能够产生荧光的必要条件是：它吸收光子发生多重性不变的跃迁时所吸收的能量小于断裂其最弱的化学键所需要的能量。另外，化合物要能发生荧光，其结构中必须有荧光基团。荧光基团都是含有不饱和键的基团，当这些基团是分子的共轭体系的一部分时，则该化合物可能产生荧光。邻－羟基苯甲酸和间－羟基苯甲酸由于带有羟基这个给电子取代基的荧光助色团，因此都在一定条件下能产生荧光。

八、注意事项

(1)为获得良好的线性关系，在配制标准溶液时，所量取的溶液体积一定要准确。

(2)本实验是利用 pH 不同时邻－羟基苯甲酸和间－羟基苯甲酸两种组分的荧光性质有所变化来进行测定的，因此配制溶液的 pH 也要尽量准确。

九、思考题

(1)在本实验中，测定邻－羟基苯甲酸和间－羟基苯甲酸的含量时，应如何选择激发波长及发射波长？制作校准曲线时，邻－羟基苯甲酸的激发波长及发射波长是否和间－羟基苯甲酸的激发波长及发射波长相同？

(2)在荧光测量时，为什么激发光的入射与荧光的接收不在一条直线上，而呈一定角度？

3.3 红外光谱法

3.3.1 概述

　　红外吸收光谱法是以一定波长的红外光照射物质时，如果红外光的频率能满足物质分子中某些基团振动能级的跃迁条件，则该分子就能吸收这一波长的红外光的能量，引起偶极矩的变化，由基态振动能级跃迁到较高能量的激发能级。检测物质分子对不同波长红外光的吸收程度，就可以得到该物质的红外吸收光谱。

　　红外吸收光谱在化学领域中的应用，大体分为两方面：用于分析结构的基础研究和用于化学组成的分析。前者利用其测定分子的键长、键角来推断分子的立体结构、化学键强弱、计算热力学函数等。后者的应用更为广泛，可根据光谱吸收峰的位置和形状推断未知物结构，由特征吸收峰强度测定组分的含量。

3.3.2 傅里叶变换红外光谱仪的使用方法与维护

3.3.2.1 仪器结构

　　图3-7是傅里叶红外光谱仪。内部结构如图3-9。仪器由光源、迈克尔逊干涉仪、试样架、检测器和激光校准器组成。在仪器的背板上有一个可与微型计算机相联的接口，检测器的信号输送到计算机中进行处理后变成我们所熟悉的红外图，并经计算机传输到打印机打出红外光谱图。

图3-8　AVATAR360 红外光谱仪

图3-9　AVATAR360 红外光谱仪内部结构

3.3.2.2　仪器的使用方法

①开启红外光谱仪的电源开关，拨到"1"状态，这时，与仪器相联的计算机中的应用程序自动对仪器系统进行诊断，诊断指示灯不断闪烁。当诊断完毕后，电源指示灯亮。保持系统稳定 15 min。

②开启计算机和打印机，确定工作正常。

③点击计算机中的红外光谱仪软件 OMNIC。程序打开后，"Bench Status"标识处为红色的"√"，说明整个系统可以正常使用。

④在应用程序窗口中点击下拉菜单或工具栏选择试验参数，如分辨率、扫描时间和软件选用等。

⑤以与样品相同的试验条件做一个背底试验，并储存在计算机中。

⑥打开红外光谱仪的样品仓盖，把样品放置于样品架上，然后盖好仓盖。

⑦在应用程序窗口中点击"Colect Sample"命令，几秒钟后，屏幕上出现样品的红外光谱图。

⑧点击打印命令输出到打印机打印。

⑨关机时，先开闭 OMNIC 软件，再关闭红外光谱仪电源，即将开关拨到"0"状态。

3.3.2.3　仪器的安全与维护

①红外光谱仪最好保持 24 h 开机，让系统处于稳定状态，有利于试验结果的准确。

②仪器背板上的散热栅不能被覆盖，以免过热使电子元件损坏。

③保持环境的干燥，仪器上的干燥剂，要及时更换，室温最好在 25℃左右，以免外窗受潮损坏。

实验二十　苯甲酸红外光谱的测定

一、实验目的

(1) 掌握红外光谱分析时固体样品的压片法样品制备技术；

(2) 了解傅里叶红外光谱仪的工作原理、构造和使用方法；

(3) 根据红外光谱图识别官能团，解析苯甲酸的红外光谱图。

二、测定意义

苯甲酸又称安息香酸，为无色、无味片状晶体，分子式 C_6H_5COOH，结构见图 1。其熔点 122.13℃，沸点 249℃，以游离酸、酯或其衍生物的形式广泛存在于自然界中。

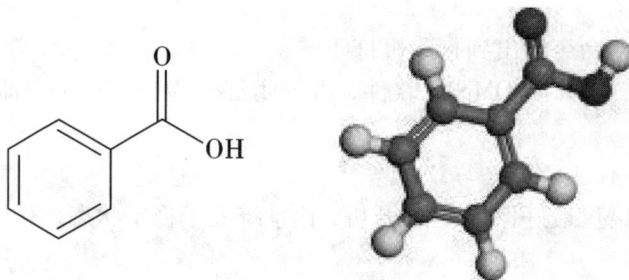

图 1　苯甲酸的结构式

苯甲酸及其钠盐可用作乳胶、牙膏、果酱或其他食品的抑菌剂、防腐剂，也可以用作制药和染料的中间体，还可用于制取增塑剂和香料等，用于合成纤维、树脂、涂料、橡胶、烟草等行业，或是作为钢铁设备的防锈剂。在药学上，苯甲酸可作为消毒防腐剂，具有抗细菌作用，用于浅部真菌感染，如体癣、手癣及足癣等。

由此可见，对于苯甲酸的含量和纯度及结构分析是十分重要的。以苯甲酸为原料的样品中的苯甲酸含量可用酸碱滴定法测定，而苯甲酸的纯度及结构分析，则要用色谱、红外光谱等方法。

三、方法原理

由于氢键的作用，苯甲酸通常以二分子缔合体的形式存在。只有在测定气态样品或非极性溶剂的稀溶液时，才能看到游离态苯甲酸的特征吸收。用固体压片法得到的红外光谱中显示的是苯甲酸二分子缔合体的特征,在 $2400 \sim 3000$ cm^{-1} 处是 O—H 伸展振动峰,峰宽且散;由于受氢键和芳环共轭两方面的影响,苯甲酸缔合体的 C =O 伸缩振动吸收位移到 $1700 \sim 1800$ cm^{-1} 区,而游离 C =O 伸缩振动吸收是在 $1730 \sim 1710$ cm^{-1} 区,苯环上的 C =O 伸缩振动吸收出现在 $1500 \sim 1480$ cm^{-1} 和 $1610 \sim 1590$ cm^{-1} 区。因此,O—H 伸缩振动、苯环上的 C =O 伸缩振动这两个峰是鉴别有无芳核存在的标志之一,一般后者峰较弱,前者峰较强。

将固体样品与卤化碱(通常是 KBr)混合研细,并压成透明片状,然后放到红外光谱仪上进行分析,这种方法就是压片法。压片法所用碱金属的卤化物应尽可能地纯净和干燥,试剂纯度一般应达到分析纯,可以用的卤化物有 NaCl,KCl,KBr,KI 等。由于 NaCl 的晶格能较大不易压成透明薄片,而 KI 又不易精制,因此大多采用 KBr 或 KCl 作样品载体。

四、仪器与试剂

Nicolet 360 型傅里叶红外光谱仪,KBr 压片器及附件,压片机、膜具和干燥器;玛瑙研钵、药匙、镜纸及红外灯。

苯甲酸粉末、光谱纯 KBr 粉末。

五、实验内容

(1)将所有的膜具擦拭干净,在红外灯下烘烤。

(2)在红外灯下研钵中加入 KBr 进行研磨,至少 10 min。

(3)将 KBr 装入膜具,在压片机上压片,压力上升至 35 MPa 左右,稳定 5 min。

(4)打开傅里叶红外光谱仪,将压好的薄片装机,设置背景的各项参数之后,进行测试,得到背景的扫描谱图。

(5)取一定量的样品(样品:KBr = 100:1)放入研钵中研细,按(3)的方法得到试样的薄片;

(6)将样品的薄片固定好,装入红外光谱仪,设置样品测试的各项参数后进行测试,得到苯甲酸的红外谱图;

(7)删掉背景谱图,对样品谱图进行简单的编辑和修饰,并标注出吸收峰值,保存试样的红外谱图;

(8)在红外光谱仪自带的谱图库中进行检索,检出相关度较大的已知物的标准谱图,对样品的谱图进行解读,参考标准谱图得出鉴定结果。

六、数据处理

(1)指出苯甲酸红外谱图中的各官能团的特征吸收峰,并作出标记。

（2）对苯甲酸的红外光谱图进行解析。

七、问题讨论

（1）在基团频率区，芳烃的 C—H 的伸缩振动峰在 3020 ~ 3000 cm^{-1} 之间，C = C 骨架伸缩振动峰 1600 cm^{-1} 和 1500 cm^{-1}；另外，酸的 O—H 伸缩振动峰在 3400 ~ 2400 cm^{-1} 之间，而 C ≡O 伸缩振动峰一般在 1760 cm^{-1} 或 1710 cm^{-1} 处，这两个特征在基团频率区不甚明显。

（2）在指纹区，700 cm^{-1} 左右的 705 cm^{-1} 和 662 cm^{-1} 为单取代苯 C—H 变形振动的特征吸收峰。

八、注意事项

（1）样品必须预先纯化，以保证有足够的纯度；

（2）样品必须预先干燥除水，避免损坏仪器，同时避免水峰对样品谱图的干扰。

九、思考题

（1）与经典色散型红外光谱仪相比，傅里叶变换红外光谱仪有何特点？

（2）影响样品红外光谱图质量的因素是什么？

实验二十一　青霉素钠和聚苯乙烯薄膜红外光谱的测定

一、实验目的

(1) 了解傅里叶变换红外光谱仪的功能特点；

(2) 掌握红外光谱的测定与数据处理过程。

二、测定意义

青霉素钠为白色结晶性粉末，属青霉素类药品，适用于敏感细菌所致各种感染，如脓肿、菌血症、肺炎和心内膜炎等。

聚苯乙烯是质硬、脆、透明、无定型的热塑性塑料，没有气味，燃烧时冒黑烟，易于染色和加工，吸湿性低，尺寸稳定，电绝缘和热绝缘性能好。聚苯乙烯薄膜是由聚苯乙烯制成的，由于具有高透明度、廉价、刚性、绝缘、印刷性好、易成型等优点，使得它在轻工制品、装潢和包装等方面有一定的使用价值。

用红外光谱对这两种有机物进行结构分析，有助于对这两种有机物的结构有个清楚的认识，同时有助于对红外光谱法的了解及应用。

三、方法原理

红外光谱是分子的振动—转动光谱，除了单分子和同核分子如 Ne，He，O_2 和 H_2 等之外，几乎所有的有机化合物在红外光谱区都有吸收，而且凡是具有结构不同的两个合物，一定不会有相同的红外光谱。

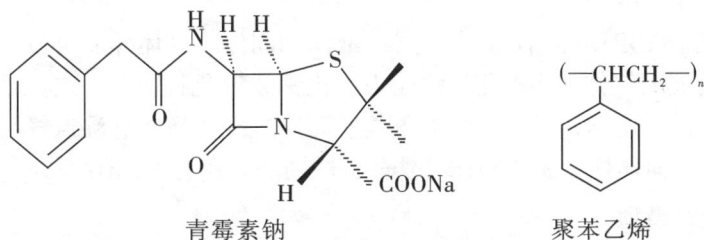

青霉素钠　　　　　　　　　　　　聚苯乙烯

一张高质量的红外光谱图，除了仪器本身的因素外，尚需合适的样品制备方法。样品的制备在红外光谱测试技术中占有重要地位，如果样品处理方式不当，仪器的性能再好也得不到满意的红外光谱图，不同状态和性质的样品，需选用不同的制样方法。

四、仪器与试剂

Nicolet 360 型红外光谱仪，青霉素钠，KBr 压片设备，聚苯乙烯薄膜。

五、实验内容

（1）样品制备。

在红外线灯下，将擦洗干净的制样工具加热至室温10℃左右。取青霉素钠样品约1 mg，放入玛瑙研钵中研细。加入约200 mg干燥的KBr粉末，研磨均匀。将混合物刮入13 mm压模中并铺平，连接真空泵、抽气半分钟，加压，保持半分钟，除去真空，取出KBr薄片。目视检查应均匀，无明显颗粒。

聚苯乙烯薄膜样品不需要制样可直接测试红外光谱。

（2）红外光谱的测定。

①将KBr压片放入傅里叶红外光谱仪，设置背景参数之后，进行测试，得到背景的红外谱图。

②青霉素钠的测定。将青霉素钠的KBr薄片装入样品架，然后插入仪器光路，设置样品测试的各项参数后，进行测试，得到青霉素钠的红外谱图。

③聚苯乙烯薄膜的测定。将聚苯乙烯薄膜样品直接插入仪器光路，设置样品测试的各项参数后，进行测试得到聚苯乙烯薄膜的红外谱图。

六、数据处理

（1）在红外谱图上标出各种特征峰的波数，并确定其归属。

（2）将测出的青霉素钠的光谱与中国药典委员会提供的《药品红外光谱集》中的标准光谱222号图谱进行比较。聚苯乙烯薄膜红外光谱见《药品红外光谱集》第四卷。

七、问题讨论

红外光谱测定的样品可以是气体、液体和固体。气体样品可以直接导入已抽成真空的玻璃气体池内测定，两端为氯化钠或溴化钾晶片。纯液体样品和一些高沸点样品可直接用液膜法进行测定，而稀溶液样品和低沸点样品可直接用液体池测定，固体样品主要有压片法、石蜡糊法、溶液法、薄膜法。

八、注意事项

因为水蒸气有红外吸收，因此空气相对湿度越小红外光谱测定的质量越好。在制样过程中干燥KBr会吸收水蒸气，仪器光路中的水蒸气也会造成系统能量的下降。因此研磨固体样品时应注意防潮，研磨者不要对着研钵直接呼气。

九、思考题

（1）混合物的红外光谱有意义吗？

（2）化合物的红外吸收光谱是怎样产生的，它能提供哪些信息？

实验二十二　红外光谱法测定包装薄膜中醋酸乙烯的含量

一、实验目的

(1)了解并初步掌握红外光谱定量分析的基本技术；

(2)进一步熟悉红外光谱仪的操作及数据处理方法。

二、测定意义

红外光谱常用来进行定性和结构分析，但它也可像其他的分光光度法一样，用来进行化合物的定量测定。

乙烯-醋酸乙烯共聚物是高分子的热塑性聚合物，可作为收缩薄膜、重包装袋、电线和电缆护套，也常用于注射和吹塑制品、热熔粘合剂、各种板材纸张涂层、泡沫制品等。还可作为其他树脂的改性剂。

乙烯和醋酸乙烯的共聚比决定了醋酸乙烯(EVA)的级别和寿命，因此测定醋酸乙烯含量，为计算共聚比提供了必要的数据。

三、方法原理

红外光谱法定量分析的依据与紫外、可见分光光度法一样，也是基于朗伯一比尔定律。红外光谱法能定量测定气体、液体和固体试样。在测定固体试样时.常常遇到光程长度不能准确测量的问题，因此在红外光谱定量分析中，除采用紫外、可见光谱法中常采用的方法外，还采用其它一些定量分析方法。

乙烯—醋酸乙烯共聚物(EVA)包装薄膜是乙烯与醋酸乙烯的共聚物，具有如下结构：

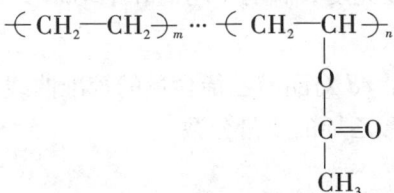

$$\text{--(-CH}_2\text{--CH}_2\text{--)}_m \cdots \text{--(-CH}_2\text{--CH--)}_n$$
$$|$$
$$O$$
$$|$$
$$C\text{==}O$$
$$|$$
$$CH_3$$

共聚比 m/n 决定 EVA 的级别和使用寿命。

醋酸乙烯中的 C—O 伸缩振动出现在 1030 cm^{-1}，见图1。不与 EVA 薄膜中其他

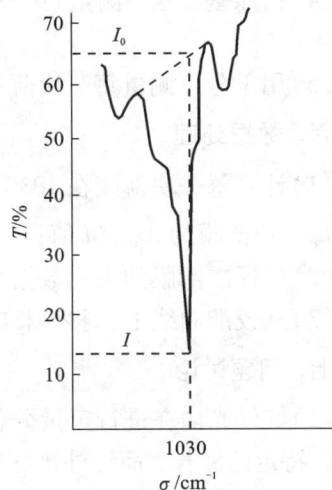

图1　醋酸乙烯中的 C—O 伸缩振动

峰重叠，故可以用来测定 EVA 薄膜中醋酸乙烯的含量。显然，在 1030 cm^{-1}处的吸光度 A_{1030} 和薄膜厚度 d 的比值 A_{1030}/d 与醋酸乙烯的含量成正比。当有一系列含量不同的乙烯—醋酸乙烯标准薄膜以及千分尺时，可用基线法测定各标准薄膜在 1030 cm^{-1}处的吸光度 A_{1030}，用千分尺测定它们相应的厚度 d 后，采用工作曲线法即能对未知试样进行定量分析。

四、仪器与试剂

Nicolet 360 型红外光谱仪及附件，千分尺。

4~5 块醋酸乙烯含量不同的标准薄膜，从包装塑料厂购买，其醋酸乙烯质量分数在 0%~15%。

醋酸乙烯含量未知的包装薄膜。

五、实验内容

(1)开启红外光谱仪、计算机、打印机，运行计算机上的红外光谱仪软件 OMNIC。

(2)根据固定架的大小. 将几块醋酸乙烯薄膜分别剪成一定尺寸，并将其中一块标准薄膜安装在固定架上，放人光路；

(3)用快速扫描速度，绘制 4000~600 cm^{-1}区域的红外光谱图；用慢速扫描速度，绘制标准薄膜和未知薄膜 1200~600 cm^{-1}区域的红外光谱图，每块测 3 次；

(4)按照基线法，测量每一块乙烯 - 醋酸乙烯薄膜在 1030 cm^{-1}处的百分透光率；

(5)用千分尺测量每一块薄膜的厚度，每一块取 3 个不同部分测量。

六、数据处理

(1)计算每一块薄膜在 1030 cm^{-1}处吸光度 A_{1030} 的平均值和平均厚度 d；并计算每一块薄膜的 A_{1030}/d 值；

(2)用标准薄膜的系列数据，绘制 A_{1030}/d 对醋酸乙烯含量的校准曲线。

(3)从校准曲线上，求得未知样中醋酸乙烯的质量分数。

七、问题讨论

(1)红外光谱在进行定量分析时，与紫外 - 可见光谱法一样，首先也要找到一个特定的波长，而红外谱图复杂，相邻峰重叠多，因此确定测定的波长时，原则上是选相邻峰重叠少，且强度相对大的峰。在本实验中，是根据 C—O 伸缩振动来确定的。对于其他进行红外定量分析的化合物，也可采用类似方法来确定测量波长。

（2）红外光谱的定量分析中也需吸收光程这个数据，由于红外没有用比色皿，所以吸收光程就是指薄膜的厚度。如果是其他制样方法，吸收光程的确定也有所不同。

八、注意事项

（1）整个实验要在湿度比较小的环境下进行。

（2）千分尺测量每一块薄膜的厚度时，要力求准确。

九、思考题

（1）为什么红外光谱法的定量分析用得较少？

（2）红外光谱法对混合物能否进行定量分析？

3.4 原子发射光谱法

3.4.1 概述

原子发射光谱分析法(AES)是原子光谱分析法的重要分支,它是根据待测元素原子外层电子能级的跃迁发射元素的特征光谱,通过元素的特征光谱来确定物质的组成和各成分含量的分析方法。特征光谱线的波长是定性分析的基础,特征光谱的强度是定量分析的依据。

原子发射光谱分析法具有选择性好、检出能力强、精密度高、分析速度快等优点,可以同时连续地测定数十种元素而无须复杂的预处理,并且可以进行微量样品分析或"无损"分析。曾经在发现新元素和推进原子结构理论的建立方面做出了重要的贡献,在各种无机材料如金属、合金、矿物、化学制品等的定性、定量分析方面,发挥着重要作用。

原子发射光谱分析的过程可概略地归并为激发、分光、检测三大部分。根据检测方式的不同,发射光谱法可分成看谱法,摄谱法和光电直读法。看谱法已经基本不用;摄谱法也已经较少使用,直读光谱法是现在最常用的方法。

随着各种新型光源的出现、分光技术的进步、全谱直读检测技术的发明及与电子计算机技术更密切的结合,使原子发射光谱分析获得飞速的发展,成为公认的现代分析方法之一。

现在使用的原子发射光谱仪有经典光源平面光栅摄谱仪,主要用于钨、钼产品杂质定性定量分析,复杂地质样品定性分析,地质样品中钨、银等元素定量分析等。经典光源光电直读光谱仪,主要用于金属、合金中杂质元素快速定量分析。现代电感耦合等离子体焰炬(ICP)全谱直读光谱仪,主要用于各种复杂样品全元素定性定量分析。经典光源通常直接分析固体样品,现代光源通常分析溶液样品。由于 ICP 光源中离子线强度通常大于原子线强度,所以 ICP 光谱仪又简称为 ICP – OES(离子光谱)。

3.4.2 经典原子发射光谱分析仪器的使用方法与维护

3.4.2.1 平面光栅摄谱仪的使用方法与维护

平面光栅摄谱仪是通过激发试样,经色散后得到按不同波长顺序排列的光谱,并把它记录在感光板上,仪器的光学系统采用艾伯特 – 法斯提(Ebert – Fastie)装置,其光路如图 3 – 10 所示,电极处发出的光线经过三透镜系统均匀地照明狭缝的非平行光经平面反射镜反射到准直镜(凹面镜下边部分),然后成一束平行光照到光栅上,复合光被光栅色散成单色光(按波长顺序排列)并返回到照像物镜(凹面镜的上边部分),最后,反射聚焦于谱面上的感光板,记录下光谱,其仪器如图3-11所示。

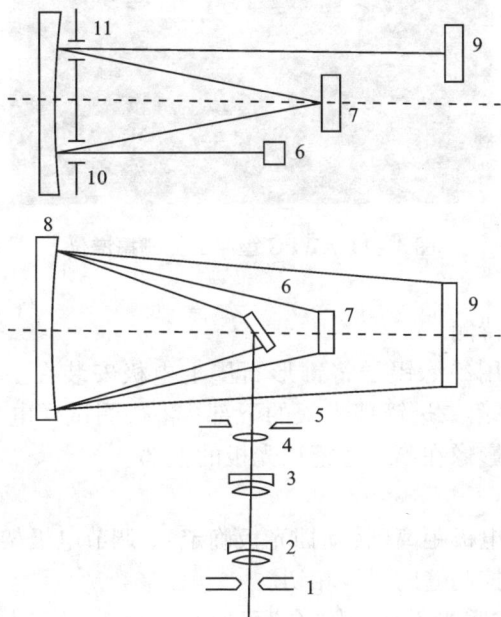

图 3 – 10　WPG – 100 型平面光栅摄谱仪的光路

1—光源;2、3、4—透镜;5—入射光狭缝;6—反射镜;7—平面反射镜;
8—凹面反射镜;9—聚集面(谱面);10—准直光栏;11—照相物镜光栏

(1)使用方法。

①检查仪器。仪器的所有连接电线是否连接正确和可靠;仪器面板所有开关是否处于正常位置;光源的上下电极及透镜等是否处于正常状态。

②开机。合上总电源开关、抽风机开关、仪器电源开关,此时抽风机运转;再将仪器面板上"工作状态选择"开关拨向"电弧"或"火花",则电源指示灯亮,光源上的对光灯亮,说明仪器处于正常的待用状态。

③安装感光板。在暗室内将感光板装入暗盒内,然后将暗盒装到仪器上,调节暗盒位置到适宜高度。

④装试样。用凹形电极将粉末试样压入电极凹处,尽量将试样压紧,并按

图 3-11　WPG 型平面光栅摄谱仪

顺序放在试样架上待测。

⑤安装电极。用绝缘镊子将锥形石墨上电极安装在上电极架上（锥体朝下），其倒影像应在第二透镜挡光板的下部；将待测试样电极装在下电极架上（试样朝上），其倒影像在第二透镜挡光板的上部。

⑥摄谱：

ⓐ选择适当的电极距离（转动挡光板确定），调节电极架调节机构，使上下电极倒像与挡光板控制缝的黑线相切。

ⓑ将面板上的"曝光手动"拨"合"可听见马达响声，对光灯光线通过透镜射到狭缝前的金属罩上，对光灯的光斑应在金属罩的中间位置。

ⓒ选择好所需的光栏、狭缝宽度、光谱波段等参数，抽出暗盒面板。

ⓓ将"曝光手动"拨"断"，按下"高压开关"的"通"，电极弧光放电，调节"高压粗调"和"细调"旋钮即可改变电阻，使得到期望的电流值，按"高压开关""断"，停止放电。

ⓔ调整好电极距离，取下狭缝前的金属罩。

ⓕ按"高压开关""通"，电极开始放电，按下秒表，记录预燃时间。

ⓖ预燃时间到，将"曝光手动"拨"合"，摄谱开始，计时。

ⓗ达到预期的曝光时间后，按"高压开关""断"，停止放电和曝光，感光板记录下第一列谱线。

ⓘ将暗盒向上（或向下），移动 1 mm（或改变光栏），准备下一次摄谱。

重复ⓔ~ⓘ的操作，完成多个试样的摄谱工作。

⑦关机　将面板上"工作状态选择"开关拨向"电源断"，关抽风机及总电

源开关。

⑧洗相　将暗盒面板推入，取下暗盒（注意千万不要漏光）到暗室，按要求冲洗感光板；同时用毛玻璃盒挡上摄谱窗口。

（2）注意事项。

①仪器工作时，电压较高，要求仪器接地良好。

②放电过程中，不得用手触摸电极。

③注意防护眼睛，最好戴上墨镜摄谱，并把遮光板放好，尽量避免弧光直射眼睛。

④未经允许，不得改变三透镜、光栅、焦距、光栅转角与倾斜角的状态。

⑤仪器使用完毕，应把狭缝用金属罩罩好，清理电极架，盖好仪器罩。

（3）日常维护。

①应保持实验室的整洁与干燥，温度应控制在 15～30℃，24 h 内不宜变化太大。

②应经常更换仪器内的干燥剂。

③应保持聚光镜、狭缝的清洁，必要时可用 w 为 0.90 的乙醚和 w 为 0.10 的乙醇混合液清洗。

④仪器不用或更换感光板时，应将摄谱窗口用毛玻璃盒挡上，防止灰尘进入。

⑤仪器的活动部分要适当的上一些润滑油，使操作灵活。

3.4.2.2　光谱投影仪的使用方法与维护

光谱投影仪是一个光学投影放大系统。通过对摄谱仪所摄下的光谱底片光学投影放大之后，进行发射光谱的定性与半定量分析，其光学系统如图 3 - 12，光谱投影仪的结构如图 3 - 13。

（1）使用方法。

①开启电源，打开反射镜防护罩，调节照明系统，使投影屏上得到明亮而均匀的照明。

②将感光底板乳胶面朝上放置在工作平台上，调节平台使光谱线与投影屏上红色指示线相平行。

③调节放大倍率 15，使投影屏上能得到清晰的光谱线。

④用铁标准光谱图与底板上的铁光谱对齐，对试样光谱进行辨识。

⑤将需要进一步测量黑度的谱线调至红色指示线上，轻轻按压记号装置③，将在红色指示线上的"＋"位置的谱线上强制地压出一个长方形记号。

⑥使用完毕，关闭电源，罩上反射镜的防护罩以及仪器罩。

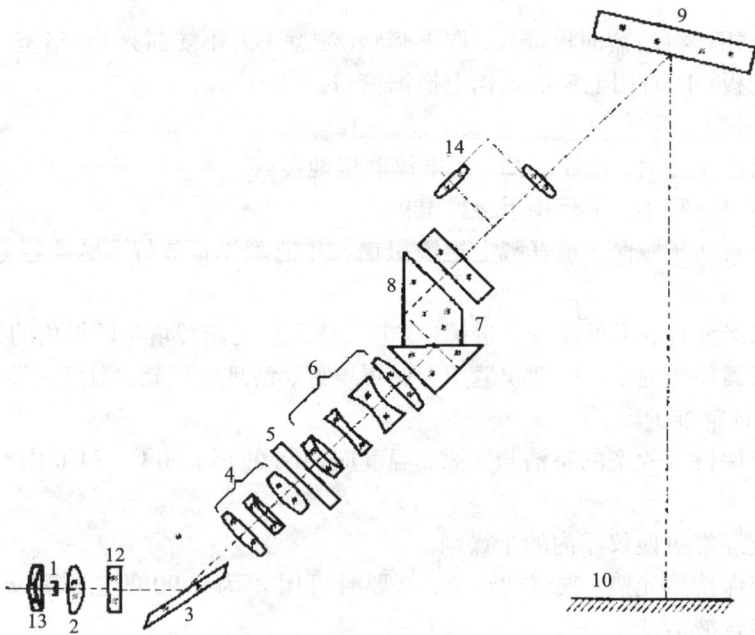

图 3 – 12　光谱投影仪的光学系统

1—光源；2—球面聚光镜；3—反射镜；4—聚光镜组；5—光谱底片；6—投影物镜组；7、8—转向棱镜；9—反射镜；10—投影屏；11—可上下移动透镜；12—隔热玻璃；13—球面反射镜；14—调节透镜

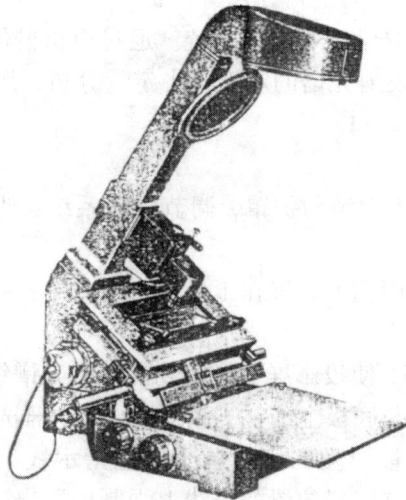

图 3 – 13　光谱投影仪

（2）仪器的维护。

①仪器应放置于干燥空气流通室内，防止受潮。

②经常保持仪器清洁，光学零件表面灰尘只可用鹿皮或脱脂棉轻揩后，用"电吹风"吹去，严禁用手摸擦表面。

③一切磨光部分（滑动杆、导轨等）应经常用软布蘸不粘的防锈油揩擦。

④仪器应避免强烈振动或撞击，以防破损和影响投影像的质量。

⑤搬运仪器时，应将工作台下面滑动架的上下两端带有红色标记的固紧螺丝固紧，并将反射镜盖盖好。

3.4.2.3　测微光度计的使用方法与维护

测微光度计（又名黑度计或显微光度计，快速光度计）是一个光学投影与光学测量相结合的光学系统，通过对摄谱仪所摄下的光谱底片上的元素特征光谱线进行黑度测量，以确定被测元素的含量，完成发射光谱的定量分析。

测微光度计的光学系统如图 3 - 14 所示。

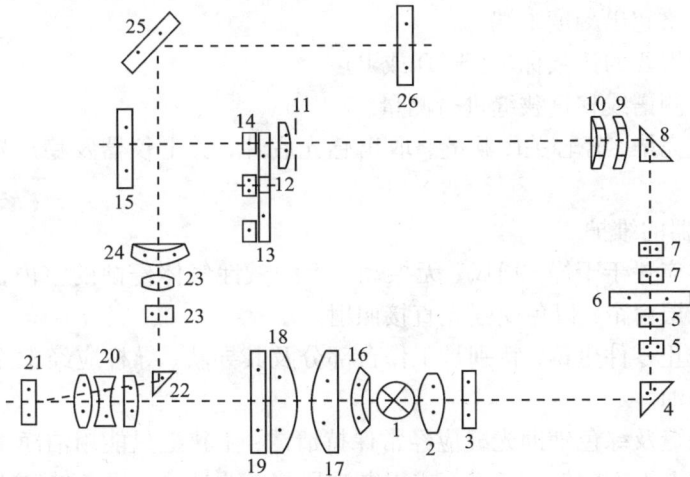

图 3 - 14　测微光度计之光学系

1—光源；2—非球面聚光镜；3—绿色光缝；4—转向棱镜；5—聚光物镜；6—光谱底片；
7—测量物镜；8—转向物镜；9、10—辅助透镜；11—狭缝；12—透镜；13—连续减光器；
14—三小块减光器；15—硒光电池；16、17、18—聚光镜；19—刻度板；20—物镜组；21—
检流计小镜；22—转向棱镜；23—物镜；24—零位校正镜；25—平面反光镜；26—毛玻璃

测微光度计的仪器结构分别如图 3 – 15 所示。

(1)使用方法。

①开启电源稳压器及黑度计电源开关,将稳压器输出电压调至仪器的工作电压。

②将感光底板乳胶面朝上放置平台并固定,调节调焦滚花手轮,使谱线清晰地成像在投影屏上。

③选择适当的狭缝宽度,理论上不得超过谱线宽度的 2/3。

④选择适当的狭缝高度,原则上应比映出谱线上下各短 2 mm。

图 3 – 15　测微光度计结构图

⑤调节适合的光强度,使检流计小镜偏转略超出刻度末端。

⑥选择需要的读数标尺(S, D 或 P)。

⑦将待测谱线移进狭缝进行测量。

⑧测量完毕,轻轻关闭狭缝,取出感光底片,关上仪器及稳压器电源,罩上仪器罩。

(2)仪器的维护。

①仪器应置于干燥、通风、无振动、无酸碱性气体侵蚀的室内,同时室内应具备有双层窗帘,以免受强光直接照射。

②为防止零件生锈,特别是工作台部分及其导轨、导杆应经常涂以薄而不凝固的防锈油。

③主狭缝及绿色辅助光缝应经常保持清洁:主狭缝只能用洁净柔软的薄纸沿着狭缝的上下方向轻微移动,或用电吹风将灰尘吹去,绿色辅助光缝可取下清洁。

④仪器有较长时间不用,或须移动位置前,必须将检流计接线柱上的插座短接。

实验二十三　锌精矿中主要元素的光谱定性与半定量分析

一、实验目的

(1)学习并掌握发射光谱定性及半定量分析的基本原理和常用方法；

(2)学会用"标准光谱图"比较法进行光谱的定性和半定量分析。

二、测定意义

原子发射光谱法具有选择性好，检出能力强，精密度高、分析速度快等优点，可以对某个复杂的未知样品中的所有元素同时进行定性和半定量分析，可以进行微量样品分析和无损分析，是各种无机材料的定性、定量分析的有效工具，尤其在矿物的定性分析和半定量分析方面具有优势。

三、方法原理

每种元素都有其特征光谱线，激发电位最低的谱线为该元素的灵敏线，选择元素的 2～3 条灵敏线作为分析线，根据某元素的分析线存在与否，即可判断试样中该元素是否存在。利用仪器所附"标准光谱图"中谱线等级，按其条件对试样摄谱，可进行定性分析。

在一定条件下，元素的谱线强度随其含量增高而增大，谱线的数量随其含量的增加而增加，据此可以根据元素谱线的数量对元素进行半定量分析。

本试验采用"标准光谱图"比较法确定试样中存在的主体元素，如 Cu、Pb、Zn、Ag、Sb、Bi、Sn 等元素及其大致的含量范围。

四、仪器与试剂

WPG100 平面光栅摄谱仪及其附件；8W 型光谱投影仪；标准光谱图；紫外 II 型感光板；A + B 显影液；定影液；温度计；定时钟。

锌精矿矿石粉末。

五、实验内容

(1)工作条件：闪耀波长 300 nm，狭缝 8 μm，中间光栅高 3 mm。

(2)电极：光谱纯石墨电极，上电极为圆锥形，下电极为 ϕ2.5mm×4×0.5mm。

(3)摄谱顺序与条件。

①铁谱：将哈特曼光栏置"258"处，激发电流为 5 A，曝光 15 s。

②试样摄谱：将哈特曼光栏置于 1(或 3，4，6，7，9)处，激发电流为 8 A，曝光时间为 40 s。

③空石墨棒摄谱：将哈特曼光栏置于4(或其他未摄谱位置)处，取未装试样的一对电极，按试样摄谱条件进行摄谱，用以检查石墨电极的纯度。

(4)谱板暗室处理条件：A + B 显影液，20℃显影 3 min，定影至未曝光处为透明，晾干。

(5)识谱。

六、数据处理

(1)记录试样中存在元素的波长、等级等数据，确认是否存在 Cu、Pb、Zn、Ag、Sb。

(2)记录纯石墨电极中存在元素的波长等级等数据。

(3)根据表1的数据，判断试样中 Cu、Pb、Zn、Ag、Sb 的大致含量范围。

表1　谱线等级分级标准

等级	1	2	3	4	5	6	7	8	9	10
范围(%)	≧10	3~10	1~3	0.3~1	0.1~0.3	0.03~0.1	0.01~0.03	0.003~0.01	0.001~0.003	≦0.001

七、问题讨论

由于各元素的特征谱线较多，因此在进行定性分析时，不可能、也不需将各元素的所有特征谱线全部找到，而是只要找出某元素的2~3条特征谱线即可。另一方面，由于各元素的特征谱线较多，因此，总有一些会彼此重叠而相互干扰，在进行分析时，必须注意排除共存元素的相互干扰。

若某元素的谱线没有出现，只能说该元素的含量低于方法的检出限，若某元素的特征谱线出现，则只有在排除该谱线的干扰元素后，才能宣称该元素在试样中存在，并根据其谱线的灵敏级次和谱线强度大致确定该元素的含量。

八、注意事项

(1)摄谱时避免强光直射眼睛。摄谱时使用高电压、大电流、应注意安全。

(2)显影时间与显影液温度及保存时间有关，温度越高，显影所需时间越短，若显影液保存时间过长，颜色变深，并出现浑浊，则显影所需时间较长，甚至显影液可能失效，显影液使用完以后应立即密封避光保存在棕色瓶中以防被空气氧化。

九、思考题

(1)如果石墨电极含有杂质元素，在定性、定量工作中应如何处理？

(2)在摄得的试样光谱中，有多少氰的带状光谱？它们对光谱分析有何影响？

实验二十四　铋精矿中铜铅的发射光谱定量分析

一、实验目的

（1）了解内标法光谱定量分析的原理和方法；

（2）掌握发射光谱定量分析的操作技术。

二、测定意义

一个矿物不仅要确定其中主要有价元素的含量以判断矿物的价值，同时，矿物中的共存元素有些也可以作为有价元素回收利用。有些元素可能以杂质元素的身份影响资源的综合应用，共存元素的不同将会影响矿石的选矿工艺甚至冶炼工艺，因此，必须对矿石中的共存元素进行定量分析。发射光谱定量分析是解决矿石中低含量共存元素测量的最主要方法之一，它的最大优势在于进行一次摄谱可同时定量测定其中多个共存元素的含量。在铋精矿中，铅、锌是主要的杂质元素，将严重影响质量，因此必须进行准确测定。

三、方法原理

内标法是通过测量分析线对（分析线 – 内标线）的相对强度与含量的关系来进行定量分析的，它的优点在于不仅可消除光源不稳定的影响，同时可消除摄谱条件及显影定影条件变化对测定结果的影响。其定量关系为：

$$\Delta S = S_1 - S_2 = \gamma b \lg c + \gamma \lg a$$

式中 S_1、S_2 分别表示分析线及内标线的黑度值。在一定的条件下，ΔS 与 $\lg c$ 成线性关系。实际测定时，为确保分析结果准确，常用 3 个或 3 个以上的已知不同含量的标准样品和试样在相同的条件下进行摄谱，每个标样、试样平行摄 3 列，以各标准样品中分析线对的黑度差 ΔS 的平均值对标准样品中待测元素含量的对数作图得到一条校准曲线，然后根据未知试样的 ΔS 的平均值在校准曲线上求出 $\lg c$，并换算成试样中待测元素的含量。这种测量方法也叫三标准试样法。

四、仪器与试剂

WPG—100 平面光栅摄谱仪及其附件；8W 型光谱投影仪；标准光谱图；测微光度计；紫外 II 型感光板；A + B 显影液；定影液；温度计；定时钟；石墨电极。

铜铅标准样品；锌精矿试样。

五、实验内容

(1)摄谱。

①电极的加工与处理：上电极为圆锥型，下电极为 $\phi3$ mm $\times 4$ mm $\times 1.5$ mm 凹型。用按压法装入试样和标准样品，成对地装入电极架上，对准光路。

②仪器工作条件：闪耀波长 300 mm，狭缝 10 μm，中间光栅高 3 mm。工作电流 8 A(铁光谱为 5 A)，曝光 60 s(铁光谱为 10 s)

③摄谱：合上仪器电源和抽风机开关，并将仪器调到所需的工作状态，事先在暗室将感光板装入暗盒，然后将暗盒装到仪器上，并将暗盒的位置置于起始高度。成对装入电极后按高压开关"通"使电极间放电，同时记时，此时开始摄谱，摄谱时间到后按高压开关"断"停止放电，将暗盒位置上移一格，装入新的电极，准备下一个试样的摄谱。

(2)识谱。

①分析线对。

铜：分析线 327.4 nm(Cu)，内标线 294.4 nm(Bi)

铅：分析线 283.3 nm(Pb)，内标线 294.4 nm(Bi)

②利用标准光谱图在映谱仪上找到分析线对并作好标记。

(3)测量黑度。

①装谱板：将谱板乳剂面朝上，长波在右放置在谱板架上，固定。

②调水平：通过调节制动螺丝和制楔螺丝，将谱线右后角移置测量物镜下，通过焦距调节使成像清晰，然后将谱线左下角移置测量物镜下，用左下微倾螺丝调到谱线清晰，如此反复，当上述两个位置的谱线同时成像清晰，即可确认仪器工作台面已经水平。

③调节狭缝：狭缝高 16 mm、宽 10 μm。

④调节谱线与狭缝平行：用仪器下面左下角条型扳手使狭缝与谱线平行。保证谱线完整地进入狭缝。

⑤测量谱线的黑度：先将测量狭缝移至待测谱线附近没有谱线的背景处，调节仪器的透光率为 100% 或黑度为 0，然后将待测谱线移至狭缝处，上下居中(上下各留出约 2 mm)，轻轻转动测微手轮，使谱线缓慢移过狭缝，同时仔细观察显示屏，记录黑度的最大值为该谱线的黑度，每条谱线反复测三次，取其平均值为该谱线的黑度。然后依次测量下一条谱线直到全部测量完毕。

六、数据记录

(1)列表记录各谱线的黑度值、线对的黑度差 ΔS、计算 3 个平行试样的黑度差的平均值。

(2)以标准中铜、铅的 $\lg c$ 为横坐标、以对应的黑度差的平均值为纵坐标，绘制校准曲线。

(3)将试样中铜、铅的黑度差的平均值在校准曲线上查出对应的 $\lg c$，并求出试样中各待测元素的含量。

七、问题讨论

(1)由于感光板对不同波长的谱线的灵敏度(反衬度 γ)略有差异，因此在选择分析线对时，要考虑分析线对的激发电位接近、谱线强度适当、波长接近。

(2)根据乳剂特性曲线，只有曝光正常部分反衬度才是一个常数，因此无论是分析线还是内标线，其谱线强度都应该落在正常曝光的范围内。

八、注意事项

(1)测量黑度前一定要确保工作台面处于水平。测量黑度时一定要读取最大值。

(2)由于测微光度计的检测器有疲劳效应，因此，每次测光的时间应尽量缩短，读取数据后应立即将计数快门关闭。

九、思考题

(1)为什么要采用内标法进行光谱定量分析？内标元素及分析线对的选择原则是什么？

(2)为了在发射光谱定量分析中得到良好的重现性，应注意哪些操作？

3.4.3　ICP 发射光谱

ICP 发射光谱仪如图 3 – 16 所示，下面仅介绍 Optima5300DV ICP – OES 的使用方法。

图 3 – 16　Optima5300DV ICP – OES 发射光谱分析仪示意图

ICP – OES 是电感耦合等离子体原子发射光谱仪的英文简称，所谓的等离子体是指电离了的但在宏观上呈现出电中性的物质。ICP – OES 是原子发射光谱分析的一种，主要根据试样物质中气态原子(或离子)被激发以后，其外层电子由激发态返回到基态时，辐射跃迁所发射的特征辐射能(不同的光谱)，来研究物质化学组成的一种方法。等离子体包括电感耦合等离子体(inductively coupled plasma，ICP)、直流等离子体(direct – current plasma，DCP)、微波(microwave plasma，MWP)等离子体。原子发射光谱仪分析的波段范围与原子能级有关，一般位于紫外 – 可见光区，即 200 ~ 850 nm。ICP 的发展经历了单道、多道、单道扫描到现在广泛使用的全谱直读。

3.4.3.1　Optima 5300DV 系列光谱仪的结构

Optima 5300DV 系列光谱仪的结构模块如图 3 – 17 所示。

①进样系统：包括毛细管，泵管，泵夹，蠕动泵，雾化器，雾化室，中心管，炬管。其中雾化器为玻璃同心雾化器，雾化室为旋流雾化室。根据样品类型不同，其选用的雾化器，雾化室，中心管，炬管都有所区别。

②发生器系统：固态发生器，工作线圈。

③光学检测系统。

④软件控制系统：包括 WinLab32 操作系统软件和仪器独立诊断系统软件。

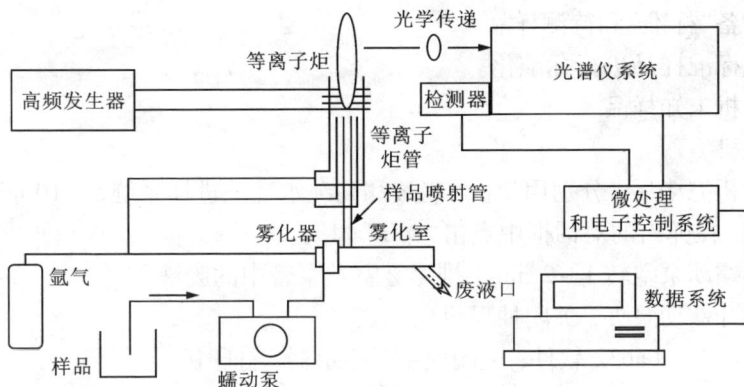

图 3 – 17　**Optima 5300DV 结构框图**

3.4.3.2　Optima 5300DV 系列光谱仪操作规程

①开机。

ⓐ检查实验室温度、湿度，若有需要，打开空调。

ⓑ检查并保证有足够的氩气用于连续工作。

ⓒ确认废液桶有足够的空间用于容纳废液。

ⓓ打开氩气并调节出口压力在 0.6～0.8 MPa 之间。

ⓔ打开稳压器电源(如果有的话)，一分钟将主机右侧电源开关置于 ON 状态。

ⓕ检查循环冷却水的水位，不能低于最低指示刻线，通常液面位于指示刻度的 1/2 处。如果正常，打开其电源开关。

ⓖ打开电脑、显示器和打印机，启动 WinLab32 软件。

②点火。

ⓐ检查并确认进样系统(炬管、雾化室、雾化器、泵管等)是否正确安装。

ⓑ调整好蠕动泵夹子，保证将泵管置于沟槽中间，进样管放入水中。

ⓒ打开抽风机电源，保证有足够的抽力。

ⓓ再次确认氩气储量和压力，在点火前，仪器需要通气预热至少 15 min。

ⓔ双击桌面开 WinLab32 软件图标，进入软件控制界面，点击工具栏上 plasma 图标，在弹出的对话框中进行点火。

ⓕ观察等离子体运行状态，待等离子体稳定 5 min 即可进行后续操作。

③测定。

ⓐ调用分析方法。

ⓑ准备"标准"和待测样品。

ⓒ做标准样品进行标准化。

ⓓ分析未知样品。

④关机。

ⓐ分析完毕后，分别用3%稀硝酸和高纯水冲洗进样系统5～10 min。点击"plasma"，在弹出的对话框中点击"OFF"熄火。

ⓑ让蠕动泵空转1～2 min，排尽雾室及泵管中的废液。

ⓒ松开蠕动泵夹，关闭抽风机电源。

ⓓ退出 WinLab32 软件，关闭电脑、显示器、打印机。

ⓔ关闭主机电源、稳压器。如果不是长时间不用仪器，5300DV 推荐不关闭主机电源。

ⓕ排掉空气压缩机以及空气过滤器中的水分。

ⓖ登记操作记录，仪器运行记录。

⑤仪器维护及注意事项

ⓐ根据样品多少勤换泵管，清洗雾化器。

ⓑ建议每两周清洗一次中心管，每月清洗一次炬管，清理一次空气过滤网。

ⓒ建议半年检查一次循环水。

ⓓ仪器所使用计算机专用，并与 Internet 网络断开。

ⓔ非工作状态下保持泵夹松弛。

ⓕ样品清亮透明，否则容易堵塞雾化器。

ⓖ雾化器堵塞，不能用金属丝清理异物，以免损伤雾化器。

ⓗ遇停电应立即关闭仪器主机电源。

ⓘ保持仪器室内温度22～25℃，湿度小于70%，干净无尘。

实验二十五　ICP – OES 法测定锌锭中的杂质含量

（参照 GB/T 12689.12—2004）

一、实验目的

（1）学习 ICP – OES 分析的基本原理及操作技术；

（2）学习利用 ICP – OES 测定锌锭中铅、镉、铁、铜、铝及镁含量的方法。

二、测定意义

锌锭作为重要的工业产品，是镀锌工艺的重要原料，其杂质含量是确定产品质量的一项关键指标。采用 ICP – OES 法测试锌锭中铅及镉、铁、铜、铝、镁等杂质元素，实现了多元素同时测定，此法快捷、准确，避免了化学分析方法的过程繁琐，解决了基体干扰和待测元素间的谱线干扰问题。

三、方法原理

ICP 发射光谱分析是将试样在等离子体中激发，使待测元素发射出特有波长的光，经分光后测量其强度而进行的定量分析方法。

试料用稀硝酸溶解，在稀硝酸介质中，利用电感耦合等离子体发射光谱仪测定锌锭中铅、镉、铁、铜、铝及镁元素含量。

四、仪器与试剂

Optima 5300 DV 电感耦合等离子体发射光谱仪。

硝酸（优级纯）；盐酸（优级纯）；高纯水。

锌标准溶液（100 mg·mL^{-1}）　准确称取 5.0000 g 光谱纯金属锌于 100 mL 烧杯中，加入 20 mL（1 + 1）硝酸溶解，待溶解完全后加热煮沸几分钟，冷却，移入 50 mL 容量瓶中，用水稀释至刻度，摇匀。

铅、镉、铁、铜标准贮备液（1 mg·mL^{-1}）　准确称取 0.2500 g 高纯金属铅、镉、铁、铜（含量≥99.99%）于一组 100 mL 烧杯中，加入 20 mL（1 + 1）硝酸溶解，盖上表面皿，加热至完全溶解，煮沸除去氮的氧化物，分别转入一组 250 mL 容量瓶中，用水稀释至刻度，摇匀。

铝标准贮备液（1 mg·mL^{-1}）　准确称取 0.2500 g 铝片（含量≥99.99%）于 100 mL 烧杯中，加入 20 mL 盐酸、15 mL 硝酸溶解后，移入 250 mL 容量瓶中，用水稀释至刻度，摇匀。

镁标准贮备液（1 mg·mL^{-1}）　准确称取 0.4146 g 氧化镁（含量≥99.99%，预先在马弗炉中灼烧 1 h，置于干燥器中冷却，备用），加入 30 mL（1

+1)盐酸,加热溶解后,移入250 mL容量瓶中,用水稀释至刻度,摇匀。

铅、镉、铁、铜、铝、镁混标准工作液(50 μg·mL^{-1})　分别移取5.00 mL铅、镉、铁、铜、铝、镁标准贮备液于100 mL容量瓶中,用5%硝酸稀释至刻度,摇匀。

五、实验内容

(1)仪器条件。

①ICP高频发生器:频率40.68 MHz,入射功率1.1 kW,反射功率5 kW。

②感应线圈:3匝。

③等离子体焰炬观测高度:10 mm,径向距离4.5 mm。

④氩气流量:载气0.40 L·min^{-1},等离子体气体0.50 L·min^{-1},冷却气体10.0 L·min^{-1}。

⑤积分时间:5s;积分次数:3次。

⑥分析线波长:Pb 220.3 nm, Cd 228.8 nm, Fe 238.2 nm, Cu 324.7 nm, Al 394.4 nm, Mg 279.0 nm。

(2)配制标准溶液系列。分别移取0.0 mL, 1.0 mL, 2.0 mL, 5.0 mL, 10.0 mL, 25.0 mL铅、镉、铁、铜、铝、镁标准工作溶液于6个50 mL容量瓶中,分别加入1 mL锌标准溶液,然后用5%硝酸稀释至刻度,摇匀,即得标准溶液系列,其浓度依次为1.0 μg·mL^{-1}, 2.0 μg·mL^{-1}, 5.0 μg·mL^{-1}, 10.0 μg·mL^{-1}, 25.0 μg·mL^{-1}。

(3)样品预处理。准确称取0.2000 g样品于150 mL烧杯中,加入10 mL水和10 mL硝酸,待剧烈反应完全后稍加热,使样品溶解完全,冷却,转入50 mL容量瓶中,定容,摇匀待测。

(4)测定。打开空调、抽湿机、稳压电源、空压机、通风设备、循环冷却水、氩气。待电、气、水运行正常、室内空气湿度小于60%后,开启主机、开启工作软件WinLab32。安装泵管,开泵,开通Plas、Aux、Neb3路氩气后点炬。

打开工作界面,建立分析方法,设置数据,保存文件。

依次分析标准空白、标准样品、试剂空白及处理后的样品。

检查校准曲线、观察谱图、记录结果。

测定结束,清洗管路,关炬,排空管路内液体,关泵。退出程序,然后关闭主机、电脑及相关附件。

六、数据处理

(1)利用仪器软件,将铅、镉、铁、铜、铝、镁的光强度对其浓度进行线性回归，绘制校准曲线。

（2）以高纯锌作为背景，将试样中的铅、镉、铁、铜、铝、镁的光强度扣除背景，打印样品分析结果。

七、问题讨论

ICP – OES 法只能测定溶液，对于固体样品，必须事先分解，制成溶液才能进行测定。在样品分解过程中，若分解不完全，或待测组分挥发损失，都会使测定结果偏低；若溶剂、试剂中引入待测组分，都会使测定结果偏高，因此在进行低含量组分的测定时必须使用高纯试剂和高纯水。

八、注意事项

（1）该仪器为贵重仪器，必须严格遵守操作规程，确保仪器安全。

（2）ICP 焰炬的温度可高达 10000 K，点火后会产生大量废气，必须尽量排出室外以确保操作人员的安全。

九、思考题

（1）简述 ICP 光谱分析仪的原理、特点及应用范围？

（2）为什么计算样品中杂质的含量时要以高纯锌作为背景扣除？

实验二十六　ICP – OES 法测定地表水中多种微量元素

（参照 GB/T 8538—2008）

一、实验目的

（1）掌握 ICP – OES 发射光谱仪的操作和分析方法；

（2）学习利用 ICP – OES 测定地表水中 Al，Ba，B，Cd，Ca，Cr，Co，Cu，Fe，Pb，Li，Mg，Mn，Ni，K，Na，Sr，V，Zn 等微量元素含量。

二、测定意义

地表水中含有 Ca，Na，K，Mg，Zn，Fe，Sr 等多种微量元素，对人体发育、生殖以及衰老过程起着重要作用。Cd，Cr，Co，Pb，Ni 等重金属对人体危害较大。由于近年来环境污染加剧，水体中重金属污染问题越来越受到人们的关注。由于这些微量元素含量很低，ICP – OES 具有检出限低，准确度高，线性范围宽，能多种元素同时测定等优势，采用 ICP – OES 能准确快速测定水中的微量元素，对人们日常生活意义重大。

三、方法原理

地表水经蠕动泵吸入雾化室，由载气（氩）带入雾化系统雾化后，以气溶胶形式进入等离子体的轴向中心通道，在高温和惰性气氛中被充分蒸发、原子化、电离和激发，发射出所测元素的特征谱线，根据特征谱线强度确定地表水中各微量元素的含量。

四、仪器与试剂

Optima 5300DV 等离子体发射光谱仪。

硝酸（优级纯）；2% 硝酸溶液；高纯水（电阻率 > 18.0 MΩ·cm）；各种金属离子标准储备液（选用相应浓度的持有质量认证证书混合标准溶液，并稀释到所需浓度）；混合标准溶液，各离子浓度均为 10 mg·L^{-1}；氩气（纯度 99.999%）。

市售瓶装矿泉水、山泉水、河水、自来水均可。

五、实验内容

（1）配制标准系列。吸取混合标准溶液，用 2% 的硝酸溶液配制 Al，Ba，B，Cd，Ca，Cr，Co，Cu，Fe，Pb，Li，Mg，Mn，Ni，K，Na，Sr，V 和 Zn 系列混合标准溶液，其浓度分别为 0，0.1，0.5，1.0，2.0，5.0 mg·L^{-1}。

(2)仪器操作。开机,预热约 75 min,将进样毛细管及废液管准确安装在蠕动泵上,保证将泵管置于沟槽中间,进样管放入水中,点击软件中的"泵",确保液体正常吸入及废液正常排出,点燃等离子休,待炬焰稳定,仪器即处于最佳工作状态。

(3)编辑元素测定分析方法。依次测定空白溶液(2% 硝酸溶液)、标准溶液(从低浓度到浓度高),绘制校准曲线,计算回归方程。

(4)样品测定。取适量水样,用 2% 硝酸酸化,然后直接上机测定。

六、数据处理

根据样品发射强度,从校准曲线中计算出样品中各元素质量浓度($mg \cdot L^{-1}$)。

七、问题讨论

ICP – OES 发射光谱法的最大优势在于能在一个样品中同时测定多个元素,且定量分析的线性范围可达 5 个数量级,但是,要获得准确的分析结果,必须满足两个前提,一是试样与标样基体基本匹配,从而保证样品提升速率及雾化效率基本一致,以及共存元素的干扰也基本一致。二是试样与标准样品的物质浓度接近,确保标样和试样中元素特征谱线的强度接近,以防光电检测器信号溢出或超出线性范围。

八、注意事项

如果水样中有泥沙或表观浑浊,需先过滤,以免堵塞进样系统。

九、思考题

(1)与原子吸收光谱相比,等离子发射光谱优势在哪里?

(2)试述 ICP – OES 中轴向观测方式与横向观测方式各自的优点与应用范围。

3.5 原子吸收光谱法

3.5.1 概述

原子吸收光谱分析法是基于从光源中发射出的待测元素的特征辐射通过样品蒸气时,被待测元素的基态原子所吸收,由辐射的减弱程度求得样品中待测元素含量的分析方法。依据样品中待测元素转化为基态原子的方式不同,原子吸收光谱法可分为火焰原子吸收光谱法、石墨炉原子吸收光谱法、氢化物原子吸收光谱法和冷原子吸收光谱法。

火焰原子吸收光谱法常用的火焰为空气乙炔火焰,其绝对灵敏度可达 10^{-9} g,可用于 30 多种元素的分析,应用最广。石墨炉法的绝对灵敏度可达 10^{-14} g,可用于高熔点元素和复杂样品的分析。氢化物体系为 $NaHB_4$ – HCl 系统和氮气,其绝对灵敏度可达 $10^{-9} \sim 10^{-10}$ g,可用于砷、锑、铋、锗、锡、硒、碲、铅的分析。冷原子吸收法是一种低温原子化技术,只限于汞的分析。

德国耶拿公司于 21 世纪初推出全球第一台连续光源原子吸收光谱仪。连续光源原子吸收可以不用更换元素灯,利用一个高能量氙灯,即可测量元素周期表中 67 种金属元素,而且还可能测量更多的元素,并为研究原子光谱的机理提供了仪器保证。开创性地实现了不需锐线光源的真正多元素原子吸收分析。该仪器采用高聚焦短弧氙灯连续光源,高分辨率的中阶梯光栅分光,光学分辨率达到 0.002 nm,波长范围 189 ~ 900 nm,CCD 线阵检测器,测量速度达到或超过 ICP 水平。仪器不需预热,连续光源原子吸收光谱仪是原子光谱分析划时代的革命性产品。

原子吸收光谱分析法具有灵敏度高、准确度高、选择性好、操作简便、分析速度快等优点。

3.5.2 原子吸收分光光度计的使用方法与维护

不同厂家、不同型号的仪器,其使用方法不尽相同,但同一类型的仪器,其操作步骤大同小异。下面介绍火焰与非火焰原子吸收分光光度计一般的使用方法与维护知识。

3.5.2.1 火焰原子吸收分光光度计

WFX – 310 型单光束火焰原子吸收分光光度计如图 3 – 18 所示,其光学系统示意图如图 3 – 19 所示。

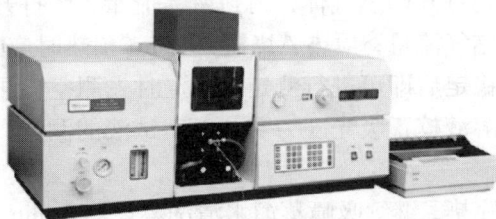

图 3 – 18　WFX – 310 原子吸收分光光度计

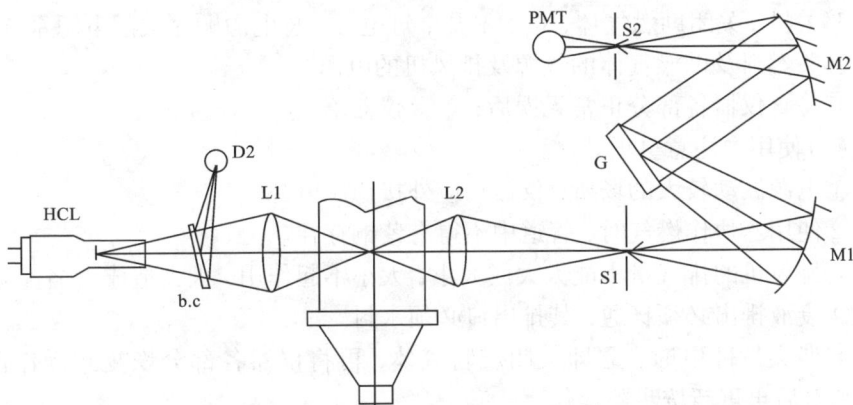

图 3 – 19　WFX – 310 型原子吸收分光光度计光学系统示意图

HCL　空心阴极灯；D2　氘灯；b. c　切光器；L1、L2　聚光透镜；S1、S2　狭缝；M1、M2　面反射镜；G　光栅；PMT　检测器

（1）使用方法。

①检查仪器：电路联接、接地是否正常；仪器各部分是否处于正常位置；废液排出口水封是否良好，燃料气体的联接是否良好，有无漏气等。

②安装空心阴极灯，选择适当的灯电流，预热仪器 15 ~ 25min。

③开启助燃气体与燃料气体，调至所需压力。

④观察仪器零点，打开负高压开关。

⑤选择所需的通带宽度，调整空心阴极灯的位置为最佳。

⑥选择所需测定元素的波长，配合调节负高压，使透光率最大或吸光度为零。

⑦检查光路与燃烧器的相对位置，并将燃烧器调到所需的高度。

⑧打开排风机。

⑨点燃火焰：先打开助燃气体，调到所需流量，后打开燃料气体，点燃火焰，并调到所需的燃气流量；预热燃烧器 20 min（预热时应吸喷蒸馏水）。

⑩测定：仪器稳定后即可进行测定，测定时先测空白再测试液，每测一个试液，都应用空白溶液校正吸光度为"0.00"；试液的测定，应从低含量开始往高含量进行。

⑪清洗：测定完毕，继续吸喷蒸馏水清洗燃烧器 5 min。

⑫吹洗：清洗 5 min 后，关闭燃料气体，继续用助燃气体（空气）吹洗燃烧器 5 min。

⑬关机：关闭助燃气体，按负高压、灯电源、总电源顺序关闭电源系统。

⑭关燃料及助燃气体的气源及排风机的电源。

⑮检查仪器各部分正常无误后，罩上仪器罩。

（2）使用中注意事项。

①电源波动较大的场所，仪器均应外接稳压电源。

②使用乙炔作燃气时，管道中不得有紫铜存在。

③排风机的排气量不能太大或太小，太小不起作用，太大造成火焰扰动。

④废液排出必须畅通，其排出口必须水封。

⑤遇突然停电时，立即关闭燃料气体，再将仪器各部分恢复到操作前状态，来电后再重新按步骤操作。

⑥指示仪表（数字显示、记录器）突然波动很大且短时不能恢复，应关闭仪器，对电路作全面检查后，再重新开启。

⑦嗅到燃料气体气味，应立即关闭燃气进行检漏，待排除问题后，再开启。

（3）仪器的维护。

①仪器在不使用的情况下，也应经常开启，最好每天开启运行 1 h。

②空心阴极灯应经常点燃，久置未用的空心阴极灯应反向处理 4 h 以上再用，若发现空心阴极灯输出不稳定或发光不正常，应及时用反向大电流处理。

③应保持燃烧器及燃烧器头的清洁，定期对燃烧器头用稀盐酸浸泡后，冲洗干净。

④仪器的环境应干燥，相对湿度应小于 70%。

⑤应保持燃烧器两侧的透镜清洁，必要时应用酒精 – 乙醚溶液擦拭。

⑥修理仪器时，应注意保护好光电倍增管，避免在通电的情况下强光照射。

3.5.2.2　石墨炉原子吸收分光光度计

（1）使用方法。

①主机工作状态要求。

ⓐ接通主机电源,点燃空心阴极灯,选择合适灯电流。

ⓑ开启能量开关,选择合适的能量。

ⓒ选择合适的狭缝,找出测定波长。

ⓓ调节电流或高压,使能量有指示,然后反复调节波长、灯位置至合适位置;再调节灯电流及高压增益,使能量大小适当。

ⓔ按说明书选择其他工作参数,如标尺放大、阻尼、背景校正、重复次数等。

②火焰原子化器与石墨炉互换并装入石墨管。

③调节石墨炉位置,锁定石墨炉。

④主机工作状态调节完毕后,准备测定时,按自动调零钮或调零键。

⑤调节记录仪,选择合适的输入挡;调节主机输出,使记录仪输入每格代表一定的吸光度(如 1 格 =0.001A)。

⑥调节打印机,开启打印机电源。

⑦石墨炉通水冷却,开启氩气钢瓶总阀。

⑧石墨炉工作状态设置

ⓐ开启控制电源开关,按石墨炉使用说明书设置各工作参数。

ⓑ调节氩气及其流量、通气方式。

ⓒ选择干燥、灰化、原子化、清除、空烧程序的工作电流至需要值。

ⓓ选择升温方式。

ⓔ设置主机调零采样时间。

ⓕ选择冷却时间。

ⓖ开启主电源(加热电源)开关,准备加热通电。

⑨石墨炉空烧处理,直至原子化阶段不出现较大的吸光度值。

⑩测定方式选择。

⑪测定。

⑫关机操作

ⓐ关石墨炉电源的主电源。

ⓑ关闭氩气总阀,放掉余气。

ⓒ关石墨炉、打印机、记录仪电源。

ⓓ关冷却水。

ⓔ按主机使用说明书中有关顺序关闭主机各开关后关闭主机总电源。

ⓕ清洗注射器及针管。

（2）维护方法。

石墨炉系统的日常保养维护，主要应注意石墨炉的清洁。主机保护同火焰型仪器。

①石墨管的清洁。所有新的或长时间未用的石墨管，使用前都应空烧处理。

②石墨锥的清洁。隔一定时间，应对石墨锥进行清洗，尤其左侧锥进样口附近，清洗时间间隔由使用情况而定，清洗方法是用干净棉花擦去碳沉积物，用有机溶剂清洗石墨锥。

③石英窗的清洁。隔一定时间，应对石英窗进行清洗，尤其是在短波测定或发现主机能量有明显下降的情况下，特别注意石英窗是否清洁。清洁方法是用长丝棉蘸上乙醚或酒精乙醚混合液清洗窗片，至污迹擦净为止。

3.5.3 WCG－207型微分测汞仪

（1）仪器外观如图3－20。

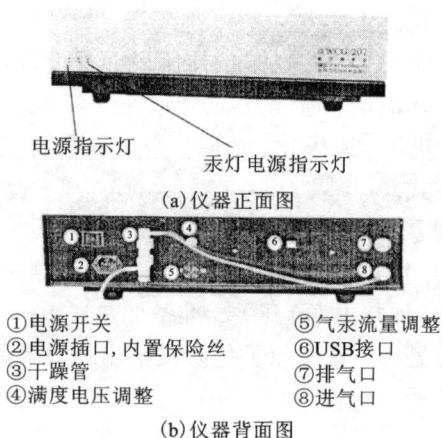

电源指示灯 汞灯电源指示灯

(a)仪器正面图

①电源开关　　　　　　⑤气汞流量调整
②电源插口，内置保险丝　⑥USB接口
③干燥管　　　　　　　⑦排气口
④满度电压调整　　　　　⑧进气口

(b)仪器背面图

图3－20　WCG－207型微分测汞仪外观示意图

（2）仪器的使用条件。

①要求电源电压稳定，电压220V±5%，50 Hz，30 VA。

②室温10~25℃，湿度20%~80%RH，避免阳光直射。

③室内空气清洁，通风良好，无汞蒸气及烟尘污染。

④要求配备能安全运行Win2000/XP操作系统的计算机。

（3）仪器技术指标及规格。

①微分测量挡：实测检出限 < 0.002 $\mu g \cdot L^{-1}$，最佳测量范围 0.005 ~ 0.5 $\mu g \cdot L^{-1}$，相关系数 $r > 0.995$，变异系数 < 10%，基线漂移趋于零。

②低浓度测量挡：实测检出限 < 0.2 $\mu g \cdot L^{-1}$，最佳测量范围 0.2 ~ 4 $\mu g \cdot L^{-1}$，相关系数 $r > 0.999$，变异系数 < 5%，基线漂移趋于零。

③高浓度测量挡：实测检出限 < 2 $ug \cdot L^{-1}$，最佳测量范围 2 ~ 100 $\mu g \cdot L^{-1}$，相关系数 $r > 0.999$，变异系数 < 5%，基线漂移趋于零。

（4）仪器的使用方法。

①在桌面上双击［WCG－207］图标，进入软件操作系统。［WCG－207 型微分测汞仪］的主界面，包括［测量水体中的汞］、［测量固体中的汞］、［测量中的汞］、［数据查询］、［统计计算］、［帮助］、［产品介绍］、［退出］等按钮，用鼠标移到相应的按钮上面，会出现下拉式菜单，点击不同的选项可进行测量或计算工作。

②水体中汞的测定。

点击［测量水体中的汞］，出现微分测量、低浓度测量、高浓度测量三个测量范围，选择合适的测量范围，出现确认对话框，点击［确定］后进入操作界面。当仪器预热 30 min 后，仪器进入正常工作状态，调整满度电压（一般调整至 8.5 左右即可）。

③仪器稳定后，开关由"校正"打到测量，调零；若指针超过满刻度，调零不起作用时，按一下放电开关即可以再调零。

④仪器若与记录仪（10 mV）配接时，调节仪器左侧"记录满度"电位器，使记录仪与表头 0 ~ 100 同步。

⑤记录仪在测量时，描绘一个峰值完成后，会出现一个反冲信号，待反冲回到基线后，再进行下一次测量。

（5）仪器的维护。

①仪器应该定期进行校正，以保证仪器的准确性。

②仪器的吸收池长期使用或经常测高浓度汞蒸气后，应用蒸馏水煮或重铬酸钾洗涤液浸洗干净。

③仪器的存放环境必须干燥，内部放干燥剂，经常通电。

④配记录仪使用时，可根据需要在测量汞标准溶液时自行调节仪器的灵敏度。

⑤出现调不到零时，可将仪器的上盖板打开，调节印刷电路板右上角的电位器 W_3 即可。

实验二十七　火焰原子吸收光谱法测定条件的选择和金属铬中铁含量测定（校准曲线法）

（参照 **GB/T 4702.4—2008**）

一、实验目的

(1)掌握火焰原子吸收光谱仪的基本操作技术；

(2)掌握优先火焰原子吸收光谱法仪器测定条件的基本方法；

(3)掌握校准曲线法测定元素含量的分析方法。

二、测定意义

在火焰原子吸收光谱分析中，分析方法的灵敏度、准确度、干扰情况和分析过程是否简便等，除与仪器本身有关外，很大程度上取决于仪器的测定条件。因此，仪器最佳测定条件的选择是建立原子吸收光谱分析方法必须研究的内容。

铁是地壳中主要的元素，可以说它无处不在，作为铬中的主要杂质，铁的存在将严重影响产品质量，必须对其进行准确测定。测定铁的方法很多，根据含量高低的不同有容量法、分光光度法、原子吸收法、催化极谱法等，其中原子吸收法是最简便快速的分析方法之一。

三、方法原理

金属铬中其他杂质元素对铁的原子吸收光谱测定基本上没有干扰，样品经溶解后即可采用校准曲线法进行测定。

试样经适当处理后，在与测定校准曲线相同的条件下测定其吸光度，根据测试溶液的吸光度，通过校准曲线可查出测试溶液中待测组分的浓度，再换算成试样中待测组分的含量。

四、仪器与试剂

WFX – 310/320 型原子吸收分光光度计，铁元素空心阴极灯，空气压缩机，瓶装乙炔气体。

(1 + 1)盐酸，浓硝酸。

铁标准储备液 $1.000\ mg \cdot mL^{-1}$。准确称取高纯金属铁粉 1.0000 g，用 30 mL (1 + 1)盐酸溶解，加 2 ~ 3 mL 硝酸将铁氧化至三价，用蒸馏水稀释至 1 L，摇匀。

铁标准工作溶液 $100\ \mu g \cdot mL^{-1}$。取上述铁标准储备液，稀释 10 倍，摇匀。

五、实验内容

（1）试样的处理。准确称取 0.2000 g 试样于 100 mL 烧杯中，加入（1+1）盐酸 5 mL，微热溶解，移入 50 mL 容量瓶中稀释至刻度，摇匀，平行 3 份。

（2）标准系列溶液的配制。取 6 支洁净的 25 mL 比色管，各加入（1+1）盐酸 2 mL，再分别加入 0.00，1.00，2.00，3.00，4.00，5.00 mL 铁标准工作溶液，用蒸馏水稀释至刻度，摇匀。

取一个 50 mL 容量瓶，加入（1+1）盐酸 4 mL，铁标准工作溶液 6.00 mL，用蒸馏水稀释至刻度，摇匀。作最佳测定条件选择试验用。

（3）最佳测定条件的选择。

将仪器各工作参数预设如下，预热 20 min。

分析线：302.1 nm，灯电流：6 mA，光谱通带：0.1 nm，燃烧器高度：8 mm，空气压力 1.1 kg·cm^{-3}；乙炔压力：0.5 kg·cm^{-3}；空气流量：5 L·min^{-1}；乙炔流量：1.1 L·min^{-1}。

①分析线的选择。

分别测定铁标准溶液在 271.9 nm，302.1 nm，248.3 nm 波长下的吸光度，计算各波长下测定铁的特征浓度，根据实际情况（灵敏度，稳定性，直线范围，干扰等）选定分析线，并取代之。

②灯电流的选择。

在 8~16 mA 范围内，每次改变 2 mA 灯电流，分别测定铁标准溶液的吸光度，每一灯电流测定 3 次，计算吸光度平均值。以灯电流为横坐标，吸光度平均值为纵坐标作图，选择灵敏度高，吸光度随灯电流变化小的最小灯电流为最佳工作电流，选定并取代之。

③狭缝宽度的选择。

分别在 0.05，0.1，0.2，2 mm 狭缝宽度下，测定铁标准溶液的吸光度 3 次，计算吸光度平均值。以狭缝宽度为横坐标，吸光度平均值为纵坐标作图，以不引起吸光度值减小的最大狭缝宽度为合适的狭缝宽度，选定并取代之。

④乙炔流量的选择。

分别在 0.8，1.02，1.1，1.3 L·min^{-1} 的乙炔流量下测定铁标准溶液的吸光度 3 次，计算吸光度平均值。以乙炔流量为横坐标，吸光度平均值为纵坐标作图，选择吸光度最大的乙炔流量为工作条件，选定并取代之。

⑤燃烧器高度的选择。

分别在 4，6，8，10 mm 燃烧器高度下分别测定铁标准溶液的吸光度 3 次，计算平均值。以燃烧器高度为横坐标，吸光度平均值为纵坐标作图，选定吸光度最大的燃烧器高度为测定条件并取代之。

根据以上试验，拟定出仪器最佳测定条件，用于以下实验。

（4）吸光度测定。按从低浓度至高浓度的顺序依次测定铁标准系列溶液和试样溶液的吸光度，每次测定前必须用蒸馏水校正仪器的吸光度为0。

六、数据处理

（1）列表记录各测定条件的吸光度并绘制变化曲线，确定最佳测定条件。

（2）列表记录标准系列溶液与试样溶液的吸光度，绘制铁的校准曲线。

（3）从标准曲线查出试样溶液中铁的浓度，进而计算出试样中铁的含量。

七、问题讨论

在影响原子吸收分析的各种因素中，燃气流量和助燃气流量无疑是影响程度最大的。因为气体流量一方面影响节流管口气体流动的速度，从而影响雾化器对待测溶液的提升速度。另一方面影响火焰的组成，改变火焰的性质和温度，进而影响火焰对试样溶液的原子化效率，最终影响分析方法的灵敏度和准确度。因此，在一批样品的测定过程中，必须确保燃气流量和助燃气流量一致。燃气由钢瓶供气，流量一般比较稳定，而助燃气一般由空气压缩机供气，其流量通常会受到外部电压的影响。当供电电压波动时，助燃气流量也会波动，虽然稳压电源能够很大程度解决这个问题，但不能完全消除电压波动对助燃气流量的影响。

八、注意事项

（1）火焰原子吸收法进行测定时分解试样的溶剂通常选择硝酸或盐酸，因为大多数硫酸盐和磷酸盐在空气－乙炔火焰中难以离解和原子化。

（2）溶液盐分的浓度不能太高，否则试样中的大量盐分在火焰中来不及原子化会对光源发射的光产生散射而造成假吸收，并可能凝结在燃烧器缝口而火焰不稳。

（3）在进行最佳测定条件的选择试验时，每改变一个条件都必须重复调零等步骤，在进行狭缝宽度和灯电流选择时还必须重复光能量调节步骤。

九、思考题

（1）什么样的试样才能采用校准曲线法进行测定？

（2）是否在任意浓度范围内的校准曲线都是直线？

（3）仪器条件是如何影响测定结果的？

实验二十八 火焰原子吸收光谱法测定铝及铝合金中镁含量（标准加入法）（参照 GB/T 20975.16—2008）

一、实验目的

(1)进一步熟悉原子吸收光谱仪器的实验操作技术；

(2)掌握标准加入法测定元素含量的分析技术。

二、测定意义

铝、镁是两种最常见的轻金属，镁在低含量时是铝中的杂质，高含量时也可以作为铝中的合金元素形成铝镁合金。不论镁是以哪种形式存在，其含量的高低都将严重影响铝或铝镁合金的性能，因此，必须准确地进行测定。

三、方法原理

标准加入法分为复加入法和单加入法两种。复加入法是制备一种由试样主体元素组成的空白溶液，在试样溶液和空白溶液中加入等量的待测元素，配成两种加入待测元素的系列溶液，测定两种系列溶液的吸光度。以待测元素加入量为横坐标，相应的吸光度为纵坐标，依校准曲线法相似的方法作图可得到两条直线，将直线延长使其与横坐标外推延长线相交，即可得到空白溶液和测试溶液中镁的浓度，两者之差即为试样溶液中镁的浓度。该法虽较繁琐，但结果准确。

本实验是在盐酸介质中，加入一定量的锶盐作释放剂，用标准加入法进行测定以消除大量铝对镁的干扰。

四、仪器与试剂

WFX-310 型原子吸收分光光度计，镁元素空心阴极灯，空气压缩机，瓶装乙炔气体。

(1+1)盐酸，(1+1)浓硝酸。

镁标准储备液 1.000 mg·mL^{-1} 准确称取 0.1000 g 高纯金属镁于 100 mL 烧杯中，加入少量蒸馏水，缓缓加入 2~3 mL(1+1)盐酸，加热溶解，冷却后转入 100 mL 容量瓶中用蒸馏水稀释至刻度，摇匀。

镁标准工作液 10.00 μg·mL^{-1} 取上述镁标准储备液稀释 100 倍，摇匀。

锶标准溶液 10 mg·mL^{-1} 称取 30.40 g 氯化锶溶于蒸馏水中，加入(1+1)盐酸 10 mL，稀释至 1 L，摇匀。

空白溶液 准确称取高纯铝 0.2000 g 于 250 mL 烧杯中，加少量蒸馏水润湿，加入(1+1)盐酸 10 mL，稀释至 1 L，摇匀。

五、实验内容

(1)试样的处理。准确称取试样 0.2 g 于 250 mL 烧杯中，加入少量蒸馏水，加入(1+1)盐酸 10 mL，待反应停止后，趁热滴加(1+1)硝酸使试样完全分解，煮沸除去二氧化氮，取下冷却，转入 50 mL 容量瓶中，以蒸馏水稀释至刻度，摇匀。

(2)试样系列溶液的配制。吸取试样溶液 5.00 mL 4 份，分别置于 4 个 25 mL 比色管中，各加入 1 mL 锶溶液，于第 2、3、4 支比色管中分别加入 0.20，0.40，0.60 mL 镁标准工作溶液，用蒸馏水稀释至刻度，摇匀。

(3)空白系列溶液的配制。吸取空白溶液 5.00 mL 4 份，分别置于 4 个 25 mL 比色管中，各加入 1 mL 锶标准溶液，分别加入 0.00、0.20、0.40、0.60 mL 镁标准工作液，用蒸馏水稀释至刻度，摇匀，待测。

(4)仪器条件。按仪器操作程序，将仪器各个工作参数调至下列测定条件，预热 20 min。分析线 285.2 nm，灯电流 4 mA，光谱通带 0.2 nm，燃烧器高度 7 mm，空气压力 1.4 kg·cm^{-3}。乙炔压力 0.5 kg·cm^{-3}，空气流量 5 L·min^{-1}，乙炔流量 1 L·min^{-1}。

(5)测定吸光度。依次测定试样系列溶液和空白系列溶液的吸光度，每次测定前必须用蒸馏水校正仪器的吸光度为 0。

六、数据处理

(1)绘制试样和空白系列溶液的吸光度随镁加入量曲线。

(2)分别求出试样中镁的浓度和空白溶液中相当于镁的浓度，并由其差值计算出试样中镁的含量。

七、问题讨论

原子吸收分光光度法测定钙、镁时常常由于校准曲线在高浓度时向浓度轴弯曲而引起误差，在使用校准曲线法进行测量时，若试样中已有浓度和加入的标准溶液浓度之和超出了校准曲线的线性范围时，会引起测量误差。因此，加入的镁标准系列溶液的量应该与试样中镁的含量相匹配，一般应让试样中不加镁标准溶液的吸光度介于空白系列加入镁标准溶液的 2 号或 3 号溶液之间或与其中一个接近。

八、注意事项

试样处理中煮沸除去二氧化氮时并不需要将溶液蒸干，煮沸 2 min 即可。

九、思考题

(1)标准加入法与校准曲线法有何不同？各适用于什么情况？

(2)空白溶液中不含镁，为什么可以得到镁的浓度？

实验二十九　氢化物发生原子吸收光谱法测定食品中的砷含量

一、实验目的

(1)了解氢化物发生原子吸收光谱的基本原理;

(2)掌握氢化物发生器的基本操作技术;

(3)熟悉食品中砷的测定方法。

二、测定意义

砷的毒性和对环境的危害类似于重金属,因此,在环境中也把砷归于重金属五毒之一。As_2O_3 即常说的砒霜,是中国古代常用的毒药之一。砷进入人体后能破坏某些细胞呼吸酶,使组织细胞不能获得氧气而死亡;还能强烈刺激胃肠黏膜,使黏膜溃烂、出血;亦可破坏血管,发生出血,破坏肝脏,严重的会因呼吸和循环衰竭而死亡。氢化物原子吸收法是测定微量砷常用的方法,原子荧光法也常用于测定微量的砷。

三、方法原理

常温常压下,砷、锑、铋、锗、锡、硒、碲、铅的氢化物为气态,因而可将试样中的上述元素转化成氢化物,直接导入原子化器,测定它们的含量。

在酸性溶液中,上述元素可与强还原剂硼氢化钠(钾)反应生成氢化物:

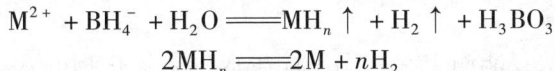

$$M^{2+} + BH_4^- + H_2O \Longrightarrow MH_n \uparrow + H_2 \uparrow + H_3BO_3$$

$$2MH_n \Longrightarrow 2M + nH_2$$

方法不受基体影响,原子化温度不高(约900℃),灵敏度高。

四、仪器与试剂

火焰原子吸收分光光度计;砷空心阴极灯;氢化物发生器;石英原子化管。

硼氢化钠　1%;氢氧化钠　20%;硫酸　10%;盐酸　(1+1);5%硫脲-5%维生素 C 混合溶液;三氧化二砷。所有试剂均为 A. R。

砷标准溶液 $100~\mu g \cdot L^{-1}$　准确称取在干燥器内放置了 24 h 的 As_2O_3 0.1320 g 于 250 mL 烧杯中,加入 5 mL 20%氢氧化钠,溶解后再加入10%硫酸溶液 10 mL,移入 100 mL 棕色容量瓶中,用新煮沸冷却的蒸馏水稀释至刻度,摇匀。

食品试样。

五、实验内容

(1)试样处理。准确称取试样 5 g 于瓷坩锅内,在电炉上熔融碳化(温度不宜过高)后,置入马弗炉内 500℃ 灰化 2 h 至呈白色残渣状,冷却后加(1 + 1)盐酸 2 mL,于水浴上加热至干,用蒸馏水溶解残渣并转入 50 mL 容量瓶中,冲洗坩埚,洗水并入容量瓶中,稀释至刻度,摇匀。

(2)砷标准系列溶液的配制。分别在 6 个 50 mL 容量瓶中加入砷标准溶液 0.00,2.00,4.00,6.00,8.00,10.00 mL,用蒸馏水稀释至刻度,摇匀。

(3)仪器准备。按仪器操作程序,将仪器各个参数调至下列测定条件,预热 20 min。

分析线	193.7 nm	灯电流	10 mA
狭缝宽度	0.1 mm	燃器高度	10 mm
空气压力	1.4 kg·cm^{-2}	乙炔压力	0.5 kg·cm^{-2}

(4)标准与试样溶液的测定。分别吸取 5.00 mL 标准溶液或试样溶液于反应瓶中,加入 5% 硫脲 – 5% 维生素 C 混合溶液 1 mL,摇匀,置于氢化物发生器内,以 2 mL 1% 硼氢化钾溶液进行反应,将生成的氢化物导入石英原子化器管中进行原子化,测定其吸光度,同时测定试剂空白的吸光度值。

六、数据处理

(1)列表记录标准溶液与试样溶液的吸光度。

(2)以吸光度为纵坐标,相应的浓度为横坐标绘制校准曲线。

(3)根据试样的吸光度从校准曲线中查找其相应的浓度,换算成试样含量(%)。

七、问题讨论

氢化物发生法只能测定在常温下能生成气态氢化物的八个元素:砷、锑、铋、锗、锡、硒、碲、铅。为了将元素还原,通常需要使用实验室常用的最强还原剂 KBH_4,生成的氢化物用导管导出,从而实现与基体分离,导出的氢化物在 900℃ 左右能完全分解而实现全部原子化,因而测定的灵敏度高,选择性好。

八、注意事项

(1)氢化物发生器必须绝对密封,因为一旦漏气,氢化物会使人中毒,而且会使测定结果偏低。

(2)砷是较易挥发的元素之一,为防止砷的损失,灰化温度以 500℃ 为宜。

九、思考题

(1)试验操作上应注意哪些问题?

(2)测定时加入硫脲 – 维生素 C 混合溶液的目的是什么?

实验三十　冷原子吸收光谱法测定土壤中的痕量汞

一、实验目的

(1)掌握微分测汞仪的基本操作技术;

(2)熟悉环境样品中汞的测定方法。

二、测定意义

汞是重金属五毒之首,早在两千多年前的秦代,我们的祖先就已经掌握了冶炼汞的技术并了解了它的毒性。现代对汞的毒性的进一步研究源于日本水俣湾出现的一种当时人们不了解的怪病(当时称为水俣病),后经深入研究确认是由于当地汞污染环境,汞通过食物链进入了人体引起中毒。因此,必须对环境和食品中痕量汞进行准确的测定。冷原子吸收法是测定痕量汞常用的方法,原子荧光法也可用于测定微量的汞。

三、方法原理

汞是一种不活泼的金属,很容易被还原为单质,同时,汞在常温下是液态,蒸气压也很大,因此,汞可以常温下在溶液中被还原后直接进行测定。由于不需要在高温条件下实现原子化,俗称冷原子吸收法。

四、仪器与试剂

WCG – 207 型微分测汞仪,反泡瓶,康氏振荡器。

高锰酸钾,氯化亚锡,硫酸,硝酸,盐酸,所有试剂均为 G. R,除氯化汞外须经事先检定不含汞。

汞标准溶液　$100\ \mu g \cdot L^{-1}$　准确称取干燥过的氯化汞 1. 354 g,放入烧杯中,加(1 +1)硝酸 100 mL 溶解,定量转入 1000 mL 容量瓶,一级纯水定容,摇匀,浓度是 $1. 00\ g \cdot L^{-1}$。从该溶液中取 10. 00 mL 至 1000 mL 容量瓶,加入(1 +1)硝酸 100 mL,用一级纯水定容,摇匀,浓度是 $10. 0\ mg \cdot L^{-1}$。再稀释 100 倍,得浓度为 $100\ \mu g \cdot L^{-1}$ 的汞标准溶液。

消解液　取 500 mL 容量瓶,加入约 250 mL 一级纯水,加入 2 mL 高锰酸钾和 2 mL 浓硫酸,用一级纯水稀释至刻度,摇匀。

五、实验内容

(1)试样处理。取均匀且相同质量的同一被测土壤两份,各 10. 00 g,一份置于烘箱在 120℃烘干 2 h 后称重,计为取土壤的质量。另一份置于 200 mL 磨口三角瓶中,加入消解液 50 mL,密塞,将三角瓶置于康氏振荡器上,以不小于 200 次 · min^{-1}的速度连续振荡 20 min,静止 30 min,将溶液过滤到 200 mL 容量瓶中,残渣再加入 50 mL 消解液,振荡 20 min,静止 5 min,再重复两次,将四次样品溶液合并于容量瓶中,混合均匀即可,不用定容。

(2)汞标准系列溶液的配制。取 10.00 mL 100 $\mu g \cdot L^{-1}$ 汞标液置于 100 mL 容量瓶中加入 0.5 mL 硝酸,用一级纯水定容,摇匀得汞标准工作液,浓度为 10 $\mu g \cdot L^{-1}$。取 6 个 100 mL 容量瓶,分别加入约 50 mL 一级纯水、0.2 mL 饱和高锰酸钾和 0.2 mL 浓硫酸,再分别加入 10 $\mu g \cdot L^{-1}$ 汞标液 0.00,0.10,0.20,0.40,0.80,1.60 mL,一级纯水定容,摇匀。

(3)标准溶液与试样溶液的测定。

开机预热 30 min,使仪器进入正常工作状态,调整满度电压。

在桌面双击[WCG-207]快捷方式图标,进入软件操作系统。

点击[测量固体中的汞],出现微分测量、低浓度测量、高浓度测量三个测量选项,选择微分测量,出现确认对话框后点击[确认],进入操作界面。

移取样品溶液 5.00 mL,置于反泡瓶中,盖好管芯,键入文件名后点确定,进行扫描。在管芯中央加入 0.5 mL 20% 的氯化亚锡,等候出现"请你测量"后,将进样管接通反泡瓶反泡测量,当出现最高峰后及时拔下进样管。各点测量完毕,读出曲线各点数值,进入"参数表",调出标准曲线计算器,计算后,点保存曲线,存入当前使用功能。此后,所做样品自动通过该曲线进行校正。

六、数据处理

$$\text{土壤中含汞量}(kg) = \frac{C \cdot V}{m}$$

C——消解液浸提后的浓度 $\mu g \cdot L^{-1}$,V——提取土壤中汞所用的消解液的体积(mL),m——干燥后土壤的质量 g。

七、问题讨论

冷原子吸收法测汞采用高锰酸钾和浓硫酸浸提和吸收试样中的汞,用氯化亚锡将汞还原为单质,以空气为载气将汞从溶液中吹出,用原子吸收的原理进行测定。采用计算机对汞光源进行跟踪补偿,克服了基线漂移,采用微分技术提高了分析的灵敏度和稳定性。

八、注意事项

(1)配制高浓度汞标准溶液时应与测量场地分开,以免样品产生交叉污染。

(2)测量中不要碰倒、倾斜、猛击反泡瓶。

九、思考题

(1)吸收液中高锰酸钾和浓硫酸分别起什么作用?

(2)为什么该法测汞可以有很高的灵敏度?

3.7　原子荧光光谱法

3.7.1　概述

原子荧光光谱(AFS)分析是 20 世纪 60 年代中期提出并发展起来的新型光谱分析技术。它具有原子吸收和原子发射光谱两种技术的优势并克服了其某些方面的缺点,具有分析灵敏度高、干扰少、线性范围宽、可多元素同时分析等特点,是一种优良的痕量分析技术。

砷、锑、铋、汞、硒、碲、锡、锗、铅、锌、镉等元素的含量是环境保护、卫生防疫、城市给排水、地质普查等部门的必测项目,当前,实际测量方法还大都停留在化学分析或光度分析的阶段,存在着操作繁琐、费时费力等不足,即使是使用较为先进的原子吸收法进行测量,由于一般光度计波长范围的限制,对这些吸收波长处于紫外区的元素,不论是灵敏度、检出限、重现性等都无法满足越来越高的质量控制要求。图 3 – 21 为 AFS – 830 型双道原子荧光分光光度计。

图 3 – 21　AFS – 830 型双道原子荧光分光光度计

氢化物发生 – 原子荧光光谱仪由进样系统、氢化物发生系统、光源系统、光学系统、原子化系统、检测系统六大部分组成,如图 3 – 22 所示。

气路系统:转子流量计、电磁阀控制流量计、质量流量计;进样器:半自动进样器、三维自动进样器、极坐标自动进样器;氢化物发生系统:蠕动泵、顺序注射泵;原子化器:低温氩氢火焰原子化器(单层石英炉芯、双层屏蔽式石英炉芯);激发光源:特制高强度空心阴极灯(Hg 为阳极);所有的灯均不能反击激发。

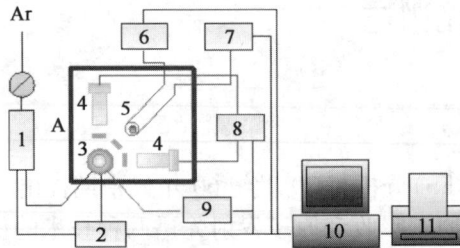

图 3 - 22 氢化物发生原子荧光光谱仪的原理图

1—气路系统；2—氢化物发生系统；3—原子化器；4—激发光源；
5—光电倍增管；6—前放；7—负高压；8—灯电源；9—炉温控
制；10.控制及数据处理系统；11—打印机；A—光学系统

3.7.2 原子荧光光谱仪的性能指标、使用及维护

3.7.2.1 仪器技术指标

检测元素 As，Sb，Bi，Hg，Se，Te，Sn，Ge，Pb，Zn，Cd 等 11 种元素。

检出限(DL) As，Se，Te，Bi，Sb 等元素小于等于 $0.06\ ng \cdot mL^{-1}$；冷原子方法测量汞 Hg 小于等于 $0.006\ ng \cdot mL^{-1}$；Cd(需用特殊试剂)小于等于 $0.006\ ng \cdot mL^{-1}$；Zn(需用特殊试剂)小于等于 $6.0\ ng \cdot mL^{-1}$。

相对标准偏差(RSD) 50～100 倍检出限浓度水平溶液测定 RSD<1.5%。

线性范围 大于三个数量级。

仪器要求的环境条件是：

(1)环境温度：15～35℃。

(2)室内相对湿度不大于80%。

(3)仪器应置于稳定的工作台上，不应该有强震动源。

(4)周围无强电磁干扰及有害气体。

(5)仪器使用电源电压 220 V ±10%，频率 50 ±1 Hz 单相交流电，最好配置交流稳压气，功率不大于 500 VA，室内应有地线并保证仪器良好接地。

3.7.2.2 操作步骤

(1)打开仪器灯室，在 A、B 道上分别插上或检查元素灯。

(2)打开氩气，调节减压表次级压力为 0.3 MPa。

(3)打开仪器前门，检查水封中是否有水。

(4)依次打开计算机、仪器主机(顺序注射或双泵)电源开关。

（5）检查元素灯是否点亮，新换元素灯需要重新调光。

（6）双击软件图标，进入操作界面。

（7）在自检测窗口中点击"检测"按钮，对仪器进行自检。

（8）点击元素表中待测元素，自动识别元素灯，选择自动或手动进样方式。

（9）点击"点火"按钮，点亮炉丝。

（10）点击仪器条件，依次设置仪器条件、测量条件（如要改变原子化器高度，需要手动调节）。

（11）点击校准曲线，输入校准曲线各点浓度值和位置号。

（12）点击样品参数，设置被测样参数。

（13）点击测量窗口，仪器运行预热 1 h。

（14）将标准、样品、载流和还原剂等准备好，压上蠕动泵压块，进行测量，处理数据打印报告。

（15）测量结束后用纯水清洗进样系统 20 min。

（16）退出软件，关闭仪器电源和计算机电源，关闭氩气。

（17）打开蠕动泵压块，把各种试剂移开，将仪器及试验台清理干净。

3.7.2.3 维护保养

泵头上经常涂抹硅油，确保泵头运转灵活，经常检查泵头软管是否老化，使用一段时间后及时更换软管。在开启仪器前，一定要注意开启载气，检查原子化器下部去水装置中水封是否合适。试验时注意在气液分离器中不要有积液，以防溶液进入原子化器。在测试结束后，一定要运行仪器用水清洗管道。关闭载气，并打开蠕动泵压块，放松泵管。更换元素灯，一定要在主机电源关闭的情况下进行，不能带电插拔。元素灯的预热必须是在进行测量时点灯的情况下，才能达到预热稳定的作用，只打开主机，元素灯虽然亮起，但起不到预热稳定的作用。

实验三十一　原子荧光光度法测定水体中的砷

（参照 SL 327.1—2005）

一、实验目的

(1)了解双道原子荧光光度计的基本构造和原理；
(2)学习仪器的基本操作。

二、测定意义

生活饮水是人类生存不可缺少的要素。其中，砷在水体中是具有积蓄作用的有害元素，在生活饮用水中被列为重点监测指标。氢化物原子荧光法是近年发展起来的分析砷的新方法，它具有灵敏度高，干扰少，操作简便快速的优点，广泛地应用在水质检测中。

三、方法原理

原子荧光强度与试样浓度以及激发光源的辐射强度等参数存在以下函数关系：

$$I_f = \Phi I$$

理想情况下，

$$I_f = \Phi I_0 A K_0 l N = Kc$$

在盐酸介质中，硼氢化钾将砷转化为砷化氢。以氩气作载气将砷化氢导入石英炉原子化器中进行原子化。以砷特种空心阴极灯激发出荧光，荧光强度在一定范围内与砷的含量成正比。

四、仪器与试剂

AFS – 830 型原子荧光光度计，砷高强度空心阴极灯。

HNO$_3$　优级纯；HCl　优级纯；H$_2$SO$_4$　优级纯；KOH　优级纯；硫脲　分析纯；抗坏血酸　分析纯；氩气　纯度 99.99% 以上。

As 标准储备液　1.00 mg·mL^{-1}　准确称取 1.3200 g 预先在硅胶干燥器中干燥至恒重的三氧化二砷于小烧杯，加 25 mL 20% 氢氧化钾溶液溶解后，转入 1000 mL 容量瓶，用 20% 硫酸稀释至刻度，摇匀。

As 标准溶液　10.0 μg·mL^{-1}　准确移取浓度为 1.00 mg·mL^{-1}的砷标准储备液 10.0 mL 于 1000 mL 容量瓶，用一级纯水定容，摇匀。

As 标准工作溶液　1.00 μg·mL^{-1}　准确移取浓度为 10.0 μg·mL^{-1}的砷标准溶液 10.0 mL，转入 100 mL 容量瓶，用一级纯水定容，摇匀。

20 g·L^{-1}硼氢化钾溶液　称取 2.5 g 分析纯 KOH 于 500 mL 一极纯水中，待完全溶解后再加入 10 g KBH$_4$，溶解后摇匀。

50 g·L^{-1}硫脲—50 g·L^{-1}抗坏血酸混合溶液　称取 10 g 硫脲和 10 g 抗坏血酸溶于 200 mL 水中，现配现用。

载流液 5% HCl。

五、实验内容

(1)标准溶液配制：按表 1 配制系列标准溶液。

表 1　标准溶液配制

标准系列序号	加入 As(1.0 mg·L^{-1})标准工作溶液体积（mL）	加入浓盐酸体积（mL）	硫脲 - 抗坏血酸混合溶液（mL）	去离子水最终定容体积（mL）	标准溶液浓度（μg·L^{-1}）
S0	0.0				0
S1	0.5				10.0
S2	1.0	5.0	5.0	50	20.0
S3	2.0				40.0
S4	4.0				80.0
S5	5.0				100.0

(2)水样配制。如水样有泥沙或者表观浑浊需先过滤。准确移取适量水样置于 50 mL 容量瓶中，依次加浓 HCl 5.0 mL、硫脲 - 抗坏血酸混合溶液 5.0 mL，定容并摇匀，至少放置 15 min，待测。如温度较低时，需延长放置时间。同时制备并测定样品空白。

(3)测定。

①打开灯室盖，将待测元素的空心阴极灯插头仔细插入灯座；

②开启气瓶，使次级压力为 0.2~0.3 MPa 之间；

③在确认电源正确后，按微机、主机顺序开启电源；

④微机进入 Windows 后，点击 AFS 操作系统；

⑤将调光器放在石英炉原子化器上，调节原子化器高度旋钮，使调光器平面十字线中心与光电倍增管光栏中心位置一致，然后将调光器平面分别对准 A、B 灯源，观测阴极灯光斑是否照射在调光器的垂直线上，用灯位调整钮调节

灯位,取下调光器,将原子化器调到适当高度;

⑥点燃点火炉丝,预热 30 min;

⑦设定仪器工作参数 激发光波长 193.7 nm;负高压 250～310 V;灯电流 40～9 mA;原子化器高度 8～10 mm;原子化器温度 200℃以上;载气流量 300～900 mL·min^{-1};屏蔽气流量 600～1200 mL·min^{-1};读数时间 10～16 s;延迟时间 0～2 s;

⑧按软件操作进行测定。

六、数据处理

用测得的数据绘制校准曲线,计算水样中砷浓度。

七、问题讨论

原子荧光光谱分析法采用氢化物还原,需要使用强还原剂 $NaBH_4$ 或 KBH_4,该还原剂能被空气中的氧氧化,因而必须现配现用,并注意勿接触皮肤和溅入眼睛。由于该方法的灵敏度很高,容器的沾污或吸附会给测定带来很大的误差,因此,所有容器在使用之前需用 20% HNO_3 浸泡至少 24 h 以上,并清洗干净,防止污染。实验产生的氢化物有剧毒,实验时应保证氢化物装置密封性能良好,同时保持实验室通风良好。

八、注意事项

(1)在开启仪器前,一定要注意开启载气。检查原子化器水封是否合适。水封不严可用注射器或滴管添加蒸馏水。

(2)实验时注意在气液分离器中不要有积液,以防溶液进入原子化器。

(3)在测试结束后,一定在空白溶液杯和还原剂容器内加入蒸馏水,运行仪器清洗管道。关闭载气,并打开压块,放松泵管。

九、思考题

(1)实验中硼氢化钾溶液的作用是什么?为什么使用时要现配?

(2)原子荧光法的基本原理是什么?

第 4 章 电化学分析法

电化学分析是现代分析技术的重要分支。它是以电导、电位、电流和电量等电参量与被测物含量之间的关系为计量基础，根据物质在溶液中的电化学性质及其变化来进行分析的方法。电化学分析具有较高的灵敏度和准确度，并且设备简单，使用范围广，已经成为生产制造业、医药卫生以及科学研究等部门广泛使用的一种重要分析检测手段。根据测量的电参数的不同，电化学分析方法可分为电导分析、电位分析、库仑分析和伏安分析等。伏安分析中的极谱分析是早期常用的电分析方法，但是由于需要用到大量的液态汞，容易造成污染，现在已经逐渐被其他电分析方法替代。本章将主要介绍电位分析、库仑分析、伏安分析和电导分析。

4.1 电位分析法

4.1.1 概述

电位分析法是一种经典的分析方法，它是在通过电路的电流接近于零的条件下以测定电池的电动势或电极电位为基础的方法，主要用于各种样品中 pH 的测量以及离子成分的测定。电位分析可以测定其他方法难以测定的许多种离子，如碱金属和碱土金属、无机阴离子和有机离子等。电位分析包括电位测定法(直接电位法)和电位滴定法。直接电位法通过测量指示电极和参比电极间的电位差，进而求得被测组分的活度或浓度。电位滴定法是以一对适当的电极监测滴定过程中的电位变化，从而确定终点，并由此求得待测组分的浓度。电位滴定法能用于有色或浑浊溶液的滴定，也比直接电位法准确度高。

电位分析法中较广泛使用的指示电极是离子选择性电极。它是一类对溶液中特定离子有选择性电位响应的电化学传感器。当离子选择性电极浸入有关溶液中，在其敏感膜两侧形成膜电位，在一定条件下，膜电位与有关离子的活度关系可用能斯特公式表示。

4.1.2   pH 计的使用方法和维护

pH 计是电位分析法中最常使用的仪器。仪器的输入阻抗越大，pH 计精密度越高。pH 计除使用 pH 和 mV 挡直接测量外，也用于离子选择性电极及电位滴定测定。常用 pH 计装置如图 4 - 1 所示。

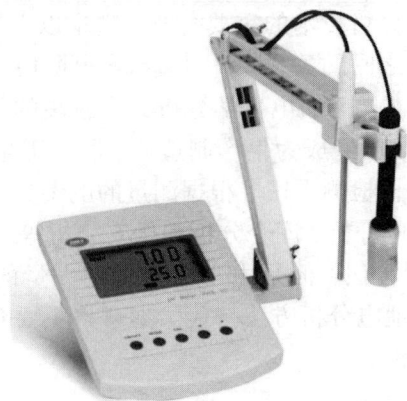

图 4 - 1   常用 pH 计装置

4.1.2.1   仪器的使用方法

（1）使用前准备。

调整仪器前面板至适当高度（由操作者自定）。将塑料电极夹装在电极立杆上，把玻璃电极、甘汞电极插在电极夹上。玻璃电极插头插入电极插口，甘汞电极引线连接在接线柱上。

（2）pH 一点校正法（如测量精度要求不高，可用此法）。

将仪器电源插头接入 220 V 交流电源，按下电源按钮，预热 20 min，将选择开关置于 pH 挡，"斜率"旋钮顺时针方向旋到底（100%处），"温度"旋钮设置在所选标准缓冲溶液的温度。用与被测溶液 pH 相近的缓冲溶液直接校正。将电极浸入选定的标准缓冲溶液中，示值稳定后，用"定位"旋钮调至该标准缓冲溶液在测定温度下的标准 pH 即可。

（3）pH 两点校正法。

①将仪器电源插头接入 220 V 交流电源，按下电源按钮，预热 20 min，将选择开关置于 pH 挡，"斜率"旋钮顺时针方向旋到底（100%处），"温度"旋钮设置在所选标准缓冲溶液的温度。

②把电极用蒸馏水洗净，用滤纸吸干。将电极浸入 pH 7.0 标准缓冲溶液中，待示值稳定后，调节"定位"旋钮，使仪器指示值为该标准缓冲溶液在测定温度下的标准 pH。

③将电极从 pH 7.0 标准缓冲溶液中取出，用蒸馏水洗净，并用滤纸吸干，根据待测 pH 样品溶液的酸碱性选用 pH 4.0 或 pH 9.0 标准缓冲溶液。把电极放入标准缓冲溶液中，待示值稳定后，调"斜率"旋钮使仪器示值为该标准缓冲溶液在测定温度下的标准 pH。

④如果测量精度要求较高，可按 b、c 重复操作数次。

（4）样品溶液 pH 的测量。

经校正后，仪器即可进行样品溶液 pH 的测量。在测量前，先将电极用蒸馏水洗净，并用滤纸吸干。然后将电极放入样品溶液，此时所示值即为样品的 pH。

（5）电极电位的测量。

将仪器选择开关置于 mV 挡，把电极浸入样品溶液，此时所显示的值即为电极电位值。

4.1.2.2　仪器的维护

pH 计性能的好坏，除了仪器本身结构之外，和适当的维护是分不开的。pH 计必须具有很高的输入阻抗，而且使用环境会经常接触化学药物，因此，合理的维护更有必要。

（1）仪器的输入端必须保持清洁，不使用时应加保护套以防止灰尘及水分浸入。在环境湿度较高的场所使用时，应把电极插头用干净纱布擦干。

（2）电极的引入端必须保持清洁和干燥，绝对防止两端输出短路，否则将导致测量结果失准甚至错误。

（3）测量时，电极的引入导线必须保持静止，否则将会引起测量不稳定。

（4）用缓冲溶液校正仪器时，要保证缓冲溶液的可靠性，如果缓冲溶液有错，将导致测量结果的错误。

（5）仪器采用 MOS 集成电路，因此，在检修时应保证电烙铁有良好的接地。

4.1.2.3　电极的使用、维护及注意事项

（1）参比电极在测量前必须用已知 pH 的标准缓冲溶液进行定位校准。为取得更准确的结果，标准缓冲溶液的 pH 越接近被测溶液的 pH 越好。

（2）甘汞电极使用完后，应把上下两个橡皮套套上，以免电极内溶液流失。如果甘汞电极内溶液流失过多时，应及时加入 KCl 饱和溶液。

（3）玻璃电极的球泡不要与硬物接触，以免损坏。

（4）玻璃电极避免长期浸在蒸馏水中或酸性氟化物溶液中，并防止和有机硅油脂接触，以免损坏电极材料。

（5）电极经过长期使用后，如发现响应梯度略有降低，则可把电极下端浸泡在4% HF中3~5 s，用蒸馏水洗净，然后再氯化钾溶液中浸泡，使之复新。

（6）若被测溶液中含有易污染敏感球泡或堵塞液接界面的物质而使电极钝化，将导致电极敏感梯度降低或读数不准。如果出现此类现象，应根据污染物质的性质，以适当溶液清洗，使之复新。

4.1.3　ZDJ - 400 全自动多功能滴定仪的使用方法和维护

ZDJ - 400 全自动多功能滴定仪（图4 - 2）是由单片机控制的高精度分析仪器。通过选择不同电极可进行酸碱滴定、氧化还原滴定、络合滴定、沉淀滴定等实验，具有动态滴定、等量滴定、终点滴定、恒 pH 滴定、pH 测量等多种测量模式。电位技术规格包括：测量范围：pH 0 ~ +14.00，电位 -2000 ~ +2000 mV；温度 0 ~ 125℃；分辨率：pH 0.01，电位：0.1 mV，电流 0 ~ 1 μA，温度 0.1℃；滴定管分辨率：1/20000 管体积；零点温漂移：< 20 μV/度（10 ~ 70℃）；有效精度：±0.5 mV；方法存储容量：50 个滴定方法；110 个滴定结果外围接口。

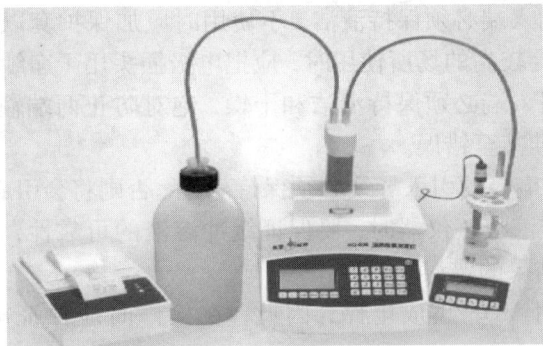

图4 - 2　ZDJ - 400 全自动多功能滴定仪

4.1.3.1　使用方法

（1）键盘说明。

图4 - 3 为 ZDJ - 400 全自动多功能滴定仪键盘结构图，各键的主要功能简

单介绍如下。

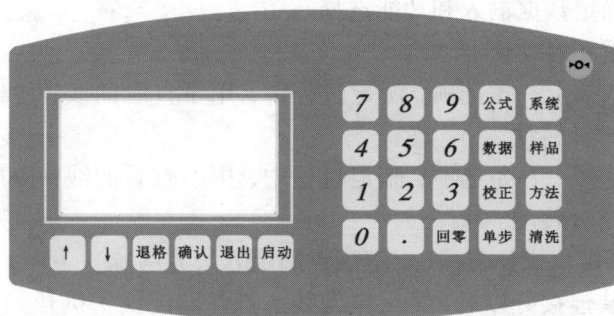

图 4-3　ZDJ-400 全自动多功能滴定仪键盘结构图

①功能键。

系统键：进行系统参数设定、实验员登录、修改密码等操作。

样品键：调用预先设定好的方法，输入样品信息，开始滴定。

方法键：选择/编辑方法，方法中包含公式编辑；在需要输入中文时按此键可以切换至区位码输入。

清洗键：定量更换滴定管路中的液体，可以设定一个固定的值来定量推出一定量的滴定液；在浏览标定结果时按此键可以删除所有标定值。

单步键：设定定量推出滴定管的液体，在最大体积足够大时连续按住"单步"可以达到清洗的效果。

公式键：浏览、编辑公式，重新计算实验结果。

数据键：浏览、统计、打印保存的数据；在公式编辑中，数据键可以用来输入负号。

校正键：启动 pH 测量及校正功能。可以显示 pH 值，校正电极斜率，显示电极斜率及删除原来校正的电极斜率。

回零键：驱动主控制箱转动使滴定管活塞回到初始位置，此时滴定管处于可拆卸状态；在浏览标定结果时按此键可以删除当前标定值。

启动键：启动一个过程，如启动滴定过程、启动数据打印过程等。

②数字键。

0~9：数字输入，选项选择。

"."：输入小数点。

③辅助功能键。

退格键：在输入状态下逐个删除原有的内容。

退出键：终止当前任务并返回到"等待状态"。

确认键：确定数据输入和功能选择。

复位键：重新启动仪器。

↑：用于选择上一条选项；滴定过程中，用于查看曲线；待机状态下可以驱动换向轴顺时针转动。

↓：用于选择下一条选项；滴定过程中，用于查看曲线；待机状态下可以驱动换向轴逆时针转动。

（2）电位滴定仪操作方法（以等当点滴定方法为例）。

①仪器安装连接好以后，插上电源线。打开滴定仪主机开关，打开搅拌器开关。

②按"清洗"键，输入清洗次数和体积，再按"启动"键开始清洗，完毕后回到待机状态。

③按"方法"键选择"01 等当点滴定"并确认，选择"2 复制"项，复制到第XX 位置；用"↓↑"选择该位置项下的等当点滴定并确认，选择"1 编辑"项，对相关参数进行修改。

以测试样品含量为例，电位滴定的参数设置如下：

名称：	（电位滴定）	模式：	0
最大增量：	0.400 mL	最小增量：	0.02 mL
最大等待时间：	25.0 s	最小等待时间：	10.0 s
信号漂移值：	30.0 mV·min^{-1}	极化电压：	0 mV
预加体积：	X mL	等待时间：	0 s
电位变化阈值：	8.0 mV	采样周期：	2 s
滴定速度：	15.0 mL·min^{-1}	等当点数：	1
阈值：	300	安全体积：	20.000 mL
结果和公式个数：	1(1，2，3)	结果单位标志：	0(0~12)
结果小数点数：	2(0~7)		

$A_1 = T$（滴定度）　　　$A_2 = 0$　　　　$B_1 = 0$　　　　$B_2 = 0$

$C_1 = 0$　　　$C_2 = C$（滴定液实际浓度）　　$C_3 = 1$　　$C_4 = 0.1$

$M_1 = 100$　　　　$M_2 = 0$　　　　$V_1 = 1$　　　　$V_2 = 9$　　　　$U_1 = 9$

设置完毕，确认保存再退出。

④按"样品"键，选择已建立的方法，输入样品名称、批号及样品量，确认后按"启动"键开始滴定。（输入一项后按"确认"键到下一项，输入汉字时按"方法"键转换为区位码，查区位码表输入）

⑤滴定完毕，按"确认"键即可打印结果。

⑥依次关闭搅拌台、滴定仪主机，切断电源。

4.1.3.2　维护

（1）仪器电源必须接地，使用原装的电源线或电源变压器。在操作中要避免强电或强磁场、强烈震动、直接光照、大气湿度大于80%、温度低于5℃或高于40℃。

（2）滴定管是在滴定过程中配合馈液系统精密加液的滴定储存单元。不同的滴定反应要使用不同的滴定剂，因此在每次滴定时需要更换盛有所需滴定剂的滴定管。更换步骤如下：

①连接好仪器后，开机显示欢迎界面。

②安装、拆卸滴定管按"清除"键，滴定管回归零位置处于可拆卸状态。

③在等待状态下按"清除"键启动该功能，滴定管返回零位置后自动停止。该功能在等待状态下使用。

④单键盘上的左右箭头可使换向电机顺时针单步转动，用于调整换向轴的偏移角度。

⑤安装滴定管时一定要听到"啪嗒"一声，表明位置正好，否则需要重新推入。

⑥安装好后，锁紧滴定管后方可使用。

实验三十二　离子选择性电极法测定天然水中 F⁻含量

一、实验目的

(1) 掌握直接电位法的基本原理；

(2) 掌握离子选择电极的测量方法和数据处理方法。

二、测定意义

氟是人体必需的微量元素之一，血液中氟含量低于 $0.500\ \text{mg}\cdot\text{L}^{-1}$ 易患龋齿病，若长期饮用高氟水易患斑齿，严重者发生氟中毒。水中含氟量过高或过低都直接影响到人的身体健康，因此快速检测水中氟含量具有重要的现实意义。

三、方法原理

氟离子选择电极是以氟化镧单晶片为敏感膜的指示电极，对溶液中的氟离子有良好的选择性响应。氟电极与参比电极组成的电池电动势与试液中 F⁻有如下关系：

$$E_{电池} = K - 0.0592 \lg a_{\text{F}^- (试液)}$$

但在实际分析中要测量的是离子浓度。所以必须控制试液的离子强度，如果试液的离子强度维持一定，则

$$E_{电池} = K' - 0.0592 \lg c_{\text{F}^- (试液)}$$

(1) 校准曲线法　根据从校准曲线上查知稀释水样的浓度和稀释倍数即可计算水样中氟化物含量。

(2) 标准加入法　按下式计算稀释水样中 F⁻的浓度

$$c_x = \frac{c_s \cdot V_S}{(V_x + V_s)\left(10^{\frac{\Delta E}{s}} - \dfrac{V_x}{V_x + V_s}\right)} \tag{1}$$

式中：c_x——水样中氟化物（F⁻）浓度；V_x——水样体积；c_s——F⁻标准溶液的浓度；V_S——加入 F⁻标准溶液的体积；ΔE 等于 $E_1 - E_2$（对阴离子选择性电极），其中，E_1 为测得水样试液的电位值，E_2 为试液中加入标准溶液后测得的电位值；S——氟离子选择性电极的实测斜率。

如果 $V_S \ll V_x$，则上式可简化为：

$$c_x = \frac{c_x \cdot V_S}{V_x(10^{\Delta E/S} - 1)} \tag{2}$$

因 F⁻存在状态与试样溶液酸度有关，酸度过大易形成 HF_2^-，影响 F⁻的活

度;酸度过小,易引起单晶膜中 La^{3+} 水解,形成 $La(OH)_3$ 沉淀,影响电极的响应。最适宜的酸度是 $pH = 5.5 \sim 6.5$,故通常用 $pH = 6.0$ 的柠檬酸盐缓冲溶液来控制溶液的 pH,柠檬酸盐还可以消除 Al^{3+}、Fe^{3+} 的干扰并控制测定体系的总离子强度。

四、仪器与试剂

pH/mV 计;氟离子选择电极;饱和甘汞电极;电磁搅拌器。

氟离子标准溶液 0.100 $mol \cdot L^{-1}$ 及 0.001 $mol \cdot L^{-1}$。

柠檬酸钠缓冲溶液:1.000 $mol \cdot L^{-1}$,用 $1 + 1$ HCl 中和至 $pH = 5.00 \sim 6.00$。

五、实验内容

(1)将氟电极与甘汞电极分别与 pH/mV 计相接,开启仪器开关,预热仪器。

(2)清洗电极。取去离子水 $50 \sim 60$ mL,放入 100 mL 烧杯中,放入搅拌磁子,插入氟电极和甘汞电极,开启搅拌器 $2 \sim 3$ min 后,若读数大于 -200 mV,则更换去离子水,继续清洗,直至读数小于 -200 mV。

(3)校准曲线法测定 F^-。准确移取 0.100 $mol \cdot L^{-1}$ 的 F^- 标准溶液 5.00 mL 于 50 mL 容量瓶中,加 1.000 $mol \cdot L^{-1}$ 柠檬酸钠缓冲溶液 5.00 mL,用水定容,摇匀。用同样的方法逐级稀释配成浓度为 1.00×10^{-2},1.00×10^{-3},1.00×10^{-4},1.00×10^{-5},1.00×10^{-6} $mol \cdot L^{-1}$ 的一组标准溶液,逐级稀释时,只需添加 4.50 mL 柠檬酸钠溶液。

将标准溶液分别倒入塑料烧杯中,放入搅拌磁子,插入已洗净的电极对,搅拌 2 min,停止搅拌后,待示值稳定后读取电位值,按从低浓度至高浓度溶液顺序依次测量。测量低浓度标准溶液时,应先用待测溶液润洗烧杯和电极。

取水样 25.00 mL,置于 50 mL 容量瓶中,加入柠檬酸钠缓冲溶液 5.00 mL,用水定容并摇匀,按上述操作测定,记录电位值。

(4)一次标准溶液加入法。准确移取水样 25.00 mL 置于 100 mL 干的烧杯中,加入柠檬酸钠缓冲溶液 5.00 mL,去离子水 20.00 mL,放入搅拌磁子,插入清洗干净的电极,搅拌 2 min,停止搅拌,读取稳定的电位值;再准确加入 1.00×10^{-2} $mol \cdot L^{-1}$ F^- 标准溶液 1.00 mL,测量出稳定的电位值。

(5)结束工作。测量完毕,关闭电源插头,取出电极,清洗后恢复原状;清理工作台,罩上仪器防尘罩,填写仪器使用记录。

六、数据处理

(1)列表记录实验数据,在坐标纸上绘制 $E \sim \lg c_F$ 曲线。

(2)根据水样测得的电位值,在校准曲线上查得其对应的浓度,计算水样中 F^- 的含量。

(3)根据一次标准溶液加入法所得的 ΔE 和从校准曲线上计算所得的电极响应斜率 S 代入公式(1)计算水样中 F^- 的含量。

七、问题讨论

氟离子选择电极的主要干扰是溶液的酸度。在碱性条件下电极表面发生反应:

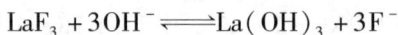

$$LaF_3 + 3OH^- \rightleftharpoons La(OH)_3 + 3F^-$$

在较高酸度下,由于 HF 和 HF_2^- 的生成,使 F^- 活度降低。所以在使用氟离子选择电极时,溶液的 pH 要控制在 5.00～6.00。

八、注意事项

(1)氟离子选择电极在使用前,应在含 10^{-4} mol·L^{-1} F^- 或更低浓度的 F^- 溶液中浸泡(活化)约 30 min。

(2)每批样品测定后,均应用去离子水清洗电极至 -200 mV 左右,然后存放或浸泡于清水中。电极测定前经多次洗涤仍达不到 -200 mV 左右或电极斜率低于 50 mV,说明电极性能下降。可把电极下端浸泡在 4% HF 中 3～5 s,用蒸馏水洗净,然后在氯化钾溶液中浸泡,使之复新。若不能复新,则需要更换电极。

九、思考题

(1)F^- 选择电极在使用时应该注意那些问题?

(2)柠檬酸钠在测量中起哪些作用?

实验三十三　　氯离子选择性电极性能测试

一、实验目的

（1）掌握电极性能的一般测试方法；

（2）理解电极的电位选择性系数的意义及应用原则。

二、测定意义

离子选择电极的主要性能参数包括电位选择系数、线性范围和检测限等。各种离子选择电极并不是特定离子的专属电极，它们会在不同程度上受到干扰离子的影响。电位选择系数是评价其选择性好坏的一个实验参数，在离子选择电极的实际使用中具有重要意义。线性范围和检测限则是决定电极灵敏度的主要参数。掌握离子选择电极的性能测试方法，对于正确使用离子选择电极具有决定作用。

三、方法原理

氯电极是以 AgCl 和 Ag_2S 混晶压片作为敏感膜的选择性电极，其线性响应范围为 $1 \sim 5 \times 10^{-5}\ mol \cdot L^{-1}$，在测定时以 KNO_3 调节溶液的离子强度，允许 pH 范围为 $0 \sim 14$，故一般溶液不需调制 pH。

在进行氯电极的电位测定时，采用氯电极，双液饱和甘汞电极与待测液组成电池。在 pCl 为 $0 \sim 4.3$ 范围内，存在 $E = K - 0.0592pCl$ 的关系。以不同浓度的氯离子测定其电位值，以 E 为纵坐标，$\lg c$ 为横坐标作图，即得校准曲线，校准曲线的斜率即为电极的斜率。其线性范围及检测下限也可由此曲线得出。以氯电极测定 Cl^- 时，主要干扰离子为 S^{2-}、CN^-、Br^-、I^-、NH_3 等。选择性系数的测定是要找出干扰离子对响应离子的影响程度，本实验测定对 Cl^-、SO_4^{2-} 的选择性系数 $K_{Cl^-, SO_4^{2-}}$。

四、仪器与试剂

离子计或酸度计；氯离子选择性电极；双液甘汞电极（内盐桥为饱和 KCl，外盐桥为 $0.1\ mol \cdot L^{-1}\ KNO_3$）；磁力搅拌器。

NaCl 标准液：称取 5.8450 g 经 110℃ 烘干的分析纯 NaCl 试剂，溶解于水并稀释至 100 mL 容量瓶中。此溶液浓度为 $1.000\ mol \cdot L^{-1}$，作为 NaCl 的标准储备液。

$0.100\ mol \cdot L^{-1}\ KNO_3$：取 0.5055 g 经烘干的分析纯 KNO_3 溶于水并稀释至 50 mL 容量瓶中。

$0.010\ mol \cdot L^{-1}\ Na_2SO_4$：取 0.0710 g 经烘干的分析纯 Na_2SO_4 溶于水并稀

释至 50 mL 容量瓶中。

五、实验内容

(1)电极测量范围与响应斜率。用上述 1.000 mol·L^{-1} 的 NaCl 标准溶液分别稀释制成 50 mL 1.000×10^{-1},1.000×10^{-2},1.000×10^{-3},1.000×10^{-4},1.000×10^{-5},1.000×10^{-6} mol·L^{-1} 的标准溶液系列。用 0.100 mol·L^{-1} KNO_3 2.00 mL 溶液作为离子强度调节剂。在仪器上分别测量其相应的电位值,然后以电位为纵坐标,c_{Cl^-} 为横坐标在半对数坐标纸上绘制校准曲线。曲线斜率即是该电极的斜率,线性范围可由曲线大致估出。

(2)电位选择性系数测定。取 0.010 mol·L^{-1} 的 NaCl 标液 25.00 mL,在仪器上测取电位值 E_1,取 0.010 mol·L^{-1} 的 Na_2SO_4 溶液 25.00 mL 在仪器上测定电位值 E_2。

六、数据处理

(1)计算电极响应斜率 $S = \dfrac{\Delta E}{\Delta c}$。

式中:ΔE 为在曲线上截取的一段电位值;Δc 为这段电位值在横轴上对应的一段浓度值。

(2)计算选择性系数 $K_{Cl^-,SO_4^{2-}} = \dfrac{a_{Cl^-}}{\sqrt{a_{SO_4^{2-}}}} \cdot 10^{\frac{(E_1-E_2)}{S}}$。

式中:a_{Cl^-}——Cl^{-1} 浓度;S——电极斜率;$a_{SO_4^{2-}}$——SO_4^{2-} 浓度。

七、问题讨论

电位选择系数是评价电极选择性好坏的一个实验参数,它表征了共存离子对响应离子的干扰程度。电位选择系数越小,电极对被测离子的选择性越好。电位选择系数只是一个实验数据,并不是一个严格的常数,它随着溶液中离子活度和测量方法的不同而变化。因此,电位选择系数不能用于校正干扰值,通常仅用来估计电极的测量误差。

八、注意事项

(1)参比电极所装电解液应为饱和 KNO_3 溶液。

(2)氯离子选择性电极在使用前要依次用去离子水、1.0×10^{-5} mol·L^{-1} NaCl 溶液清洗,以避免其他离子的干扰。

九、思考题

(1)Cl^- 选择性电极的检测下限应该是多少?为什么?

(2)本实验测得的选择性系数是精确值还是近似值?为什么?

实验三十四　电位滴定法测定铜电解质溶液中的氯离子含量

一、实验目的

（1）掌握电位滴定的原理及判断终点方法；

（2）熟悉 ZDJ—400 全自动多功能滴定仪的使用。

二、测定意义

电位滴定法是一种利用电极电位的突跃来确定终点的分析方法，具有直观、易实现自动化等优点，是电化学分析的基本方法之一。

在精炼铜的电介质中，Cl^- 含量不能过大，因此需要经常测定。由于电解质中含有 Cu^{2+}、Co^{2+}、Ni^{2+}、Mn^{2+}、Zn^{2+}、Fe^{3+} 等金属离子和 SO_4^{2-} 及 Cl^- 等阴离子，溶液本身具有很深的颜色，影响对指示剂终点变色的观察，故不能采用指示剂指示终点的方法进行测定。而用电位滴定法测定，其方法简便，快速，准确。

三、方法原理

电位滴定法测 Cl^-，通常采用 $AgNO_3$ 作滴定剂，以银离子选择性电极或 Cl^- 离子选择性电极作为指示电极，饱和甘汞电极为参比电极，滴定反应为：

$$Ag^+ + Cl^- \Longrightarrow AgCl\downarrow$$

$$E_{Ag^+/AgCl} = E^{\ominus}_{Ag^+/Ag} + 0.059\lg K_{sp} - 0.059\lg[Cl^-]$$

在滴定过程中，随着 Cl^- 的浓度变化 $E_{Ag^+/AgCl}$ 也在同步变化。在化学计量点时发生了突跃，从而指示滴定终点。

化学计量点时　$[Cl^-] = [Ag^-] = \sqrt{K_{spAgCl}}$

所以　　　　$E_{e.p} = E^{\ominus}_{Ag^+/AgCl} = 0.0799 + 0.059\lg\sqrt{1.8\times10^{-10}} = 0.511\ V$

化学计量点时电池电动势：

$$\Delta E = E_{e.p} - E_{SCE} = 0.265\ V$$

由于实际体系比较复杂，所以实际体系总是通过测量一系列 $E^{\ominus}_{Ag^+/AgCl}$（vs. SCE）及 $V(mL)$ 的数值绘出 $E \sim V$ 或 $\dfrac{\Delta E}{\Delta V} \sim V$ 或 $\dfrac{\Delta^2 E}{\Delta V^2} \sim V$ 曲线，从而求出滴定终点时消耗的 $AgNO_3$ 标准溶液的体积。

本实验以带 KNO_3 盐桥的饱和甘汞电极作参比电极。这是因为滴定的是 Cl^-，为防止电极中的 Cl^- 渗入被测溶液影响测定，需加入 $2\ mol\cdot L^{-1}$ 以上的 KNO_3 溶液作为外盐桥。

四、仪器与试剂

ZDJ - 400 全自动多功能滴定仪，Ag 离子选择性电极；饱和甘汞电极。

AgNO₃ 标准溶液　0.050 mol·L⁻¹，待标定。

NaCl 标准溶液　精确称取 0.5845 g NaCl 基准物质(130℃烘 1~2 h)溶于水，稀释至 1 L，摇匀，其浓度为 0.05000 mol·L⁻¹。

五、实验内容

(1)多功能电位滴定仪操作。打开多功能滴定仪，电脑，点击 TitrSation 图标，打开仪器操作页面；在多功能滴定仪器上设置：

①清洗。首先用蒸馏水清洗 1~2 次，然后用滴定的 AgNO₃ 溶液清洗 1~2 次。

②方法。选择方法，3 等当点滴定，确定——编辑方法，模式为 0，最大增量 0.300 mL，最小增量 0.030 mL，——最大等待时间 5.0 s，最小等待时间 0.0 s ——信号漂移值 20.00 mV·min⁻¹，极化电压 0 mV，预加体积 0 mL，电位变化阈值 8.0 mV，采集周期 2 s ——滴定速度 45.0 mL·min⁻¹，等当点 1，阈值 900 ——安全体积 20.00 mL。

③样品。装载待测溶液。

④启动。开始标定。

⑤实验结果保存。数据管理——打开保存数据——存入 Excel 形式——查看图形。

(2)硝酸银的标定。取已知浓度的氯化钠标准溶液 20.00 mL 于 100 mL 烧杯中，再加约 40 mL 水。将此烧杯放在磁力搅拌器上，放入搅拌子，然后将清洗后的银电极、甘汞电极插入试液中，用硝酸银滴定至终点。由仪器操作软件调出 $E \sim V$，$\dfrac{\Delta E}{\Delta V} \sim V$，$\dfrac{\Delta^2 E}{\Delta V^2} \sim V$ 曲线，确定终点体积，计算出硝酸银的浓度。

(3)未知液 Cl⁻ 离子含量的测定。用移液管移取 20.00 mL Cl⁻ 离子未知溶液于 100 mL 烧杯中，再加约 40 mL 水。将此烧杯放在磁力搅拌器上，放入搅拌子，然后插入清洗后的银电极、甘汞电极，按硝酸银标定的方法操作，测出滴定终点消耗的 AgNO₃ 体积。

六、数据处理

(1)由标定步骤所得终点 AgNO₃ 溶液体积，计算 AgNO₃ 溶液的准确浓度。

(2)由测定步骤所得终点 AgNO₃ 溶液体积，计算电解质溶液中 Cl⁻ 的浓度(g·L⁻¹)。

七、问题讨论

电位滴定法是一种通过指示电极电位的突跃来确定终点的分析方法，因此，能否准确的判定滴定终点决定了实验的准确度。由于在常规的电位滴定 $E-V$ 曲线中滴定终点即曲线转折点的突跃不明显，因此需要采用对 $E-V$ 曲线进行一次微商，曲线的极大值即滴定终点，或对 $E-V$ 进行二次微商，取二次微商值为 0 时对应的体积即为滴定终点。

八、注意事项

（1）参比电极所装电解液应为饱和 KNO_3 溶液。

（2）甘汞电极位置比银电极略低些，有利于提高灵敏度。

九、思考题

（1）试述双盐桥饱和甘汞电极的结构特点及在本实验中的作用。

（2）电位滴定与一般容量滴定有何不同？

4.2 电解分析法及库仑分析法

4.2.1 概 述

电解分析是经典的电化学分析方法。应用外加直流电源电解试液，电解后直接称量电极上析出被测物的质量的分析方法，称为电重量法；将电解方法用于物质的分离，则称为电解分离法。库仑分析法是在电解分析法的基础上发展起来的通过测量被测物质在 100% 电流效率下电解所消耗的电量来求得被测物质含量的方法。电解分析法和库仑分析法的共同特点是：分析时不需要基准物质和标准溶液，它们是一种绝对分析法，并且准确度高。电重量法只能用来测定高含量物质，而库仑分析法特别适用于微量、痕量成分的分析。

按实验所控制的参数不同，电解分析和库仑分析方法可分为控制电位法和控制电流法。控制电位法是控制电极电位在某一恒定值，使电位有一定差值的几种离子能够分别进行测定，因而选择性较高，但分析时间较长；控制电流法是控制通过电解池的电流，一般为 2 ~ 5 A，电解速度较快，分析时间较短，但选择性较差，需要有适当的指示电解完全或电流效率 100% 的方法。

4.2.2 KLT - 1 型通用库仑分析仪的结构和使用方法

4.2.2.1 KLT - 1 型通用库仑分析仪的装置和工作原理

KLT - 1 型通用库仑分析仪的设计是根据恒电流库仑滴定的原理，但由于电量的计算采用了电流对时间的积分，所以对电解电流的恒定精度要求不高，由于电压 - 频率变换采用集成电路，所以计算精度较高，其被分析物质的含量根据库仑定律计算：

$$m = \frac{Q}{96500} \cdot \frac{M}{n}$$

式中：Q——电量，以库仑计；M——欲测物质的相对分子质量；n——滴定过程中被测离子的电子转移数；m——欲测物质的质量，以克计。

仪器框图如图 4 - 4 所示，由终点方式选择，控制电路，电解电流交换电路，电流对时间的积算电路，数字显示等部分组成。

仪器前、后面板功能示意图如图 4 - 5、图 4 - 6 所示。

4.2.2.2 KLT - 1 型通用库仑仪的使用方法

(1)使用方法。

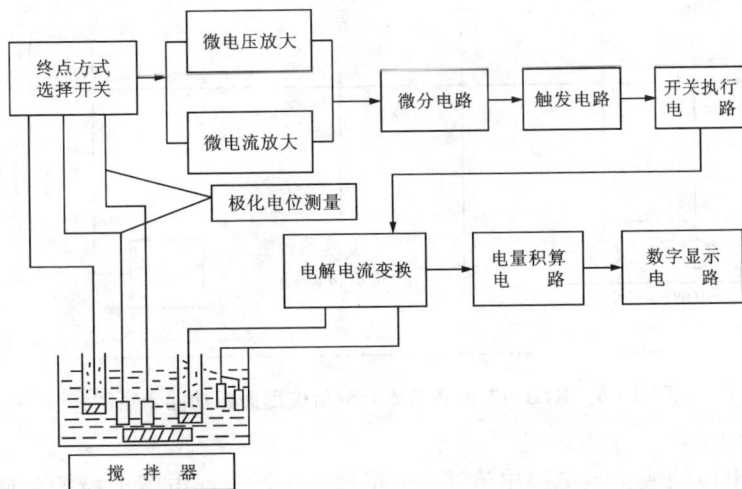

图4-4　KLT-1型通用库仑分析仪系统框图

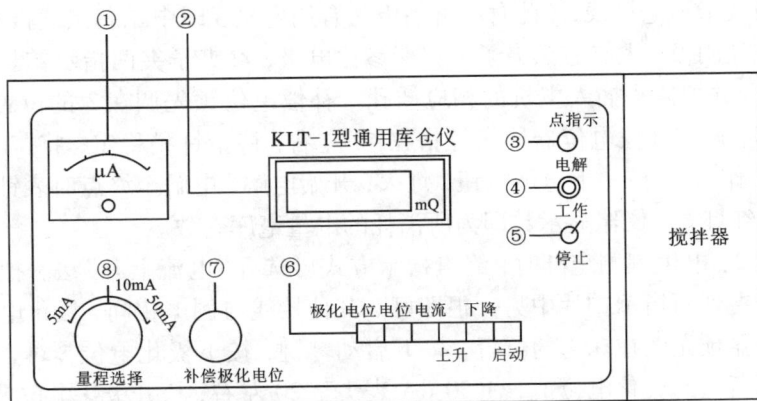

图4-5　KLT-1型通用库仑分析仪前面板功能示意图

①开启电源前所有琴键全部释放，"工作、停止"开关置"停止"位置，电解电流量程选择根据样品含量大小、样品量多少及分析精度选择合适的挡，一般情况下选10 mA挡，电流微调放在最大位置。

②开启电源开关，预热10 min，根据样品分析需要及采用的滴定剂，选用

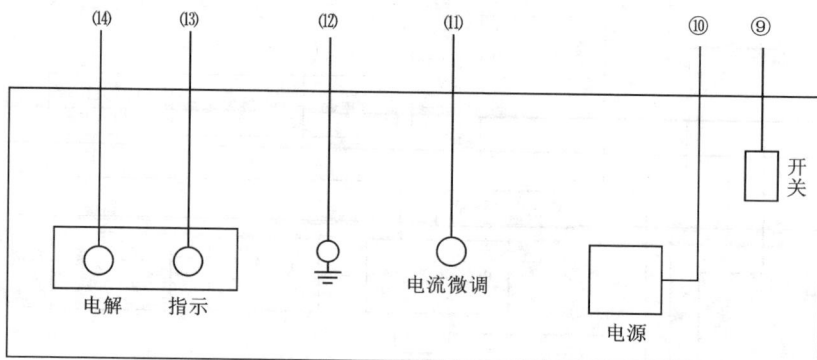

图4-6 KLT-1型通用库仑分析仪后面板功能示意图

指示电极电位法或指示电极电流法，把指示电极插头和电解电极插头插入机后相应的孔内，并夹在相应的电极上。把配好电解液的电解杯放在搅拌器上，开启搅拌器，选择适当转速。

③例1：电生Fe^{2+}测定Cr^{6+}时，终点指示方式可选择"电位下降"法，接好电解电极及指示电极线，（此时电解阴极为有用电极，即中二芯黑线接双铂片，红线接铂丝阴极，大二芯黑夹子夹钨棒参比电极，红夹子夹两指示铂片中的任意一根）。并把插头插入主机的相应插孔。补偿电位预先调在3的位置，按下启动琴键，调节补偿电位器使表针指在40左右，待指针稍稳定，将"工作、停止"置"工作"档，按一下电解按钮，灯灭，开始电解，电解至终点时表针开始向左突变，红灯亮，仪器显示数即为所消耗的电量毫库仑数。

④例2：电生碘测定砷时，终点指示方式可选择"电流上升"法。把夹钨棒的黑夹子夹到两指示铂片中另一根即可。其他接线与例1相同，极化电位钟表电位电位器预先调在0.4的位置，按下启动琴键，按下极化电位琴键，调节极化电位到所需的极化电位值，使$50~\mu A$表头至20左右，松开极化电位琴键，等表头指针稍稳定，按一下电解按钮，灯灭，开始电解。电解至终点时表针开始向右突变，红灯亮，仪器读数即为总消耗的电量毫库仑数。

⑤测量其他离子选用的另外的电解池系统可根据有关资料使用。

（2）仪器自检。

①所有琴键全部释放，电源开关置关的位置，电流微调调至最大位置，量程开关选择10 mA，电位补偿旋钮逆时针旋至零。

②接通电源，终点方式选择"电压、下降"档，按下"启动"琴键，按一下电

解按钮（指示灯若原处于灭状态则不用按），拨动"工作、停止"开关置工作，这时数码管从零开始计数。

③快速顺时针旋转一下"电位补偿"电位器，使指针向零以下突变（滴定终点方式选上升，电位补偿电位器则先顺时针旋至0.8，再逆时针快速退回到0.4左右），这时指示灯亮，计数应停止，这说明终点控制回路正常。（注意：钟表电位器不能旋至小于0，否则会损坏）。

④释放"启动"琴键，插上指示电极插头，插头两端并接一只40K电阻，按下"电流"琴键，再按下"启动"琴键，滴定终点方式选择"上升"（或"下降"），调节极化电位钟表电位器至0.6，按一下极化电位琴键，调节极化电位钟表电位器，使表头指示在20左右，按一下电解按钮（指示灯处于灭状态则不用按），拨动"工作、停止"开关置工作，这时数码管应从零开始计数。

⑤快速顺时针旋动一下"电位补偿"电位器，使指针向20以上突变（滴定终点方式选择下降，"电位补偿"电位器则先顺时针旋至0.8，再逆时针快速退回到0.4左右），这时指示灯亮，计数应停止，这说明终点控制回路正常。（注意：电位器不能旋至小于0，否则会损坏）。如果以上功能正常则初步可判断仪器功能正常，按说明书接通电解池进行分析。

4.2.2.3　使用注意事项

(1)仪器应保持良好接地，以消除干扰。

(2)仪器使用过程中显示"1"或数字乱跳，表示超过测量范围，或者操作错误，应旋下电极插头，待找出原因后再使用。

实验三十五 控制电位电解分离铜、铋和铅

一、实验目的

(1)巩固控制阴极电位电解分析的理论知识;

(2)学习 KLT - 1 型通用库仑分析仪的使用。

(3)学会用电解法分离金属离子。

二、测定意义

控制电位电解分离多种金属离子是工业电镀中的重要技术,适当的电镀条件包括电解电位、电镀液组成等直接决定了电镀成品的纯度。在制铜工业中,铋和铅是常见的干扰离子。采用简单的控制电位电解分离铜、铋和铅是一项必须掌握的基础技术。

三、方法原理

铜、铋、铅离子是否能在给定的条件下析出,主要取决于其析出电位与工作电极的电极电位。铜、铋、铅离子的析出电位主要由该金属离子的标准电位和浓度决定。在一定条件下,铜、铋、铅离子的析出电位恒定,当将工作电极的电位调至某一数值范围时,其中的某些离子即可定量析出,而另一些离子仍会留在溶液中,这样便达到了分离的目的。

四、仪器与试剂

KLT - 1 型通用库仑分析仪;铂工作电极;铂对电极;饱和甘汞电极。

HNO_3(AR 级);尿素(AR 级);酒石酸钠(AR 级);琥珀酸(AR 级);盐酸肼(AR 级);NaOH(AR 级);K_2CrO_4(AR 级)。

五、实验内容

(1)电极的准备。将一对铂电极置于热的(1 + 1)HNO_3溶液中浸数分钟,再用蒸馏水冲洗干净。放入 105 ~ 110℃烘箱中干燥并使其恒重,记下工作电极的质量。

(2)试液的准备。取含有铜、铋、铅的未知浓度溶液 50.00 mL 置于 250 mL 烧杯中,用水稀释到 150 mL 左右,加尿素 1.5 g,二水合酒石酸钠 12.0 g,琥珀酸 1.0 g。搅拌,加入氯化肼 2.0 g,然后用水稀释到 200 mL,用 2.0 mol·L^{-1} NaOH 调溶液 pH 至 5.90。

（3）仪器的准备。

①仪器上的三个电极插头分别与搅拌器上三个电极接线柱正确联接。

②将电流表辅助开关拨至"电解"；电流表选择开关拨至"5 A"处；电流调节旋钮和辅助调节旋钮均反时针方向旋转到底；电解电源开关拨至"关"；极性选择开关及电位选择旋钮分别置于"－"及 0.30 V；将搅拌器上的三个开关均拨至"关"，两个调节旋钮均反时针旋到底。

③安装电极，确保电极平稳且不与电解池壁碰触。

（4）电解操作。

①将电极置于试液中，固定好电极架。

②接好电源，开启搅拌器上的电源开关和搅拌开关，调节搅拌器转速为最小。

③开启控制电位仪表板面上的电源开关，将电流调节旋钮转至适当位置，电解开始进行，调整搅拌器的转速至适当快慢。

④电解近结束时，当电流小于 200 mA 后，可将电流表选择开关拨至"200 mA"位置。当电流降至 20 mA 以下时，表示电解完全。

⑤电解完全后，首先关闭搅拌器，提起电极，用洗瓶吹洗电极，然后关闭电解电源。

⑥取下电极，依次用水清洗 4 ~ 5 次，然后用无水乙醇洗，最后烘干、称重。

⑦将称重后的阴极重新置于电解装置中，调节阴极电位为 － 0.40 V，开启搅拌器并调节电流调节旋钮使电流处于适当位置，注意当沉积开始后电流缓慢上升。约过 45 min 后，如上述切断电流，洗涤、干燥、称重。

⑧将称重后的电极再一次置于试液中，与上述操作类似，开启搅拌器，调节阴极电位为 － 0.60 V，初始电流调整约 1.5 A，当电流降至 50 mA 以下，若用铬酸钾检验无铬酸铅沉淀，表示电解完全。切断电流、洗涤、干燥、称重。

⑨将仪器按③所述方法做好检查和结束工作，并清洗电极至原来状态。

六、数据处理

$$\rho_{Cu} = \frac{m_1 - m_0}{V_{样}} \times 10^6 (mg \cdot L^{-1})$$

$$\rho_{Bi} = \frac{m_2 - m_1}{V_{样}} \times 10^6 (mg \cdot L^{-1})$$

$$\rho_{Pb} = \frac{m_3 - m_2}{V_{样}} \times 10^6 (mg \cdot L^{-1})$$

式中：m_0——电解前阴极质量；m_1——电解铜后，阴极质量（mg）；m_2——电解铋后，阴极质量(mg)；m_3——电解铅后，阴极质量(mg)；$V_{样}$——所取样品体积(mL)。

七、问题讨论

在控制电位电解分离金属离子实验中要控制各金属离子的浓度。

根据能斯特公式，金属离子的电解电位：

$$E = E^{\ominus} + \frac{RT}{nF}\lg c_{M^+}$$

其中 $E^{\ominus}$ 为标准电极电势，c_{M^+} 为金属离子的浓度。可见，金属离子的电解电位不仅与其标准电位有关，并且受其浓度的影响。浓度降低，电位负移；浓度升高，电位正移。

两种金属能有效分离的前提是它们的沉积电位不同。以铜和铋为例

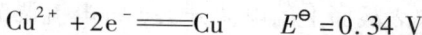

$$Cu^{2+} + 2e^- \Longrightarrow Cu \qquad E^{\ominus} = 0.34 \text{ V}$$
$$Bi^{3+} + 3e^- \Longrightarrow Bi \qquad E^{\ominus} = 0.20 \text{ V}。$$

尽管两种金属的标准电极电位不同，但如果铜离子浓度过低，当 $c_{Cu^{2+}} = 10^{-6}$ mol·L^{-1}，$c_{Bi^{3+}} = 10^{-2}$ mol·L^{-1}，电位负移，此时铜的沉积电位为 0.163 V 与铋的沉积电位 0.161 V 几乎重合，使电解分离无法进行。因此，在控制电位电解分离金属离子的实验中要强调控制各金属离子的浓度。

八、注意事项

(1)电解铜完成后，要立即用水和无水乙醇浸洗电极并立刻吹干，防止铜被氧化增重。

(2)电解铋和铅时，不能将未被铜覆盖的铂工作电极浸于试液中，否则沉积的铋和铅与铂形成合金，使铂受到损坏。

九、思考题

(1)在控制电位电解分析的实验过程中，工作电极的电极电位是怎样选择的？

(2)在电解结束时，为什么需在不切断电流的条件下取出电极并立即切断电解电源？

实验三十六　库仑滴定法测定药片中维生素 C 的含量

一、实验目的

（1）学习和掌握库仑滴定法测定抗坏血酸的原理和方法；

（2）学会和掌握 KLT – 1 型通用库仑分析仪的使用方法。

二、测定意义

维生素 C 是维持人体正常生理活动的重要营养物质，因此维生素 C 药片中的主要成分维生素 C 的定量分析在食品、医药等领域非常重要。目前测定维生素 C 的方法较多，如碘量法、紫外分光光度法、荧光分光光度法、近红外分光光度法、伏安法和高效液相色谱法等，各种方法均有其优势。库仑滴定法具有分析速度快，操作简便易行，成本低及试剂用量少，检测灵敏度高等优点，是测定抗坏血酸含量的有力手段。

三、方法原理

库仑滴定法是用恒电流电解产生滴定剂，在电解池中与被测定物质定量反应来测定该物质的一种分析方法。若电解的电流效率为 100%，电生滴定剂与被测物质的反应是完全的，而且有灵敏的确定终点的方法，那么，所消耗的电量与被测定物质的量成正比，根据法拉第定律可进行定量计算。

用恒电流电解 KBr 的酸性溶液，使 Br^- 在铂电极上氧化为 Br_2。

阳极　　　　$2Br^- \Longrightarrow Br_2 + 2e$　　　有用电极（双铂片）

阴极　　　　$2H^+ + 2e \Longrightarrow H_2 \uparrow$　　　辅助电极（铂丝）

电解产生的 Br_2 与维生素 C 发生氧化—还原反应：

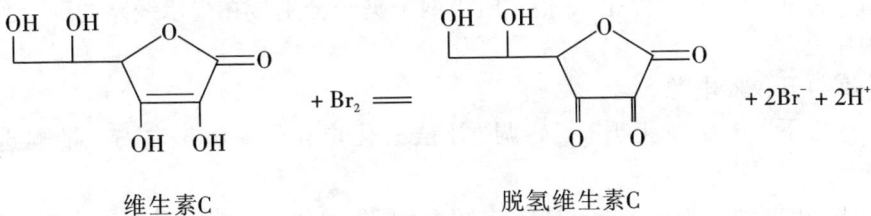

维生素C　　　　　　　　　　　脱氢维生素C

该反应能快速而定量地进行，因此可通过电生 Br_2，用库仑滴定法测定维生素 C。滴定终点用双铂电极电流法指示。在双铂指示电极间加一小的极化电压（150 mV），由于维生素 C 和脱氢维生素 C 电对的不可逆性，它们不会在电极上发生氧化还原反应。在滴定的计量点前，由于电生出的 Br_2 立即被维生素

C 还原为 Br^-，因此溶液中未形成 Br_2/Br^- 可逆电对，指示电极没有电流通过（仅有微小的残余电流）。一旦过计量点，溶液中有了过量的 Br_2，则指示电极上便发生如下反应：

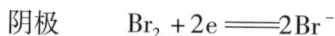

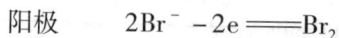

阴极　　　　　$Br_2 + 2e \Longrightarrow 2Br^-$

阳极　　　　　$2Br^- - 2e \Longrightarrow Br_2$

这时，指示电极的电流迅速增大。此指示电流信号经过微电流放大器进行放大，然后经微分电路输出一脉冲信号触发电路，再推动开关执行电路自动关断电解回路。

四、仪器与试剂

KLT – 1 型通用库仑仪(附铂金电解池)；电磁搅拌器；搅拌磁子；洗瓶；移液管(2 mL、5 mL)；分析天平；100 mL 容量瓶；电解池装置，包括双铂工作电极、双铂指示电极。

KBr – HAc 底液：17. 900 g KBr 溶解于 500 mL 纯水，再加入 500 mL 冰HAc；维生素 C；商品维生素 C 药片。

五、实验内容

(1)准确称取 0.1000 g 维生素 C 于 50 mL 烧杯中，加水溶解，移至 100 mL容量瓶中，稀释至刻度，摇匀。

(2)取市售维生素 C 一片，称重，转入烧杯中，用蒸馏水溶解并连同不溶物一起转入 100 mL 容量瓶中，用蒸馏水稀释至刻度，摇匀，放置至澄清，备用。

(3)仪器操作。

①接线：电解阳极(红)接电解池的双铂片电极，阴极(黑)接铂丝电极，将"工作/停止"开关置"停止"，指示电极两个夹子分别接在指示线路的两个独立的铂片上。

②打开仪器电源。

③按下"电流""上升"键，调"补偿极化电位"在 0.3 左右，量程选择10 mA。

(4)电解池里加入 KBr – HAc 电解液约 70 ~ 80 mL(能浸没所有电极)，按下"启动"键，"工作/停止"开关置"工作"。加入 1.00 mL 维生素 C 标准溶液，启动磁力搅拌器，按一下"电解"开关，终点指示灯灭，电解开始。待终点指示灯亮，"电解"开关弹起，迅速将"工作/停止"开关置"停止"，记下显示的电量。

(5)按下"启动"键，显示的数字自动归零。重复上述步骤，直到电解 1 mL

标准溶液,当相连两次所读电量误差不大于 2% 时,再分别加入 2.00, 3.00, 4.00 mL 标准溶液电解并记录显示的电量。

(6)测量:准确移取 2.00 mL 维生素 C 溶液上清液 3 份分别加入电解池进行电解,根据所消耗的电量,从校准曲线上查出维生素 C 片中抗坏血酸的含量。

六、数据处理

(1)平均法

根据所取标准溶液的浓度和体积,计算电流效率(维生素 C 的相对分子质量为 176)。

根据法拉第定律计算药片中维生素 C 的含量(质量百分比)和相对平均偏差。

(2)校准曲线法

电解池里加入 KBr – HAc 电解液 $V = 80$ mL,则维生素 C 标准溶液浓度 $c = c_标 \times V_{取量} / (V_{取量} + V)$。根据所测数据填写下表:

	维生素 C 标准溶液				维生素 C 药片
$V_{取量}$(mL)	1.0	2.0	3.0	4.0	2.0
总体积 V(mL)	81	83	86	90	92
浓度 c(mg·mL^{-1})					
mQ					

以标准溶液浓度 c(mg·mL^{-1})为横坐标,对应的电量 mQ 为纵坐标,绘制校准曲线,查出测定液维生素 C 的浓度,计算维生素 C 含量。或者求出线性回归方程 $Y = a + b \times X$,从而计算出维生素 C 药片中的含量(%)。

七、问题讨论

影响库仑分析电流效率的主要因素有:溶剂的电极反应、电活性杂质在电极上的反应、溶液中可溶性气体的电极反应、电极自身参与反应、电解产物的再反应、共存元素的电解等。实验中为了防止各种干扰电极反应的因素发生,通常将电解池的阳极与阴极用隔膜分开。此外,在本实验中,由于被测样品是典型的抗氧化剂,极易在空气中氧化,因此实验所需溶液要新鲜配制;如果条件允许,实验应在惰性气体环境中进行,以保证实验的准确性和重现性。

八、注意事项

(1)溶液要新鲜配制,储备液放置在5℃冰箱中保存,勿超过2周。

(2)库仑仪在使用过程中,断开电极连线或电极离开溶液时必须先释放"启动"键(处于弹出状态),以保证仪器的指示回路受到保护,以免损坏机内的部件。

(3)保护管内应放溴化钾溶液,使铂电极浸没。

九、思考题

(1)电解液中加入KBr和醋酸的作用是什么?

(2)所用的KBr如果被空气中的O_2氧化,将对测定结果产生什么影响?

(3)如何确定本实验库仑滴定中的电流效率达到100%?

4.3　伏安法及溶出伏安法

4.3.1　概述

伏安法是最常用的电化学分析方法。伏安分析的电解池是由一个面积小而易极化的金属或玻碳电极、一个面积大而不易极化的参比电极及待测试样溶液所组成；在伏安扫描过程中，产生的氧化还原峰电流 i_p 与试样溶液中待测物浓度 c 在一定条件下成正比。据此进行定量分析。在电解过程中，除了扩散运动外，离子在电场作用下产生迁移运动，由此而产生的迁移电流干扰定量测定。在实践中加入大浓度的支持电解质予以消除迁移电流。

阳极溶出伏安法是一种将富集与测定相结合的方法，即先在较负的电位下进行预电解，待测物沉积在静止电极上而得到富集，然后将电极电位由负值向正方向扫描，已富集的物质重新溶出进入溶液。记录溶出过程的伏安曲线，测定曲线的峰高。在一定条件下，峰高与待测物成正比，由此可求出待测物的含量。阳极溶出伏安法是适合于测定痕量组分的方法。

4.3.2　电化学工作站的使用方法与维护

电化学工作站由主机和电极架组合而成，需配置计算机。主机与电源、电极及计算机的连接如图 4 – 7 所示。

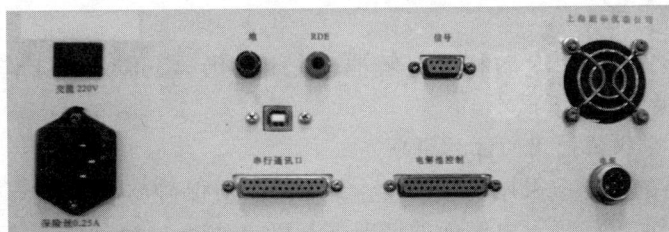

图 4 – 7　后端板布置图

4.3.2.1　仪器的初步测试

（1）按仪器说明书的规定接好电极及计算机。先运行计算机，然后运行主机。

（2）在软件的 Setup（设置）的菜单上找到 System（系统）命令。执行此命令，便会显示"System Setup"的对话框。通讯口的设置应对应于计算机用于控制仪器的那个串行口(Com 1 或 Com 2)。如果操作中出现"Link Failed"的警告,有可能是由于串行口设置的错误。

(3)在 Setup 的菜单中执行 Hardware Test(硬件测试)命令,系统便会自动进行硬件测试。如果出现"Link Failed"的警告,请检查仪器电源是否打开,通讯电缆是否接好,通讯口的设置是否正确。如果都没问题,有可能是计算机的串行通讯口工作不正常。如果工作正常,大约一分钟后屏幕上会显示硬件测试的结果(Test is OK)。

(4)如果 Hardware Test 结果中显示某些量程错误,重新检查连接是否正确,再运行硬件测试程序,直至检测结果正常。

4.3.2.2　实验操作

(1)确认电源是否打开,检查电极接线是否正确。

(2)打开工作电脑和电化学工作站,将电极夹头夹到电解池上,连接顺序如下:

①工作电极(绿色夹头);

②参比电极(白色夹头);

③辅助电极(红色夹头)。

(3)根据实验需求设定实验技术(Technique),设置所需要的实验参数(Parameters)。实验参数的动态范围可从帮助(help)菜单查看。在数据采样不溢出的情况下,尽可能选择高的灵敏度(Sensitivity)。

(4)运行(Run)实验。实验开始后也可暂停/继续实验(Pause/Resume),或终止实验(Stop Run)。

(5)实验完毕后,及时移开电解池,关闭电化学工作站和工作电脑电源。然后冲洗电极,用滤纸拭干。

4.3.2.3　仪器使用的注意事项

(1)仪器的电源应采用单相三线。其中地线应保持良好接地。

(2)不能在电极插入电解池的情况下开机或关机,避免损害电极。

(3)仪器不宜时开时关。

(4)使用温度 15~28℃,此温度范围外也能工作,但会造成漂移和影响仪器寿命。

(5)电极连接线头严禁与电极夹持杆以及机壳相碰。

(6)电极帽和固定电极的橡皮塞必须保持清洁、干燥、避免锈蚀和污染。三支电极相互间不允许接触,插入电解池后,不能触及电解池底部和杯壁。

实验三十七　循环伏安法检测溶液中的铁离子

一、实验目的

（1）掌握循环伏安法进行定量检测测的原理和方法；

（2）掌握可逆体系的电化学特征。

二、测定意义

循环伏安法是最重要的电分析研究方法之一。由于其设备价廉、操作简便、图谱解析直观，能迅速提供电活性物质电极反应过程的可逆性、化学反应历程、电极表面吸附等诸多信息，因而一直是电分析化学的首选方法。氧化还原电位是电化学活性物质的一个重要特性参数，不同的电活性物质具有不同的氧化还原电位。在实际工作中，通过循环伏安法获得电活性物质的氧化还原电位、电流，是重金属、有机污染物分析中的常规手段。根据氧化还原峰电位可以进行定性分析；通过氧化还原峰电流进行定量分析。

三、方法原理

循环伏安法是在电极上快速施加线形扫描电压，从起始电压 E_i 开始，沿某一方向变化，当达到设定的终止电压 E_m 后，再反向扫至起始电压（即三角波扫描）。电压扫描速度可以从每秒几毫伏到 1 V。当溶液中存在氧化物质 Ox 时，它在电极上可逆地还原生成还原物质，即：

$$Ox + ne \Longrightarrow Red$$

反向回扫时，电极表面生成的还原态 Red 可逆地氧化成 Ox，即

$$Red \Longrightarrow Ox + ne$$

由此可得循环伏安极化曲线。在一定的溶液组成和实验条件下，峰电流与被测物质的浓度成正比。

从循环伏安曲线中可以确定氧化还原峰电位 E_{pa} 和 E_{pc}、氧化还原峰电流 I_{pa} 和 I_{pc}。对于可逆体系，存在以下关系式：

$$\frac{I_{pa}}{I_{pc}} = 1 \; ; \; \Delta E = E_{pa} - E_{pc} = 59/n$$

$$\Delta E = E_{pa} - E_{pc} = \frac{59}{n}$$

采用循环伏安法测定水中 Fe^{3+}，体系产生一对可逆的氧化还原峰［Fe(CN)$_6$］$^{3-}$/［Fe(CN)$_6$］$^{4-}$。本实验使用玻碳电极为工作电极，铂电极为辅助电

极，甘汞电极为参比电极。

四、仪器与试剂

VA2020 电化学分析仪；玻碳电极；Pt 电极；饱和甘汞电极，抛光布，抛光粉。

铁氰化钾标准溶液 0.010 mol·L^{-1}，氯化钾溶液 1.0 mol·L^{-1}，未知浓度铁氰化钾溶液。

五、实验内容

（1）配制试液。

准确移取 0.010 mol·L^{-1} 铁氰化钾标准溶液 0.0，1.0，2.0，3.0，4.0，5.0 mL 分别置于 25 mL 比色管中，加入 5.0 mL 1 mol·L^{-1} KCl 溶液，用水稀释至刻度，摇匀。

取三份未知浓度铁氰化钾溶液分别置于 25 mL 比色管中，加入 5.0 mL 1 mol·L^{-1} KCl 溶液，用水稀释至刻度，摇匀。

（2）仪器调试。

①打开仪器、电脑，准备好玻碳电极、甘汞电极和铂电极并清洗干净。

②双击桌面上的 Valab 图标。

③取少量抛光粉，在抛光布上打磨玻碳电极 5 分钟。用去离子水超声 3 次，每次 1 分钟。将玻碳电极置于 1.0 mol·L^{-1} 铁氰化钾和亚铁氰化钾的混合溶液中，在 -0.1~0.6 V 记录循环伏安图。当氧化还原峰电位差小于 100 mV，表明电极预处理达标。否则，重新抛光电极。

④选择实验方法：循环伏安法；设置参数：低电位 -100 mV，高电位 600 mV，初始电位 600 mV，扫描速度 50 mV·s^{-1}，取样间隔 2 mV，静止时间 1 s，扫描次数 2；量程 200 μA。

⑤点击绿色"三角形"开始扫描。

（3）选取一份配制的铁氰化钾标准溶液置电解池中，插入电极系统，在 0.6~-0.1 V 记录循环伏安图，扫描速度分别为 10，50，100，160，200 mV·s^{-1}。

（4）在 0.6~-0.1 V，扫描速度为 50 mV·s^{-1}，分别记录不同浓度铁氰化钾标准溶液和未知浓度铁氰化钾溶液的循环伏安曲线。

（5）测量完毕，关闭电源插头，取出电极，清洗后恢复原状；清理工作台，罩上仪器防尘罩，填写仪器使用记录。清洗比色管、吸量管和其他所用的玻璃仪器并放回原处。

六、数据处理

（1）列表记录所测定的实验数据。

(2)从记录的伏安曲线上,用作图法求出$[Fe(CN)_6]^{3-}/[Fe(CN)_6]^{4-}$电对的半峰电位。

(3)针对选取的铁氰化钾标准溶液,用作图法求出不同扫描速度下氧化还原峰的峰高,分别绘制氧化和还原峰电流与$v^{1/2}$的关系。

(4)用作图法求出标准溶液和未知样品的氧化还原峰电流,线性回归获得校准曲线,计算试样中铁的百分含量。

七、问题讨论

根据电化学理论,对于扩散控制的电极过程,峰电流i_p与扫描速度的平方根$v^{1/2}$呈正比关系,而对于表面吸附控制的电极反应过程,峰电流i_p与扫描速度呈正比关系。因此以峰电流为横坐标,扫描速度的平方根或扫描速度为纵坐标,拟合实验数据,考察线性关系即可判断电化学反应的控制因素。此外,扫描速度会影响电化学反应的可逆性。对于$K_3[Fe(CN)_6]$在KCl溶液中的电极过程,随着扫描速率的增大氧化还原峰电位差越来越大,即体系的可逆性降低。

八、注意事项

(1)实验过程中,实验条件应保持一致。

(2)支持电解质的浓度必须达到待测样品浓度的50倍以上,才能有效消除电迁移的影响。

九、思考题

(1)为确保实验的准确性,哪些环节应严格控制?

(2)为什么铁氰化钾的循环伏安扫描起始电位要设在高电位而不是低电位?

实验三十八　稳态伏安法测定半波电位和电极反应电子转移数

一、实验目的

（1）掌握稳态伏安曲线对数分析测定电极反应的电子转移数及半波电位的原理和方法；

（2）通过所测电子转移数，判断电极过程的可逆性。

二、测定意义

在常规伏安分析中，由于氧化还原峰比较宽而难以确定峰电位，因此常用半峰电位（$0.5i_d$ 对应的电位）来进行表征。在稳态伏安分析中，半峰电位就是半波电位（$E_{1/2}$）。电极反应的电子转移数是氧化（或还原）半反应中的得失电子数。

半峰电位和电极反应电子转移数是电化学反应的两个基本参数。通过测定这两个参数，可以直接判定电极反应的性质及其可逆性，确定电极反应产物、中间体或自由基的结构，有助于研究电极反应机理。

三、方法原理

对于简单金属离子的可逆电极反应，其稳态伏安方程为：

$$E = E_{1/2} + \frac{RT}{nF} \ln \frac{i_d - i}{i}$$

$$\lg \frac{i}{i_d - i} = \frac{n}{0.059} (E_{1/2} - E)$$

式中：E——电极的电位；$E_{1/2}$ 为半波电位；n 为电极反应电子转移数；i_d 为极限扩散电流；i 为扩散电流。在一定实验条件下，溶液离子强度不变时，$E_{1/2}$ 是一常数。以 $\lg \frac{i}{i_d - i}$ 为纵坐标，E 为横坐标作图，得一直线，其斜率为 $\frac{n}{0.059}$，由此可求得电极反应的电子转移数 n。在 $\lg \frac{i}{i_d - i} = 0$ 处所对应的电极电位，即为半波电位。

可逆性的判断：检验 $\lg \frac{i}{i_d - i}$ 与 E 之间是否存在线性关系。若作图得不到直线关系，或求得的 n 值与整数偏离较大，可以认为该电极反应是不可逆的。

四、仪器与试剂

VA2020 电化学分析仪；玻碳电极；Pt 电极；饱和甘汞电极；抛光布；抛光粉。

$1.0\ mol\cdot L^{-1}$ 铁氰化钾 $=1.0\ mol\cdot L^{-1}$ 亚铁氰化钾混合溶液；$0.5\ mol\cdot L^{-1}$ $NH_3 - 0.5\ mol\cdot L^{-1}\ NH_4Cl$ 溶液；$0.010\ mol\cdot L^{-1}\ Cd^{2+}$ 溶液、$0.01\ mol\cdot L^{-1}$ Ni^{2+} 溶液，亚硫酸钠颗粒。

五、实验内容

（1）配制试液。

准确移取 $0.010\ mol\cdot L^{-1}\ Cd^{2+}$ 标准溶液 1.0、3.0 mL 分别置于 25 mL 比色管中，加入 $5.0\ mL\ 0.5\ mol\cdot L^{-1}\ NH_3 - 0.5\ mol\cdot L^{-1}\ NH_4Cl$ 溶液，亚硫酸钠 10 粒，用水稀释至刻度，摇匀。

准确移取 $0.010\ mol\cdot L^{-1}\ Ni^{2+}$ 标准溶液 1.0、3.0 mL 分别置于 25 mL 比色管中，加入 $5.0\ mL\ 0.5\ mol\cdot L^{-1}\ NH_3 - 0.5\ mol\cdot L^{-1}\ NH_4Cl$ 溶液，亚硫酸钠 10 粒，用水稀释至刻度，摇匀。

（2）仪器调试。

①打开仪器、电脑，准备好玻碳电极、甘汞电极和铂电极并清洗干净。

②双击桌面上的 Valab 图标。

③取少量抛光粉，在抛光布上打磨玻碳电极 5 分钟。用去离子水超声 3 次，每次 1 分钟。将玻碳电极置于 $1.0\ mol\cdot L^{-1}$ 铁氰化钾和亚铁氰化钾的混合溶液中，在 $-0.1\sim0.6\ V$ 记录循环伏安图。当氧化还原峰电位差小于 100 mV，表明电极预处理达标。否则，重新抛光电极。

④选择实验方法：循环伏安法；设置参数：低电位 $-1200\ mV$，高电位 $-300\ mV$，初始电位 $-300\ mV$，扫描速度 $5\ mV\cdot s^{-1}$，取样间隔 1 mV，静止时间 1 s，扫描次数 1；量程 100 μA。

⑤点击绿色"三角形"开始扫描。

（3）在 $-300\sim-1200\ mV$ 记录循环伏安图，扫描速度为 $5\ mV\cdot s^{-1}$，分别记录各浓度 Cd^{2+} 和 Ni^{2+} 溶液的循环伏安曲线。

（4）选取同浓度的 Cd^{2+} 和 Ni^{2+} 溶液分别置电解池中，插入电极系统，分别记录扫描速度为 10、50、100、200 $mV\cdot s^{-1}$，在 $-300\sim-1200\ mV$ 内的循环伏安图。

（5）测量完毕，关闭电源插头，取出电极，清洗后恢复原状；清理工作台，罩上仪器防尘罩，填写仪器使用记录。

六、数据处理

(1)比较不同扫描速度下循环伏安曲线的差异,阐述稳态极化曲线和暂态极化曲线的特征。

(2)根据所得稳态伏安曲线作 $\lg \dfrac{i}{i_d - i} \sim E$ 图,求出电极反应的电子转移数 n 及半波电位 $E_{1/2}$。考察浓度对求得的 n 值的影响。

(3)根据 $\lg \dfrac{i}{i_d - i} \sim E$ 图及 n 值,对 Cd^{2+} 和 Ni^{2+} 在 $NH_3 - NH_4Cl$ 底液中电极反应的可逆性进行比较和讨论。

七、问题讨论

有三种判定电极反应的方法:①检验 $\lg \dfrac{i}{i_d - i}$ 与 E 之间是否存在线性关系,若作图得不到直线关系,可以认为该电极反应是不可逆的。②若求得的 n 值与整数偏离较大,可以认为该电极反应是不可逆的。③若 $E_{3/4} - E_{1/4} = -\dfrac{0.056}{n}$,则反应可逆,否则反应不可逆。

八、注意事项

(1)只有在碱性或中性溶液中,亚硫酸钠可以做除氧剂。

(2)支持电解质的浓度必须达到待测样品浓度的 50 倍以上,才能有效消除电迁移的影响。

九、思考题

(1)用上述方法求电极反应的电子数适用于何种电极反应?为什么?

(2)在一定实验条件下,哪些因素可能影响 $E_{1/2}$ 的值?

实验三十九　平行催化法测定水中痕量钼

一、实验目的

(1)加深对平行催化波原理认识;

(2)通过痕量钼的催化电流波测定,掌握平行催化波的原理和方法。

二、测定意义

钼不但是生物生长所需的微量营养元素,而且是生物固氮的主要元素,研究发现,钼的缺乏会导致生物体内亚硝酸盐的累积和抗坏血酸的破坏,因此,测定环境及生物样品中的痕量钼具有重要的意义。

平行催化波法将电还原过程与化学动力学结合起来进行定量测定,大大提高了测定灵敏度,检测下限达 10^{-10} mol·L^{-1}。催化波由于具有比普通电化学法更高的灵敏度,因而在痕量物质的分析中备受重视,并得到日益广泛的应用。

三、方法原理

在 H_2SO_4、$NaClO_3$ 和苦杏仁酸底液中,通过催化电流来测定微量钼。在此体系中,Mo(VI)与苦杏仁酸的络合物在玻碳电极上还原为 Mo(V)的络合物,五价钼被溶液中大量存在的 $KClO_3$ 氧化为六价钼的络合物,Mo(VI)络合物又在电极上还原,这样在电极表面附近形成电极反应—化学反应—电极反应的往复循环,使反应电流大为增强,该电流受化学反应速度控制。在实验的电位范围内,$NaClO_3$ 不会发生电极反应,在这一循环过程中,钼浓度在反应前后几乎未起变化,实际消耗的是 $NaClO_3$,可以把钼看作催化剂。在一定条件下,催化电流与催化剂浓度成正比。

四、仪器与试剂

VA2020 电化学分析仪;玻碳电极;Pt 电极;饱和甘汞电极;抛光布;抛光粉。

2 mol·L^{-1} H_2SO_4 溶液;0.1 mol·L^{-1}苦杏仁酸;6% $NaClO_3$ 溶液;Mo(VI)标准溶液:200 μg·L^{-1}三氧化钼标准溶液;1.0 mol·L^{-1}铁氰化钾 – 1.0 mol·L^{-1}亚铁氰化钾混合溶液;含钼水样。

五、实验内容

(1)溶液配制。在 6 支 25 mL 比色管中,各加入 2 mol·L^{-1} H_2SO_4 2.5 mL,0.1 mol·L^{-1}苦杏仁酸 2.5 mL,6% $NaClO_3$ 溶液 10 mL,再分别加入 0.00,1.00,2.00,3.00,4.00,5.00 mL 钼标准溶液,用水稀释至 25 mL,摇匀。

取 3 份未知浓度钼水样 5.00 mL 分别置于 3 支 25 mL 比色管中,各加入 2

mol $\cdot$ L^{-1}H$_2$SO$_4$ 2.5 mL, 0.1 mol $\cdot$ L^{-1}苦杏仁酸 2.5 mL, 6% NaClO$_3$溶液 10 mL, 用水稀释至刻度, 摇匀。

(2)仪器调试。

①打开仪器、电脑, 准备好玻碳电极、甘汞电极和铂电极, 参照实验三十八对玻碳电极进行预处理。

②双击桌面上的 Valab 图标。

③选择实验方法: 循环伏安法; 设置参数: 低电位 – 400 mV, 高电位 – 180 mV, 初始电位 – 180 mV, 扫描速度 20 mV $\cdot$ s^{-1}, 取样间隔 1 mV, 静止时间 1 s, 扫描次数 1; 量程 200 μA。

④点击绿色"三角形"开始扫描。

(3)从低浓度到高浓度依次将钼标准溶液置电解池中, 通入 N$_2$ 5 min 除氧。插入电极系统, 分别记录不同浓度钼标准溶液的循环伏安曲线, 每份溶液测定 3 次, 取平均值。

(4)将配制的水样置于电解池中, 通入 N$_2$ 5 min 除氧, 分别记录循环伏安图, 每份水样测定 3 次, 取平均值。

(5)测量完毕, 关闭电源插头, 取出电极, 清洗后恢复原状; 清理工作台, 罩上仪器防尘罩, 填写仪器使用记录。

六、数据处理

(1)以扣除空白的峰高为纵坐标, 以 Mo(VI)浓度为横坐标作校准曲线。

(2)根据样品的峰高, 从校准曲线上查出相应的浓度, 计算水样中钼的浓度。

七、问题讨论

对于平行催化波, 催化电流方程为 $i_c = KK_c^{1/2} c_0^{1/2} c$, 其中 i_c 为催化电流, K 为与溶液条件有关的常数, K_c 为化学反应的速率常数, c_0 为氧化剂的浓度。可见, 催化电流的大小主要决定于化学反应的速率常数, 这也是采用平行催化波进行定量分析与扩散电流的首要区别。

八、注意事项

(1)实验过程中, 实验条件应保持一致。

(2)电流峰高测量中一定要注意扣除残余电流。

九、思考题

(1)校准曲线是否通过原点? 若不通过原点说明什么?

(2)苦杏仁酸和氯酸钠起什么作用?

(3)除此类催化波外, 还有哪些类型? 各有什么特征?

实验四十　溶出伏安法测定水中微量铅

一、实验目的

(1)熟悉溶出伏安法的基本原理;

(2)掌握铋膜电极的使用方法。

二、测定意义

铅能在人体内积累并且对身体健康造成极大伤害,导致神经衰弱、消化不良及贫血等等。正常人体所能承受的铅水平仅为 10 ppm,因此,有效测定水中铅的含量对人体健康非常重要。目前,电化学方法特别是溶出伏安法是测定超低浓度铅的有效方法。

三、方法原理

溶出伏安法的测定包含富集和溶出两个基本过程。首先将工作电极控制在某一条件下,使被测定离子在电极上富集,然后施加线性变化电压于工作电极上,使被测物质溶出,同时记录电解电流与电极电位的关系曲线,根据溶出峰电流的大小来确定被测定物质的含量。

溶出伏安法分为阳极溶出伏安法,阴极溶出伏安法和吸附溶出伏安法。本实验采用阳极溶出伏安法测定水中 Pb^{2+},其过程表示为:

$$Pb^{2+} + 2e^- \rightleftharpoons Pb$$

本实验使用玻璃碳电极为工作电极,采用同位镀铋膜测定技术。这种方法是将分析溶液中加入一定量的铋盐,在被测物所加的富集电位下,铋与 Pb 同时在玻璃碳电极表面上析出,形成铋齐膜。然后在反向电位扫描至 -0.5 V 时,Pb 从铋中"溶出",产生清晰的"溶出"电流峰。

四、仪器与试剂

VA2020 电化学分析仪;玻璃碳工作电极、甘汞电极及钼辅助电极组成的测量电极系统;磁力搅拌器。

1.000×10^{-3} mol·L^{-1} Pb^{2+} 标准溶液;1.000×10^{-3} mol·L^{-1} $Bi(NO_3)_3$;0.200 mol·L^{-1} HAc – NaAc 缓冲溶液,含铅离子水样。

五、实验内容

(1)配制试液。准确移取 1.000×10^{-3} mol·L^{-1} Pb^{2+} 标准溶液 0.00,1.00,2.00,3.00,4.00,5.00 mL 分别置于 25 mL 比色管中,加入 5 mL HAc –

NaAc 缓冲溶液，5 mL 1.000 × 10^{-3} mol·L^{-1} Bi(NO$_3$)$_3$溶液，用水稀释至刻度，摇匀。

取三份 5.00 mL 水样分别置于 25 mL 容量瓶中，5 mL HAC - NaAC 缓冲溶液，5 mL 1.000 × 10^{-3} mol·L^{-1} Bi(NO$_3$)$_3$溶液，用水稀释至刻度，摇匀。

（2）仪器调试。

①打开仪器、电脑，准备好玻碳电极、甘汞电极和铂电极并参照实验三十八对玻碳电极进行预处理。

②双击桌面上的 Valab 图标。

③选择实验方法：线性扫描溶出伏安法；设置参数：富集电位 - 1000 mV，富集时间 120 s，初始电位 - 1000 mV，终止电位 300 mV，扫描速度 50 mV·s^{-1}，取样间隔 1 mV，静止时间 10 s，休止电位 300 mV，休止时间 60 s，量程 200 μA。

④点击绿色"三角形"开始扫描。

（3）测定。

①将未加 Pb^{2+}标准溶液的底液置电解池中，插入电极系统，放入搅拌子，通入 N$_2$气，开动搅拌器，使工作电极在 - 1000 mV 恒电位电解 2 min；然后停止电解，停止搅拌，抽出 N$_2$导管放于溶液上方，静置 30 s；然后进行反向线性伏安扫描，扫描范围为 - 1000 mV 至 300 mV，记录 - 500 mV 左右的溶出电流峰高。重复测量三次，取峰高与"电流倍率"乘积的平均值。

②按上述操作，测定不同浓度的 Pb^{2+}标准溶液，每份溶液平行测定三次，测出溶出电流峰高，取平均值。

③按上述操作，分别测定三份水样，每份溶液平行测定三次，测出溶出电流峰高，取平均值。

④测量完成后，开动搅拌器，在 0 V 恒电位电解 5 min，清洗电极，以除掉电极上的铋，废液倒入废液缸。

（4）结束工作。

测量完毕，关闭电源开关，取出电极，清洗后恢复原状；清理工作台，罩上仪器防尘罩。

六、数据处理

（1）列表记录所测定的实验数据。

（2）绘制溶出峰高与 Pb^{2+}浓度的校准曲线。

（3）计算水样中铅的质量浓度。

七、问题讨论

汞和汞膜电极曾被广泛的应用于溶出伏安分析。由于汞的毒性和挥发性较大，长期使用对工作者的健康有害，对环境也造成很大的污染。近年来，环境友好型的无汞电极如铋膜电极，被广泛应用于重金属的检测。在伏安分析中，铋能与多种金属形成二元或多元合金，且氢在铋膜电极上的过电位很高，铋膜电极背景电流几乎不受溶解氧的影响。此外，铋膜是一层稳定的固态薄膜，稳定性比液态的汞膜好。

八、注意事项

(1)实验过程中，实验条件应严格保持一致，特别是富集时间要严格控制一致。

(2)峰高测量中一定要注意扣除残余电流。

(3)每进行一次溶出测定后，应在扫描终止电位处停扫1 min左右，使铅溶出。经扫描检验溶出曲线的基线基本平直后，再进行下一次测定。

九、思考题

(1)阳极溶出伏安法有哪些特点？

(2)为了获得再现的溶出峰，实验时应注意什么？

4.4 电导分析法

4.4.1 概述

在外加电场的作用下，电解质溶液中的阴、阳离子以相反的方向定向移动，就产生了导电现象，以测定溶液导电能力为基础的电化学分析法称为电导分析法。溶液的电导在一定的条件下与存在于溶液中的离子数目、离子所带的电荷数及其淌度有关，而这些又与电解质的性质和强弱及电解质浓度的大小有关。进行电导分析时，直接根据溶液电导大小确定待测物质的含量，成为直接电导法。而根据滴定过程中滴定液电导的突变来确定滴定终点，然后根据到达滴定终点时所消耗滴定剂的体积和浓度，求算出待测物质的含量，则称为电导滴定法。电导分析法具有操作简单，快速和不破坏试样等特点，因而获得广泛的应用。但是电导分析法的选择性差，所测得的电导是溶液中所有离子的电导之和，只能用于估算离子的总量，而不能区分和测定所含离子的种类及其含量；电导分析法对于难离解的化合物及有机物没有响应。

4.4.2 电导率仪及其使用方法

电导率仪是适用于精密测量各种液体介质的仪器设备，主要用来精密测量液体介质的电导率值，当配以相应常数的电极可以精确测量高纯水电导率，广泛应用各领域的科研和生产。

4.4.2.1 测量原理和仪器

电导率外形如图 4-8，测量原理如图 4-9 所示。

$$\frac{E_m}{R_m} = \frac{E}{R_x + R_m}$$

$$E_m = \frac{E \cdot R_m}{R_x + R_m} = \frac{E \cdot R_m}{R_m + Q/K}$$

式中：R_x——溶液电阻；R_m——分压电阻；K——溶液电导率；Q——电导池常数；E_m——输出电压；E——高频交流电压。

当 E、R_m、Q 均为常数时，电导率 K 的变化必将引起 E_m 的相应变化，所以通过测量 E_m 的大小就可测量出溶液电导率的高低。

4.4.2.2 电导率仪的使用方法

(1)打开电源开关前，观察表针是否指 0，若不指 0，可调正表头上的螺丝，

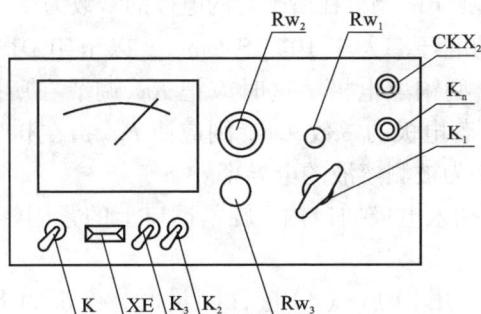

图 4 – 8　电导率仪示意图

K3——高调、低调开关。K2——校正、测量开关。K1——量程选择开关。Rw3——
校正调节器。Rw2——电极常数补偿调节器。Rw1——电容补偿调节器。Kx——电极
插口。CKX2——10 mV 输出插口。K——电源开关。XE——电源指示灯。

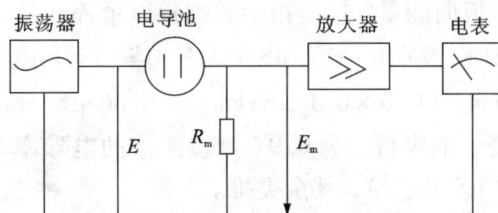

图 4 – 9　电导测量原理图

使表针指 0。

（2）将"校正——测量"开关置于"校正"位置，接通电源，预热数分钟直至指针完全稳定为止，调节调正器使电表满度指示。

（3）当使用（1）~（8）量程来测量电导率低于 300 $\mu S \cdot cm^{-1}$ 的液体时，选用"低调"，这时将 K_3 扳向"低调"即可。当使用（9）~（12）量程来测量电导率在 300 $\mu S \cdot cm^{-1}$ 至 $10^5 \mu S \cdot cm^{-1}$ 范围里的液体时，则将 K_3 扳向"高调"。

（4）将量程选择开关 K_1 扳到所需的测量范围，如预先不知被测液电导率的大小，应先把其扳在最大电导率测量档，然后逐档下降，以防表针打弯。

（5）电极的使用：使用时，用电极夹夹紧电极的胶木帽，并通过电极夹把电极固定在电极杆上。

①当被测溶液的电导率低于 10 $\mu S \cdot cm^{-1}$，使用 DJS – 1 型光亮电极。这时应把 Rw_2 调节在与所配套的电极的常数相对应的位置上。例如，若配套电极的常数为 0.95，怎应把 Rw_2 调节在 0.95 的位置上。

②当被测溶液的电导率在 10 $\mu S \cdot cm^{-1}$ ~ 10^4 $\mu S \cdot cm^{-1}$ 范围内，则使用 DJS – 1

型铂黑电极。同①应把 Rw_2 调节在所配套的电极的常数为相对应位置上。

③当被测溶液的电导率大于 10^4 μS·cm^{-1}，以至用 DJS – 1 型电极测不出时，则选用 DJS – 10 型铂黑电极。这时应把 Rw_2 调节在所配套的电极的常数 1/10 位置上。例如：若电极的常数 9.8，则应使 Rw_2 指在 0.98 位置上。再将测得的读数乘以 10，即为被测溶液的电导率。

(6)将电极插头插入电极插口内，旋紧插口上的紧固螺丝，再将电极浸入待测溶液中。

(7)接着校正(当用(1)~(8)量程测量时，校正的 K_3 扳在低调。当用(9)~(12)量程测量时，则校正时 K_3 扳在高调)，即将 K_2 扳在"校正"，调节 Rw_3 使指示正满度。注意：为了提高测量精度，当使用" ×10^3 μS·cm^{-1}"、" ×10^4 μS·cm^{-1}"两档时，校正必须在电导池接好即电极插头插入插孔、电极浸入待测溶液中的情况下进行。

(8)此后，将 K_2 扳向测量，这是指示数据乘以量程开关 K_1 倍率即为被测液的实际电导率。例如 K_1 扳在 0 ~ 0.1 μS·cm^{-1} 一档，指针示为 0.6，则被测液的电导率为 0.06 μS·cm^{-1}(0.6 × 0.1 μS·cm^{-1} = 0.06 μS·cm^{-1})；又如 K_1 扳在 0 ~ 100 μS·cm^{-1} 一档，电表指示为 0.9，则被测液的电导率为 90μS·cm^{-1}(0.9 × 100 μS·cm^{-1} = 90 μS·cm^{-1})，其余类推。

(9)当用 0 ~ 0.1 或 0 ~ 0.3 μS·cm^{-1} 这两挡测量高纯水时，先把电极引线插入电极插孔，在电极未浸入溶液之前，调节 Rw_1 使电表指示为最小值，然后开始测量。

(10)如果要了解在测量过程中电导率的变化情况，把 10 mV 输出接至自动记录仪即可。

(11)当量程开关 K_1 扳在" ×0.1"，K_2 扳在低调。但电导池插口未插接电极时，电表就有指示，这是正常现象，因电极插口及接线有电容存在。只要调节"电容补偿"便可将此指示调为零，但不必这样做，只需待电极引线插入插口后，再将指示调为最小值即可。

(12)用(1)(3)(5)(7)(9)各挡时，都看表面上面一条刻度(0 ~ 1.0)；当用(2)(4)(6)(8)(10)各挡时，都看表面下面一条刻度(0 ~ 3)。

4.4.2.3　注意事项

(1)高纯水被盛入容器后要迅速测量，否则电导率降低很快，因为空气中的二氧化碳溶入水里，变成碳酸根离子。

(2)盛被测溶液的容器必须清洁，无离子污染。

实验四十一　电导法测定水质纯度及醋酸离解常数

一、实验目的

(1)掌握电导分析法的基本原理;

(2)学会用直接电导法测定水质纯度;

(3)学会用电导滴定法测定醋酸电离常数。

二、测定意义

电导分析是测量体系电阻或电导的分析方法,其选择性较差,但能有效测定水 – 电解质二元混合物中电解质总量,具有显著的实用价值。

很多的实际生产用水对于水质纯度都有严格的要求,例如优质啤酒的秘密就在于制造该啤酒的水的纯度。通过测定电导率可以鉴定水的纯度,并可以电导率数据作为水质标准。

三、方法原理

水溶液中的离子,在电场作用下具有导电能力。导电能力称为电导(G)。电导与电阻 R 的关系为:

$$G = 1/R。$$

水质纯度的一项重要指标是其电导率的大小。电导率愈小,水中离子总量愈小,水质纯度愈高。普通蒸馏水的电导率为 $3 \sim 5 \times 10^{-6}$ S·cm^{-1}。而去离子水可达 1×10^{-7} S·cm^{-1}。

醋酸是一个弱酸,在水中是部分电离的,其离解度(α)与其电导的关系为:

$$\alpha = \frac{Gc}{G_{100\%}}$$

Gc 为任意浓度时的实际电导,从实验中测定;$G_{100\%}$ 为同一浓度完全解离时的电导值,它可从不同的滴定曲线计算而得。

根据电解质的电导具有加和性的原理,醋酸在 100% 解离时的电导值为:

$$G_{HAc}(100\%) = G_{NaAc} + G_{HCl} - G_{NaCl}$$

式中:G_{HAc} 为 HAc 被 NaOH 滴定至终点的电导值;G_{NaCl} 为 HCl 被滴定至终点的电导值。求得 $G_{HAc}(100\%)$ 后。即求得 α,代入平衡常数 $K_a = \frac{c\alpha^2}{1 - \alpha}$ 可求出 K_a 来。

四、仪器与试剂

电导仪、电导电极;电磁搅拌器,搅拌磁子。

0.200 mol·L^{-1} NaOH 溶液；0.1 mol·L^{-1} 醋酸溶液；0.1 mol·L^{-1} 盐酸溶液；KCl 溶液 1 mol·L^{-1}，0.1 mol·L^{-1}，0.01 mol·L^{-1}。

水样　蒸馏水、去离子水、自来水。

五、实验内容

（1）预热仪器、清洗电极。

（2）将洗净的电极分别用 0.01 mol·L^{-1}，0.1 mol·L^{-1} 及 1 mol·L^{-1} KCl 洗涤，并浸入相应的 KCl 溶液中，测定其电导，由测定结果确定电导池常数。

（3）水样电导率的测定。

取去离子水、蒸馏水、自来水分别置于 3 个 50 mL 烧杯中，用蒸馏水、待测水样依次清洗电极，逐一进行测量。

（4）醋酸及盐酸溶液的电导测定。

取约 0.1 mol·L^{-1} 醋酸溶液 20.00 mL 于 300 mL 的烧杯中，加蒸馏水 170 mL，放烧杯于电磁搅拌器上，插入洗净的电导电极，开动电磁搅拌器，记下电导值，然后用 0.200 mol·L^{-1} 标准 NaOH 溶液滴定，每次加 0.5 mL，读一次电导数值，直到滴定剂约 20 mL 体积。

按相同的实验步骤，用 0.200 mol·L^{-1} 的 NaOH 溶液滴定约 0.2 mol·L^{-1} 的 HCl 溶液 20 mL。

六、数据处理

（1）计算出所用的电导电极的电池常数；

（2）计算出测定水样的电导率和电阻率；

（3）绘制醋酸和盐酸的准确滴定曲线；

（4）分别计算醋酸和盐酸的准确浓度；

（5）利用实验数据根据有关公式计算出醋酸地电离常数。（查阅有关教科书，确定计算公式）。

七、问题讨论

强碱（NaOH）滴定强酸发生的化学反应为：

$$NaOH + HCl \Longrightarrow NaCl + H_2O$$

NaOH 与 HCl 发生反应，溶液的电导率下降；当 HCl 刚好被完全反应时，溶液的电导率达到一个最低点，此为滴 HCl 的计量点。

强碱（NaOH）滴定弱酸（HAc）。发生的化学反应为：

$$Na^+ + OH^- + HAC \Longrightarrow Na^+ + Ac^- + H_2O$$

未滴定前，溶液的电导率受醋酸的电离平衡控制；滴定开始后，滴定中形成的弱酸盐阴离子(Ac^-)抑制了弱酸的电离,电导率降低;当达到一最低值后,由于滴定产物(Na^+,Ac^-)的电导大于 HAc 电离出来的离子的电导,溶液的电导率开始直线上升至反应完全的计量点,计量点过后由于 NaOH 过量使电导迅速增大。

八、注意事项

(1)实验前检查电导电极导线是否连接正常,使用中避免碰撞电极头损伤电极。

(2)电导滴定时:溶液要保持搅拌状态,注意电导电极与搅拌子的相对位置,避免两者发生碰撞。

九、思考题

(1)测量电导时能不能用直流电源?

(2)高纯水在空气中放置时间增长,测得的电导值增大,为什么?

(3)试解释用 NaOH 滴定 HAc 和 HCl 的电导滴定曲线为何不同?

(4)如要准确测定 K_a 值,在滴定实验中应着重控制哪些影响因素?

第 5 章　色谱分析法

5.1　气相色谱法

5.1.1　概述

色谱分析法是一种现代分离分析技术。气相色谱(Gas Chromatography)是以气体作为流动相,当它携带欲分离的混合物流经固定相时,由于混合物中各组分的性质不同,与固定相作用的程度也有所不同,因而组分在两相间具有不同的分配系数,经过多次的分配之后,各组分在固定相中的滞留时间长短不同,从而使各组分依次先后流出色谱柱而得到分离。

气相色谱仪是一个载气连续运行、气密性的气体流路系统。气路系统的气密性、载气流速的稳定性及测量的准确性,都影响色谱仪的稳定性和分析结果的准确性。气相色谱仪由气化室、进样器、色谱柱、检测器、记录仪、收集器组成,图 5－1 是气相色谱仪的流程图。通常使用的检测器有热导检测器和氢火焰离子化检测器。

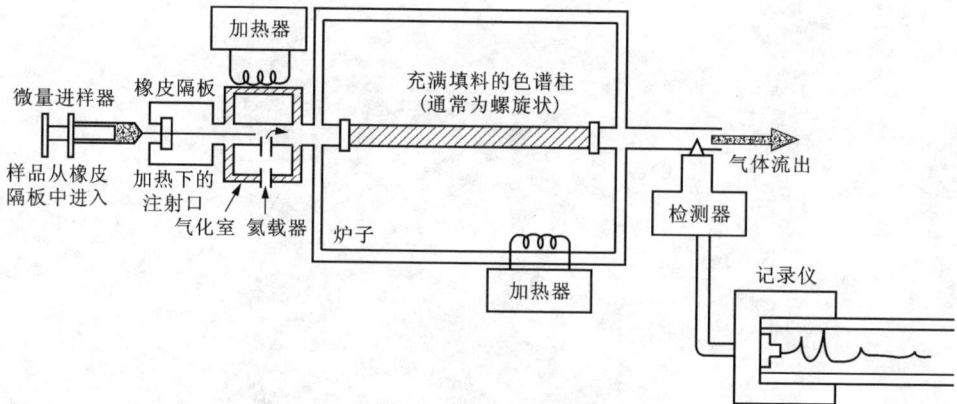

图 5－1　气相色谱仪示意图

色谱图中每个峰均代表样品中的一个组分。当分离条件给定时，就像薄层色谱中的 R_f 样，每一种化合物都具有恒定的保留时间。利用这一性质，可对化合物进行定性鉴定。色谱图上色谱峰的高度或峰面积可用于定量分析。

5.1.2　GC-4001 型气相色谱仪的使用方法

（1）仪器调试。

①用 500V 兆欧表，分别对恒温箱、检测室、气化室检查对地绝缘情况，4000Ω 以上为符合要求。

②检漏：在系统内通入载气，将压力调至使用压力的 2~3 倍，然后直接将皂液涂在各接头处，观察有无气泡出现。若有气泡，则证明该处漏气，查出漏气的地方后，排除漏气，必要时更换密封件。

③测定流量：用皂膜流量计测定载气流量，利用限流阀调节两气路流量为 $30 ~ 45$ mL·min^{-1}。

④打开电源开关和热导池开关，使用仪器面板上的操作键设定气化室，柱箱，检测室，桥温以及程序升温参数。

⑤打开色谱工作站，进入 A4800 工作站，在方法设定页面做如下设定：工作方式：分析；定量方法：归一化法；采样方式：色谱；处理方式：过程；打印报告：打印；实时绘图：可根据分析测试要求对每一项作具体设定。

（2）分析测试。

待系统稳定，基线平直后，即可对样品进行分析测试，注入样品，按 F1 键（A 通道）开始绘制谱图，分析完毕，按 F3 键结束。

（3）关机。

分析结束后，先关断桥流开关，再关断电源，等温度降至 100℃ 以下后，关断载气。

实验四十二　色谱参数的测定及计算

一、实验目的

（1）通过基本色谱参数的测定，定量地了解溶质组分在色谱柱过程中热力学和动力学作用的量度；

（2）理解各色谱参数的意义及其相互关系；

（3）进一步掌握柱效、柱选择性、分离能力、保留值等性质，使之能选择出最佳色谱操作条件，得到可靠的定性，定量结果。

二、测定意义

通过试验，了解色谱中的各个基本参数，从色谱图中学会参数的获得及各基本参数计算。在给定的色谱条件下，测定惰性组分的死时间 t_M 及被测组分的保留时间 t_R、调整保留时间，半高峰宽 $W_{1/2}$、及峰高 H 等参数，并据此求出色谱柱分离效能，组分分离度等参数，对色谱分离做出评价。

三、方法原理

通过实验，得到色谱流出曲线，从色谱流出曲线中可得到以下参数：

（1）调整保留时间：$t'_R = t_R - t_M$。

（2）相对保留值：$r_{i,s} = \dfrac{t'_{R(i)}}{t_{R(s)}} = \dfrac{V_{g(i)}}{V_{g(s)}} = \dfrac{V'_{N(i)}}{V'_{N(s)}}$。

（3）容量因子：$k' = \dfrac{t_R - t_M}{t_M} = \dfrac{t'_R}{t_M}$。

（4）理论塔板数：$n = 5.54\left(\dfrac{t_R}{W_{1/2}}\right)^2 = 16\left(\dfrac{t_R}{W}\right)^2$。

（5）有效塔板数：$n_{eff} = 5.54\left(\dfrac{t'_R}{W_{1/2}}\right)^2 = 16\left(\dfrac{t'_R}{W}\right)^2$。

（6）分离度：$R = \dfrac{2(t_{R2} - t_{R1})}{W_{1/2} + W_{1/2}} \approx \dfrac{t_{R2} - t_{R1}}{W}$，$R = \dfrac{\sqrt{n}}{4}\left(\dfrac{a+1}{a}\right)\dfrac{k}{k+1}$。

（7）分离数：$TZ = \dfrac{t_{R(Z+1)} - t_Z}{W_{1/2(Z)} + W_{1/2(Z+1)}} - 1$。

（8）保留指数：$I_X = 100\left[Z + \dfrac{\lg t'_{R(X)} - \lg t'_{R(Z)}}{\lg t'_{R(Z+1)} - \lg t'_{R(Z)}}\right]$。

四、仪器与试剂

GC-4001 气相色谱仪，GDX-102 填充柱 2 m×ϕ3 mm；1 μL，100 μL 微量注射器各一支，热导池检测器；载气：H_2。

正己烷，正庚烷，正辛烷，乙酸正丁酯，均为分析纯，各取 5 mL，配成混合样；苯，乙酸正丁酯纯样，空气。

五、实验内容

（1）联接好仪器系统，检查并排除故障至正常工作状态。

（2）色谱条件：进样气化室温度 200℃，柱温 130℃，热导池温度 150℃；载气 H_2，流速 40 mL·min^{-1}；进样量：空气 50 μL，乙酸正丁酯 + 正己烷 + 正庚烷 + 正辛烷混合样 0.6 μL；苯，乙酸正丁酯纯样各进样 0.2 μL。信号衰减视灵敏度而定。

（3）测定：待仪器开启运行至基线平稳后，取空气 50 μL 注入 GC 仪器系统（如信号过大则可以适当减少进样量），准确记录保留时间 t_M。重复进样 5～10 次，至 t_M 值绝大多数重复为止，取其平均值为 t_M 值。再取 4 种组分的混合溶液 0.6 μL 注入仪器系统，得到较理想谱图后，再重复进样 3～5 次，取其平均保留时间为各组分的保留时间 $t_{R乙酸正丁酯}$，$t_{R正己烷}$、$t_{R正庚烷}$、$t_{R正辛烷}$。再分别进乙酸正丁酯和苯样品各 0.2 μL，得到色谱图。

六、数据处理

（1）记录空气的 t_R 值和四组分混合样的各保留值（平均值）。令 t_{n-1} = $t_{R正己烷}$；$t_n = t_{R正庚烷}$；$t_{n+1} = t_{R正辛烷}$；$t_i = t_{R乙酸正丁酯}$。

（2）测量并记录各组分的半高峰宽 $W_{1/2}$。

（3）计算各基本参数。

① 调整保留时间。以 $t_R' = t_R - t_M$ 关系计算出 t_{n-1}'、t_n'、t_{n+1}' 及 t_i'。

② 相对保留值 $r_{i,s}$。按 $r_{i,s} = \dfrac{t_{R(i)}'}{t_M}$ 的关系，计算出 $r_{正庚烷,正己烷}$，$r_{乙酸正丁酯,正己烷}$，$r_{正辛烷,正己烷}$，以正己烷作标准物时。

③ 容量因子。根据 $k' = \dfrac{t_R'}{t_M}$ 的关系，计算出 $k_{正己烷}'$　$k_{正庚烷}'$，$k_{乙酸正丁酯}'$，$k_{正辛烷}'$ 值。

④ 理论塔板数。以苯组分测定柱效能，根据 $n = 5.54\left(\dfrac{t_R}{W_{1/2}}\right)^2$ 或 $n = 16\left(\dfrac{t_R}{W}\right)^2$ 关系计算出理论塔板数。

⑤有效塔板数。根据 $n_{eff} = 5.54\left(\dfrac{t'_R}{W_{1/2}}\right)^2$ 或 $n_{eff} = 16\left(\dfrac{t'_R}{W}\right)^2$ 计算出有效塔板数。

⑥分离度。根据 $R = 2\dfrac{t_{R2} - t_{R1}}{W_1 + W_2}$，计算出 4 种组分中较难分离的二组分间的分离度。

⑦分离数。根据 $TZ = \dfrac{t_{R(n+1)} - t_{R(n)}}{W_{1/2(n)} + W_{1/2(n+1)}}$，计算出任意二相邻正构烷烃峰之间的 TZ 值(即二峰间可容纳的峰数)。

⑧保留指数。按 $I = 100\left[\dfrac{\lg t'_{R(i)} - \lg t'_{R(z)}}{\lg t'_{R(z+1)} - \lg t'_{R(z)}} + z\right]$ 计算出任意二相邻正构烷烃间某组分的保留指数 I 值。如载气流速不非常稳定时，可用 $V'_{R(i)}$，$V'_{R(z)}$，$V'_{R(z+1)}$，代替上述的 $t'_{R(i)}$、$t'_{R(z)}$ 和 $t'_{R(z+1)}$，这样可以使 I 值测量更准确些。

七、问题讨论

关于 t_M 值的测量：从 t_M 定义看，t_M 值的测量规定为惰性组分从进样开始至柱后流出浓度极大点所对应的时间，即该惰性组分不能与固定相发生任何作用(溶解或吸附)便流出色谱柱。实际上不存在这种理想的惰性组分，因此直接测量而得到的 t_M 值并不准确，特别是数值小的 t_M，会引入一定的误差。因 t_M 值是诸色谱参数的基准数据，故有许多人研究它的准确计算方法。如利用三个同系物的保留值来推算死时间，其三个同系物的碳数必须符合如下条件，

$$C_n - C_{n-i} = C_{n+i} - C_n \tag{1}$$

又根据同系物的碳原子数与调整保留时间的对数呈线性关系而推导出来的方程式，即

$$C_n = m\lg t'_n + q = m\lg(t_n - t_M) + q \tag{2}$$

式中：C_n 为同系物中的碳原子数；t_n 为 C_n 同系物的保留时间；t'_n 为 C_n 同系物的调整保留时间；m、q 为方程式中常数。

三个同系物如正己烷，正庚烷，正辛烷的 t'_R 值可分别设定为 $t_{n-i} - t_M$，$t_n - t_M$，$t_{n+i} - t_M$，把它们代入(2)式；则得：

$$C_{n-i} = m\lg(t_{n-i} - t_M) + q \tag{3}$$

$$C_n = m\lg(t_n - t_M) + q \tag{4}$$

$$C_{n+i} = m\lg(t_{n+i} - t_M) + q \tag{5}$$

将(4)式减去(3)式，(5)式减去(2)式得：

$$C_n - C_{n-i} = m \lg \frac{t_n - t_M}{t_{n-i} - t_M} \tag{6}$$

$$C_{n+i} - C_n = m \lg \frac{t_{n+i} - t_M}{t_n - t_M} \tag{7}$$

又因为存在(1)式的关系，所以得：

$$\frac{t_n - t_M}{t_{n-i} - t_M} = \frac{t_{n+i} - t_M}{t_n - t_M} \tag{8}$$

整理(8)式，得到最终结果：

$$t_M = \frac{t_{n+i} + t_{n-i} - 2t_n}{t_{n+i} + t_{n-i} - 2t_n} \tag{9}$$

式中，$i = 1, 2, 3, \cdots$；t_{n-i} 为第一个同系物的保留时间(正己烷)；t_n 为第二个同系物的保留时间(正庚烷)；t_{n+i} 为第三个同系物的保留时间(正辛烷)。

X. Guardino 等人的验证认为(9)式准确可靠，并提出 i 值愈大则计算出来的 t_M 值愈准确。请同学们根据本实验测得的 t_{n-i}、t_n、t_{n+i} 值，试计算出 t_M，与空气组分的实测值比较，分析其误差。

八、注意事项

(1)色谱基本参数的测定，要严格控制操作条件的稳定性，否则易产生误差。

(2)为了保护色谱柱，要求载气首先打开，然后开机，结束时先关机，后关载气；严格按照要求的顺序开启和关闭色谱仪。

九、思考题

(1)色谱基本参数测量与计算的关键问题是什么？

(2)k' 值及 $W_{1/2}$ 值的大小与色谱柱过程的哪些因素有关？其原因何在？控制哪些操作条件可以得到适宜 k' 值和 $W_{1/2}$ 值？

实验四十三　气相色谱法测定混合烃含量(归一化法)

一、实验目的

(1)掌握气相色谱分析的基本操作及混合烃的分析方法;

(2)学习定量校正因子及归一化法定量分析的基本原理和测定方法。

二、测定意义

石油是主要由碳氢化合物组成的复杂混合物,对石油及其产品的组成和质量指标的测试,有利于有效地利用石油资源、选择合理加工条件和提高石油产品质量。正确测定石油中各种烃的含量在石油化工等领域具有重要意义。

三、方法原理

把所有出峰组分的含量之和按 100% 计的定量方法称为归一化法。使用归一化法定量,要求试样中的所有组分都能得到完全分离,并且在色谱图上都能出峰,计算式为:

$$w_i\% = \frac{f_i A_i}{\sum f_i A_i} \times 100$$

为了消除色谱条件对响应值的影响,在色谱定量分析中通常采用相对校正因子 f_i' 即被测物质 i 与标准物质 s 的绝对质量校正因子之比值:

$$f_i' = \frac{f_i}{f_s} = \frac{m_i/A_i}{m_s/A_s} = \frac{m_i A_s}{m_s A_i}$$

本实验通过测量混合烃试样中各组分的峰面积,利用相对校正因子,用归一化法计算出各组分百分含量。

四、仪器与试剂

GC – 4001 型气相色谱仪;A4800 色谱数据工作站;色谱柱　2m × ϕ3 mm 不锈钢柱(双柱体系、SE – 30 作固定液);氢气钢瓶;10 μL 或 1 μL 微量进样器。

分析纯苯、甲苯、正己烷。

五、实验内容

(1)色谱条件。钢瓶输出压强 8 kg · cm^{-2};机前总压 300 MPa;柱前压力 100 MPa;柱温 100℃;气化室温度 150℃;检测器(TCD)温度 150℃;桥电流 50 mA。

（2）仪器调试。用 500 V 兆欧表，分别对柱箱，检测器，汽化室，检查对地绝缘情况，4 kΩ 以上为符合要求。

（3）检漏。半量程检漏：当气路压力为 2 kg·cm^{-2} 以下时，堵住色谱柱前气路口，关闭减压阀的总阀门，半小时漏气压降不应超过 0.05 kg·cm^{-2}，半量程检漏是检查前气路。全量程检漏：检查全气路系统是否漏气，用闷头螺母堵住出气口，用肥皂液做起泡剂，观察接头处有无气泡产生。检漏完毕，将起泡剂擦净，取下出气口的闷头螺母，仪器投入正常使用。打开氢气钢瓶阀门和减压阀，调节载气 1 和载气 2 的流量，用皂膜流量计测定流量为 15 mL·min^{-1}。

（4）打开电源开关，开启热导池，桥温调到 110℃。

（5）按面板上总清，编程灯亮，按编程，再按输入，柱箱灯亮，按清除键，指示 0，输入柱箱温度为 30℃，按输入，热导灯亮，按清除，再输入热导池工作温度 100℃，按输入，汽化灯亮，按清除，输入汽化室温度 30℃，按输入，再输入，保护灯亮，输入保护温度 150℃，按输入，再按运行键，就绪灯亮，连续按运行两次，仪器进入正常工作状态。

（6）打开 A4800 色谱数据工作站，按 F1 键，观察基线漂移情况约 0.5 ~ 1 h，基线平稳，就可进样分析。

（7）以苯为标准物质测定甲苯、正己烷的相对校正因子。分别注入体积比为 1：1：1 的苯、甲苯和正己烷 1 μL，测算相应的峰面积，计算各物质的相对校正因子。重复操作 3 次。

（8）注入 1 μL 混合待测样品，测定相应的峰面积，用归一化法计算各物质的质量百分含量。

（9）实验结束，退出色谱工作站，关闭热导池和色谱仪电源，待仪器完全冷却，关闭氢气。

六、数据处理

根据实验数据，求算表 1 中相关值。

表 1 实验数据列表

组分	峰面积 A_i		相对校正因子 f_i'	样品峰面积 A_i'		百分含量
	单测值	平均值		单测值	平均值	
苯			1			
甲苯						
正己烷						

七、问题讨论

热导池检测器是气相色谱法中应用较为广泛的检测器，尤其是在气体分析中应用最多。影响热导池检测器灵敏度的因素有：①桥路工作电流，电流增大，使钨丝温度提高，钨丝和热导池体的温差加大，气体容易将热量传出去，灵敏度就提高。②热导池体温度，当桥路电流一定时，钨丝温度一定。如果池体温度低，池体和钨丝的温差就大，能使灵敏度提高。一般池体温度不应低于柱温，但池体温度不能太低，否则被测组分将在检测器内冷凝。③载气，载气与试样的热导系数相差愈大，则灵敏度愈高。由于一般物质的热导系数都比较小，故选择热导系数大的气体如氢气。④热敏元件阻值，选择阻值高，电阻温度系数较大的热敏元件如钨丝，当温度有微小变化时，就能引起电阻的明显变化，灵敏度就高。

八、注意事项

（1）不同的载气在不同的操作温度下都有最高桥电流限制，使用时不得超过。在关机前，应将桥电流设置为"零"。

（2）进样器应先用待测溶液润洗 5~6 次才可取样进样，进样时间不超过 1 s。进样器用完后要用无水丙酮洗净后收藏。使用 1 μL 以下的微量进样器时，不得把内芯拔出外筒。

九、思考题

（1）为什么机前压力应比柱前压力高？

（2）为什么启动仪器时，用先通载气，后通电源？而实验完毕后，要先关电源，稍后才关载气？

实验四十四　气相色谱法测定乙醇中甲醇的含量(外标法)

一、实验目的

(1)学习峰高加高法进行定性分析;

(2)学习外标法定量的基本原理和测定试样中杂质含量的方法;

(3)了解氢火焰离子化检测器的检测原理。

二、测定意义

最好的工业乙醇也只有 99.9% 的含量,而工业乙醇中含有少量甲醇,或工业甲醇中含有少量工业乙醇是很正常的事。因为甲醇沸点是 64.7℃,乙醇是 78℃,相差 13℃ 是不可能 100% 完全分离的。甲醇对人体有低毒,因为甲醇在人体新陈代谢中会氧化成比甲醇毒性更强的甲醛和甲酸,因此饮用含有甲醇的酒可致失明、肝病、甚至死亡。食用乙醇需要严格限制甲醇量,所以非常有必要测定乙醇中甲醇的含量。

三、方法原理

外标法定量是用组分 i 的纯物质配制成已知浓度的标准样,在相同的操作条件下,分析标准样和未知样,根据组分量与相应峰面积或峰高呈线性关系,在标准样与未知样进样量相等时,由下式计算组分的含量:

$$C_i\% = \frac{A_i}{A_{is}} \cdot C_{is}\%$$

式中: c_i　样品中组分 i 的含量; C_{is}　标准样中组分 i 的含量; A_{is}　标样中组分 i 的峰面积; A_i　样品中组分 i 的峰面积。

四、仪器与试剂

GC4001 气相色谱仪;A4800 色谱数据工作站;真空泵;漏斗;不锈钢色谱柱 2 m×ϕ3 mm;氢气、空气、氮气高压钢瓶;微量注射器,1 μL,100 μL;分析纯甲醇,乙醇试剂。

五、实验内容

(1)色谱条件　色谱柱 GDX – 102 填充柱,2 m×ϕ3 mm;1 μL,100 μL 微量注射器各一支;载气氮气;检测器氢火焰离子化检测器;柱温110℃;气化室温度150℃;检测室温度200℃。

（2）配制含乙醇40%，甲醇含量分别为0，0.5%，1%，2%，4%和6%的水溶液，作为标准系列。

（3）未知样品1。在未知样1中加入1%甲醇，作为未知样2。

（4）仪器开机，打开色谱仪电源，开载气，设置操作条件，待温度达到氢火焰离子化检测器温度后，开氢气和空气，点火，等待仪器基线平稳后开始进样分析。

（5）校准曲线的绘制：在给定色谱条件下，用微量进样器向色谱柱中进1号，2号，3号，4号，5号，6号标准溶液各0.4 μL，得到各标准溶液的色谱图，记录下色谱图中色谱峰保留时间及峰面积。重复进样分析3次，取平均值，进行数据处理，绘制出校准曲线。

（6）实验完毕，用乙醚清洗1 μL注射器，退出色谱工作站，关闭H_2和空气钢瓶，关闭氢火焰离子化检测器及色谱仪，待柱箱温度降至室温后关闭载气。

六、数据处理

（1）记录色谱条件，包括柱前压，进样器温度、柱温、检测器温度、进样量等。

（1）比较未知样1和未知样2的色谱图，根据峰高加高法判断甲醇色谱峰。

（2）绘制甲醇的校准曲线，并求出线性回归方程及相关系数。

（3）利用A4800色谱数据工作站采用外标法求未知样品1和2中甲醇的含量，两未知样品甲醇含量差应为1%。

七、问题讨论

外标法的优点是操作简单和计算方便，无需各组分都被检出，洗脱。缺点是色谱操作条件对分析结果影响大，不像归一化法和内标法定量操作中可以互相抵消，在实验操作中，要求准确进样，进样量不准确是导致本实验结果线性不好的主要原因，同时标样与未知样品的测定条件要一致，应严格控制操作条件稳定，并重复进样，以获得满意结果。

八、注意事项

（1）开机时必须先通载气，再开色谱仪升温；关机时，先关色谱仪降温，后关载气！

（2）注射器取样时，应先用被测试液洗涤5~6次，然后缓慢抽取一定量试液。若仍有空气带入注射器内，可将针头朝上，轻轻敲注射器管，待空气排尽后，再排除多余试液即可，用滤纸擦净针头。进样时要求注射器垂直于进样口，左手扶着针头以防弯曲，右手拿注射器，食指卡在注射器芯和管的交界处，这样就可以避免当进针到气路中由于载气压力较高把芯顶出，影响进样。进样时要求操作稳当、连贯、迅速，进针位置、进针速度、针尖停留和推出速度都会影响进样重现性，一般要求进样相对误差为 2% ~ 5%。要注意经常更换进样器上的硅橡胶密封垫片，该垫片经 10 ~ 20 次穿刺进样后，气密性降低，容易漏气。

九、思考题

（1）定量分析中怎样选择内标法或外标法？

（2）你认为做好本实验，需要注意的关键点在哪里？

实验四十五　气相色谱法测定水中苯系物（内标法）

一、实验目的

（1）了解改变柱温对样品分离效果的影响；

（2）掌握分离度的测定方法和内标法定量原理。

二、测定意义

水中的苯系物通常包括苯、甲苯、乙苯、间二甲苯、对二甲苯、邻二甲苯、异丙苯、苯乙烯等几种化合物。除苯是已知的致癌物外，其他几种化合物对人体和水生生物均有不同程度的毒性。苯系物的工业污染源主要源于石油化工、炼焦化工生产的排放废水。因此，测定水中苯系物含量对环境保护具有重要的意义。一般样品中除了含有苯系物外，还含有许多其他成分如脂肪烃等，气相色谱分离能力能满足要求，且有较高的灵敏度。

三、方法原理

由于检测器对各个组分的灵敏度不同，计算试样某组分含量时应将色谱图上的峰面积加以校正。

$$f_{is} = \frac{A_s / m_s}{A_i / m_i} = \frac{A_s m_i}{A_i m_s}$$

s 为内标物，i 为待测组分。

用一定量的纯物质作内标物，加入到准确称量的试样中，根据被测试样和内标物的质量比及相应的色谱峰面积之比，计算被测组分的含量。

$$w_i\% = \frac{m_i}{m_{试样}} \times 100 = f_{is} \frac{A_i m_s}{A_s m_{试样}} \times 100$$

式中：m_s 和 m_i 分别为内标物和被测组分的质量；A_s 和 A_i 分别为内标物和被测组分的峰面积；f_{is} 为组份 i 相对于内标物 s 的相对校正因子。

本实验采用内标校准曲线法测定苯、甲苯、乙苯和苯乙烯的含量，甲苯为内标物。

四、仪器与试剂

GC4001 气相色谱仪；氢火焰离子化检测器（FID）；微量注射器（1 μL）；氮气（钢瓶）；氢气（钢瓶）；空气（钢瓶）；毛细管柱：SE – 54(15 m × 0.33 μm)。

苯，甲苯，乙苯，苯乙烯，均为色谱纯或优级纯。水样。

五、实验内容

（1）色谱条件：色谱柱　SE-54 毛细管柱；氢气压力　0.5 kg·cm^{-2}，氮气压力　0.5 kg·cm^{-2}，空气压力　0.5 kg·cm^{-2}；进样量　0.2 μL；柱温 100℃；检测器温度　200℃；气化室温度 120℃。

（2）保留值的测定。

通载气，启动仪器，设定以上温度条件。待温度升至所需值时，打开氢气和空气，点燃 FID（点火时，氢气的流量可大些），缓缓调节氮气、氢气及空气的流量，至信噪比最佳时为止。待基线平稳后，分别注入苯、甲苯、乙苯、苯乙烯，得到色谱图并记下各物质的 t_R 值。再注入苯系物混合液，根据各组分峰的保留时间进行定性鉴别。

（3）分离度 R 和校正因子 f_{is} 的测定。

在色谱图上画出基线，量出各组分色谱峰的峰底宽 W，按 R 的定义式计算相邻两个组分的分离度。

准确称取甲苯、乙苯、苯乙烯、苯配成溶液，溶液中内标物甲苯和待测组分的质量比 m_s/m_i 即为已知。在一定的色谱条件下，取此溶液进样，得色谱图，根据两物质的峰面积，求出各组分的校正因子 f_{is}。

（4）内标法定量测定。

按照表 1 配制标准溶液，甲苯作为内标物。将各标准溶液注入气相色谱仪，记录色谱图。将对照品与内标物峰面积的比值对浓度作校准曲线或线性回归。取待测样品进样，可求得待测样品中各组分的体积。

表 1　标准溶液的配制

组别	苯（mL）	甲苯（mL）	乙苯（mL）	苯乙烯（mL）
1	2	0.5	0.1	0.1
2	2	0.5	0.2	0.2
3	2	0.5	0.3	0.3
4	2	0.5	0.4	0.4
5	2	0.5	0.5	0.5
待测样品		0.5		

（5）改变柱温对样品分离效果的影响。

改变柱温，取苯、甲苯、乙苯、苯乙烯组成的混合物溶液进样，记录色谱图。观察色谱图中各色谱峰的保留时间及分离度有何变化。

六、数据处理

（1）计算甲苯和乙苯的分离度以及苯乙烯和甲苯的分离度，并将二者进行比较。

（2）计算各组分以甲苯为内标物的校正因子。

（3）作校准曲线或进行线性回归，计算样品中各组分的含量。

七、问题讨论

提高 FID 的温度会同时增大响应和噪声，相对其他检测器而言，FID 的温度不是主要的影响因素。一般将检测器的温度设定比柱温稍高一些，以保证样品在 FID 内不冷凝。但 FID 温度不可低于 100℃，以免水蒸气在离子室冷凝，导致离子室内电绝缘下降，引起噪声骤增。所以 FID 停机时必须在 100℃ 以上灭火，要先停 H_2，后停 FID 检测器的加热电流，这是 FID 检测器使用时必须严格遵守的操作。

八、注意事项

（1）配制苯系物贮备液时，要在通风橱中进行。

（2）进样时所用的注射器应预热到稍高于水样的温度。

九、思考题

（1）使用气相色谱分析样品时，怎样选择合适的各组分检测器？

（2）根据各组分极性大小，分析实验中各组分出峰顺序，并与实际样品出峰顺序相对照。

5.2　离子色谱法

5.2.1　概述

离子色谱(Ion Chromatography，IC)是色谱法的一个分支，它是将色谱法的高效分离技术和离子的自动检测技术相结合的一种分析技术。离子在离子交换柱上或涂渍离子交换剂的纸上进行离子交换反应，由于离子特性的差异，产生不同的迁移速度而得以分离，再配以适当的检测器进行检测。离子色谱具有以下优点：能同时测定多组分的离子化合物，分析灵敏度高，重现性好，选择性好，分析速度快。根据分离机制的不同可分为双柱抑制型离子色谱法，单柱非抑制型离子色谱法，流动相离子色谱法，离子排斥色谱法。

离子色谱定性定量分析和一般色谱法相似，具有多组分同时测定的能力，但是需要标准物质对照。离子色谱已广泛应用于化学、能源、环境等领域的各种分析，尤以阴离子分析具有独到之处。

5.2.2　离子色谱仪

5.2.2.1　离子色谱仪的结构

IC 仪由流动相传送部分、分离柱、检测器和数据处理系统四大部分组成，IC 仪的流程图如图 5 - 2。

5.2.2.2　离子色谱仪的部件

(1)流动相传送部分。IC 仪中输液泵的作用与 HPLC(见 5.3 高效液相色谱分析法)中的泵完全相同，仅是材质、流速范围和对压力的要求不同。HPLC 的流速准确度到 $0.001\ mL \cdot min^{-1}$，而 IC 仅为 $0.01\ mL \cdot min^{-1}$。HPLC 中的泵常在压力高于 15 MPa 状态工作，而 IC 中的泵常在压力低于 15 MPa 状态下工作。

IC 中所用的流动相一般是酸、碱、盐或络合剂，因此流动相经过的部件最好用可防止酸碱腐蚀的材料制作，避免流动相与金属接触而发生腐蚀。

(2)分离柱。IC 仪的分离系统是填充柱，其柱理论与 HPLC 的液 - 固色谱相当，但填料和分离机理不同，IC 的柱填料是 IC 研究的热点，是 IC 发展的主要推动力，发展很快。

用得最广泛的阳离子交换柱填料是磺酸或羧酸官能基的聚苯乙烯二乙烯基苯共聚物。阴离子交换柱填料是季胺官能基的苯乙烯二乙烯基苯共聚物，或叔胺官能基的聚甲基丙烯酸酯树脂。离子排斥柱填料主要为全磺化的聚苯乙烯二

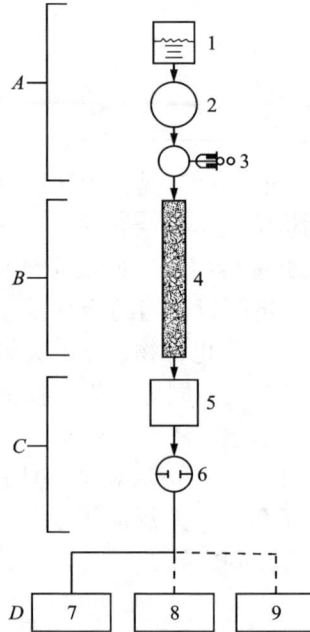

图 5 – 2　离子色谱仪的流程图

A—流动相传送；B—分离柱；C—检测器；D—数据处理
1—淋洗液槽；2—泵；3—进样阀；4—分离柱；5—抑制器；
6—电导池；7—记录仪；8—积分仪；9—色谱工作部

乙烯基苯共聚物。

用于阴离子交换色谱法的典型薄壳型填料是用含有季胺官能团的甲基丙烯酸十二醇酯聚合物涂渍在二氧化硅微球上制备的。阳离子交换树脂是用低分子量的磺化氟碳聚合物涂渍在二氧化硅微粒上制备的。

（3）检测器。IC 的检测器主要有电化学和光学两类。电化学检测器包括电导、安培、脉冲和积分安培检测器；光学检测器主要有可见紫外检测器和荧光检测器。电导检测器是 IC 中用得最多的检测器。用电导检测器的 IC 仪有两种，一类称为化学抑制型电导检测器，即在分离柱与电导池之间串入一个叫做抑制器的部件，文献上常将抑制器视为电导检测器的一部分，统称为化学抑制型电导检测器。

（4）数据处理系统。记录仪、积分仪和色谱工作站，均可用于 IC。

5.2.3　IC-6 离子色谱仪的使用方法与维护

（1）检查仪器。

检查仪器的流路，电源线，地线是否接好，面板的按钮是否处于正常位置。

（2）开机并使仪器进入正常工作状态。

①接通电源，打开稳压器开关，将电压调至 220 V。

②开启平流泵及色谱仪主机开关，指示灯亮，通去离子水，流量 1.5 mL·min^{-1}到 2.5 mL·min^{-1}，同时检查流路系统有无渗漏。

③平流泵正常运转后，利用排气手轮进行调零，用流量选择和限压选择，调至所需流量和压力。

④打开离子色谱仪开关，按下电导按钮，量程选择数字表显示近 50 处为最佳检测状态，按调零按钮，调节基线调节旋钮，使数字显示为零。

⑤打开计算机，进入 EAST 色谱数据工作站。

（3）分析。

①输入文件名称，确定各个参数。

②点采样菜单，当进行阴离子分析时，将色谱仪主机板上的电导池转换键弹起，将进样阀扳到进样位置，启动 A 采样，用注射器取试样从 I 进样口进样，迅速将阀扳到分析位置便完成一次进样，同时按阴离子绿色传导按钮。

③当分析阳离子时，按下主机板上的电导转换键，样品从进样口 II 进样，完成进样后同时用手按下阳离子分析用的红色按钮。

④开始采样，微机显示色谱流出曲线，数据采集完成后读取谱图文件。

⑤对色谱数据进行处理，打印出结果。

（4）关机。

①分析完毕，退出 EAST 工作站。

②连续通 10 min 去离子水冲洗色谱柱。

③关闭色谱仪主机，平流泵及稳压器电源。

（5）注意事项与维护。

①操作过程中，出现与此规程不符者，立即报告老师。

②所用淋洗液应过滤和脱气处理。

③样品中不应含有悬浮物、大量有机物和重金属离子。

④进样时，转动进样阀要迅速，以免造成高压力损坏流路和柱子。

⑤色谱柱较长时间（1 周以上）不用时，应通 3% 硼酸保存，用去离子水冲洗平流泵。

实验四十六　离子色谱法测定生活饮用水中的阴离子

一、实验目的

(1)学习离子色谱分析的基本原理及其操作方法；

(2)了解常见阴离子的测定方法；

(3)了解微膜抑制器的工作原理。

二、测定意义

我国生活饮用水卫生标准(GB 5749—2006)对生活饮用水水质标准及检验项目有明确规定,生活饮用水中的氟化物(F^-)、氯化物(Cl^-)、硝酸盐(NO_3^-)和硫酸盐(SO_4^{2-})含量是判断水质是否合格的重要指标,国标检验方法对 F^-、Cl^-、NO_3^-、SO_4^{2-} 阴离子的测定,分别使用电极法、滴定法和分光光度法,操作步骤多,尤其是在大批样品测定时,耗时较多。随着高性能离子色谱柱的开发,离子色谱法可用于生活饮用水中多种阴离子的同时分析,具有简单、快速和灵敏度高等优点,是光度法等其他方法无法比拟的。

三、方法原理

不同离子对某一给定离子交换柱中功能基存在亲合力的差异。使用适宜的淋洗剂,待测的阴离子随淋洗液进入离子交换系统中时,则在树脂功能基位置发生淋洗剂阴离子与样品阴离子的离子交换平衡,不同样品离子因与固定相的作用力不同而在色谱柱中的保留时间不等,通过柱后可得到分离。

四、仪器与试剂

ICS - 90 离子色谱仪；EASY 色谱数据工作站；超声波发生器；注射器 1 mL；恒流泵。

NaF、KCl、NaBr、K_2SO_4、$NaNO_3$、NaH_2PO_4、$NaNO_2$、Na_2CO_3、$NaHCO_3$、H_3BO_3、浓 H_2SO_4 等均为优级纯；去离子水,其电导率 <5 μS · cm^{-1}。

洗脱贮备液($NaHCO_3$ – Na_2CO_3)的配制　分别称取 26.04 g $NaHCO_3$ 和 25.44 g Na_2CO_3(于 105℃下烘干 2 h,并保存在干燥器内),溶于水中,并转移到 1000 mL 容量瓶中,用水稀释至刻度,摇匀,该洗脱贮备液中 $NaHCO_3$ 的浓度为 0.31 mol · L^{-1},Na_2CO_3 浓度为 0.24 mol · L^{-1}。

洗脱液的配制　吸取上述洗脱贮备液 10.00 mL 于 1000 mL 容量瓶中,用水稀释至刻度,摇匀,用 0.45 μm 的微孔滤膜过滤,即得 0.0031 mol · L^{-1}

$NaHCO_3 - 0.0024$ $mol \cdot L^{-1}$ Na_2CO_3 的洗脱液，备用。

抑制液（0.1 $mol \cdot L^{-1}$ H_2SO_4 和 0.1 $mol \cdot L^{-1}$ H_3BO_3 混合液）　称取 6.2 g H_3BO_3 于 1000 mL 烧杯中，加大约 800 mL 纯水溶解，缓慢加入 5.6 mL 浓 H_2SO_4，并转移到 1000 mL 容量瓶，用纯水稀释至刻度，摇匀。

柱保护液　15 g H_3BO_3 溶解于 500 mL 纯水中。

7 种阴离子标准贮备液的配制　分别称取适量的 NaF, KCl, NaBr, K_2SO_4（于 105℃下烘干 2 h，保存在干燥器内），$NaNO_3$，$NaNO_2$，NaH_2PO_4（于干燥器内干燥 24 h 以上）溶于水中，各转移到 1000 mL 容量瓶中，然后各加入 10.00 mL 洗脱贮备液，并用水稀释至刻度，摇匀备用。7 种标准贮备液中各阴离子的浓度均为 1.00 $mg \cdot mL^{-1}$。

7 种阴离子的标准混合使用液的配制　分别吸取体积如表 1 所示的 7 种标准贮备液于同一个 500 mL 容量瓶中，再加入 5.00 mL 洗脱贮备液，然后用水稀释至刻度，摇匀，该标准混合使用液中各阴离子浓度如表 2 所示。

表 1　标准混合使用液的配制

标准贮备液	NaF	KCl	NaBr	$NaNO_3$	$NaNO_2$	K_2SO_4	NaH_2PO_4
V(mL)	0.75	1.00	2.50	5.00	2.50	12.50	12.50

表 2　阴离子浓度

阴离子	F^-	Cl^-	Br^-	NO_3^-	NO_2^-	SO_4^{2-}	PO_4^{3-}
c($ng \cdot mL^{-1}$)	1.50	2.00	5.00	10.0	5.00	25.0	25.0

待测水样。

五、实验内容

（1）色谱条件。YSA8 型分离柱；电导检测器；微膜抑制器，抑制电流 50 mA；洗脱液　$Na_2CO_3/NaHCO_3$，流量 1.5 $mol \cdot L^{-1}$；进样量　100 μL。

（2）打开电源，开启平流泵电源，流量调至 1.5 $mol \cdot L^{-1}$。按下色谱仪电导按钮，用量程选择使数字表显示近 50 为最佳。按下调零按钮，调节基线调节旋钮，使数字表显示为零。打开 EASY 数据工作站，按操作指南使用该色谱仪数据工作站。

（3）吸取上述 7 种阴离子标准贮备液各 0.50 mL，分别置于 7 个 50 mL 容量瓶中，各加入洗脱贮备液 0.50 mL，加水稀释至刻度，摇匀，即得各阴离子标准使用液。

(4)将仪器调至进样状态，吸取 1 mL 各阴离子标准使用液进样，再把旋钮打至分析状态，同时启动开始键，样品开始进行分析，记录色谱图，各样品重复进样两次。

(5)校准曲线的绘制。

分别吸取阴离子标准混合使用液 1.00，2.00，4.00，6.00，8.00 mL 于 5 个 50 mL 容量瓶中，各加入 0.5 mL 洗脱贮备液，然后用水稀释到刻度，摇匀，分别吸取 1 mL 进样，记录色谱图，各溶液重复进样两次。

(6)取 1.00 mL 洗脱贮备液于 100 mL 容量瓶，用待测水样稀释至刻度，摇匀，取 1 mL 按同样实验条件进样，记录色谱图，重复进行两次。

六、数据处理

(1)按照 EASY 工作站使用手册，分别绘制各标准样品的工作曲线。

(2)计算出水样中各组分的含量。

(3)打印分析结果和色谱图，并计算色谱分离度。

七、问题讨论

如果水样经过含氯消毒剂消毒，被测定离子浓度与标准浓度相差较大，会影响测定结果的准确性，应适当加大样品稀释倍数。稀释时，最好用淋洗液进行稀释，以减小负峰对测定结果的影响。校准曲线和样品等实验测定应在相同条件下进行。如果水样浑浊时，用 0.45 μm 孔径滤膜过滤后进行测定，以免使仪器流路及色谱柱发生堵塞。

八、注意事项

(1)所有淋洗液应过滤和脱气处理。

(2)样品中含有大于 0.45 μm 的颗粒物及试剂溶液中含有 0.2 μm 的颗粒物时，必须用微孔滤膜过滤，以免堵塞仪器流路。

(3)标准溶液贮于聚乙烯塑料瓶中，在 4℃ 保存时，贮备液至少可稳定一个月。标准使用液必须每周配制，亚硝酸根、磷酸氢根的标准溶液应现用现配。

九、思考题

(1)离子色谱与高效液相色谱在分离原理、系统构成方面有何异同？

(2)为什么需要在电导检测器前加入抑制器？

实验四十七　离子色谱法测定水果和饮料中 Na^+、NH_4^+、K^+、Mg^{2+}、Ca^{2+}、Zn^{2+} 的含量

一、实验目的

(1)学习双柱离子色谱分析的基本原理及其操作方法；

(1)学习离子色谱分析常见金属阳离子。

二、测定意义

各种水果丰富了人们的生活，各式各样富含营养元素、微量元素的饮品也逐渐成为人们的"新宠"。不论水果还是饮品中都富含 Na^+、NH_4^+、K^+、Mg^{2+}、Ca^{2+}、Zn^{2+} 等离子。对于人体来讲，这些离子的含量保持在一定的生理浓度范围内，可保证电解质平衡，对人体的生长和正常发育都非常重要。人们通过吸收食品中上述离子适当补充这些微量元素和营养元素，所以有必要对食品中这些元素的含量进行测定。目前测定这些离子的方法很多，主要有原子吸收光谱法、原子荧光光谱法、X 荧光光谱法、电位滴定法和分光光度法等。这些方法大多不能同时分析多种离子，有时样品前处理复杂，操作繁琐，测定时间较长，而离子色谱法则分析速度快、灵敏度高，能同时分离分析多种离子。

三、方法原理

双柱法分析阳离子与双柱法分析阴离子相似，不同的是分析柱用低交换容量的阳离子交换树脂，抑制柱用高交换容量的阴离子交换树脂，淋洗涤液用极稀的硝酸。若以 RSO_3H 代表阳离子交换树脂，以 R_4NOH 代表阴离子交换树脂，以 Y^+ 代表碱金属离子，以 X^- 代表淋洗涤液或样品中的阴离子，则交换反应如下：

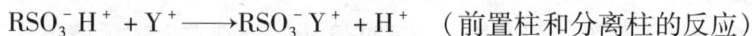

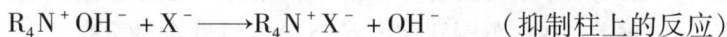

$$RSO_3^-H^+ + Y^+ \longrightarrow RSO_3^-Y^+ + H^+ \quad （前置柱和分离柱的反应）$$

$$R_4N^+OH^- + X^- \longrightarrow R_4N^+X^- + OH^- \quad （抑制柱上的反应）$$

$$H^+ + OH^- \longrightarrow H_2O$$

由于各金属阳离子与 RSO_3^- 的亲和力不同，因而被淋洗液冲洗出色谱柱的速度也不同，这就使混合金属阳离子，按先后顺序流出色谱柱，经检测和数据记录系统将各离子的色谱峰记录下来。

四、仪器与试剂

离子色谱仪，色谱数据工作站，超声波发生器，1 mL 注射器。

吡啶－2,6－二羧酸，氯化锂，氯化钠，氯化铵，硝酸钾，无水乙二胺，草酸，硝酸钙，硝酸镁，氯化锌，氢氧化钠，盐酸，氯化钾，以上试剂均为分析纯。

去离子水　电导率小于 $1\ \mu S \cdot cm^{-1}$。

五、实验内容

(1)色谱条件。测定 Na^+、NH_4^+、K^+ 离子时，淋洗液为 $1.5\ mmol \cdot L^{-1}$ 的吡啶－2,6－二羧酸溶液，流速 $1.0 mL \cdot min^{-1}$；进样量 $20\ \mu L$。测定 Mg^{2+}、Ca^{2+}、Zn^{2+} 离子时，淋洗液为 $0.25\ mmol \cdot L^{-1}$ 乙二胺－$0.50\ mmol \cdot L^{-1}$ 草酸－$0.001\ mmol \cdot L^{-1}$ 吡啶－2,6－二羧酸溶液($pH\ 4.00$)；流速 $1.0\ mL \cdot min^{-1}$，进样量 $20\ \mu L$。

(2)标准溶液的配制。用去离子水配制标准溶液和淋洗液。

(3)样品前处理。对于市售饮料，无需前处理，直接用去离子水稀释适当倍数，经 $0.45\ \mu m$ 微孔滤膜过滤后待测。对于水果，去皮后取可食用部分用研钵捣成浆状，加水煮沸 $5\ min$ 左右，冷却后定容至 $100\ mL$，放置过夜，布氏漏斗过滤，滤液经 $0.45\ \mu m$ 微孔滤膜过滤后待测。

(4)回收率实验溶液的配制。样品前处理同上，在样品中加入各阳离子标准溶液，定容备用。

(5)分离 Li^+、Na^+、NH_4^+、K^+ 离子的色谱条件。用不同浓度的吡啶－2,6－二羧酸作淋洗液，分别测定 Li^+、Na^+、NH_4^+ 和 K^+ 4 种离子的保留时间。随着淋洗液中吡啶－2,6－二羧酸浓度的增大，淋洗液的洗脱能力增强，Li^+、Na^+、NH_4^+ 和 K^+ 4 种离子的保留时间均缩短。当吡啶－2,6－二羧酸浓度为 $1.5\ mmol \cdot L^{-1}$ 时，分离效果最好，各种离子的保留时间也适当。

(6)分离 Mg^{2+}、Ca^{2+}、Zn^{2+} 离子的色谱条件。实验选择 $0.25\ mmol \cdot L^{-1}$ 乙二胺－$0.50\ mmol \cdot L^{-1}$ 草酸－$0.001\ mmol \cdot L^{-1}$ 吡啶－2,6－二羧酸溶液($pH\ 4.00$)作淋洗液。

(7)配制一系列不同浓度的混合标准溶液。分别在上述色谱条件下进行分析，得到相对标准偏差、线性范围和检出限($S/N=3$)等定量参数。

(8)样品分析。按实验方法测定，根据保留时间进行定性，采用标准加入法检验方法的回收率。

六、数据处理

(1)打印分析结果和色谱图，并计算各相邻组分的分离度。

(2)计算相对标准偏差、线性范围和检出限($S/N=3$)等定量参数。

(3)计算各阳离子含量。

七、问题讨论

影响组分保留时间的因素很多，有固定相和淋洗液的种类，淋洗液的浓度，温度等，本试验中考察了淋洗液中吡啶 $-2,6-$ 二羧酸浓度、乙二胺浓度、草酸浓度以及溶液 pH 值对各种离子保留行为的影响。随着淋洗液中吡啶 $-2,6-$ 二羧酸浓度、乙二胺浓度、草酸浓度以及溶液 pH 的增加，各种离子的保留时间均有所减少，甚至有时会出现淋洗顺序交错现象。综合考虑淋洗液中各因素对金属离子保留时间的影响，实验选择 $0.25\ mmol \cdot L^{-1}$ 乙二胺 $-0.50\ mmol \cdot L^{-1}$ 草酸 $-0.001\ mmol \cdot L^{-1}$ 吡啶 $-2,6-$ 二羧酸溶液（pH 4.00）作淋洗液。

八、注意事项

（1）测定前，要用淋洗液对仪器进行足够时间的淋洗，确保机器达到稳定状态。

（2）室温控制在 20℃左右，尽量保持温度的稳定。温度的波动会导致保留时间的改变、基线的飘移及重复性变差。

九、思考题

（1）单柱离子色谱与双柱抑制型离子色谱有何区别？

（2）电导检测器为什么能用做离子分析的检测器？

5.3　高效液相色谱法

5.3.1　概述

　　高效液相色谱法（High Performance Liquid Chromatography，HPLC）是以液体作为流动相的一种色谱分析法。与气相色谱法相比，它同样具有高灵敏度，高效能和高速度的特点，但应用范围更广。据估计，在自然界数百万种有机化合物中，仅有20%采用GC法分析，而对于总数75%～80%的化合物则可采用高效液相色谱进行分离分析，特别是许多高沸点、难挥发、热稳定性差的物质，如生物化学制剂，金属有机化合物的分离分析，尤须借助于高效液相色谱法。

　　根据固定相的类型和分离机理，HPLC可分为液－固吸附色谱，液－液分配色谱，离子交换色谱和凝胶渗透色谱等几类。用于HPLC的检测器有紫外－可见分光光度检测器，差示折光检测器，荧光检测器，电导检测器等。

　　HPLC的定性和定量分析，与气相色谱分析相似，在定性分析中，采用保留值定性或与其他定性能力强的仪器分析法联用，如与质谱法，红外吸收光谱法等联用。在定量分析中，采用归一化法，内标法或外标法。HPLC在分析组成复杂的样品时，常常有些组分不能出峰，因此归一化法定量受到限制，而内标法定量则被广泛使用。

5.3.2　高效液相色谱仪使用方法

　　高效液相色谱仪由高压输液系统、进样系统、分离系统、检测系统、记录系统等五大部分组成。图5－4为高效液相色谱仪示意图。分析前，选择适当的色谱柱和流动相，开泵，冲洗柱子，待柱子达到平衡而且基线平直后，用微量注射器把样品注入进样口，流动相把试样带入色谱柱进行分离，分离后的组

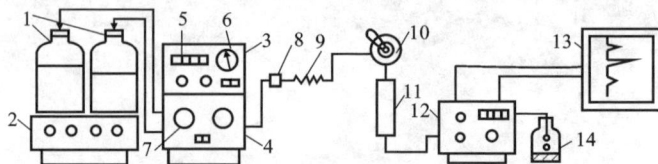

图5－4　高效液相色谱仪示意图

1—流动相贮瓶；2—托盘；3—高压泵；4—面板；5—流量表；6—压力表；7—开关；
8—过滤器；9—脉冲阻尼；10—进样器；11—色谱柱；12—检测器；13—记录仪

分依次流入检测器的流通池，最后和洗脱液一起流入流出物收集器。当有样品组分流过流通池时，检测器把组分浓度转变成电信号，经过放大，用记录器记录下来就得到色谱图。色谱图是定性、定量和评价柱效高低的依据。

具体操作步骤如下：

（1）将恒流泵上末端带有过滤器的输液管插到经脱气的流动相贮液瓶中。

（2）开启高压电源开关，电源指示灯亮，泵内电机工作，调节流量开关至所需流量。

（3）打开排气旋钮，将空气排尽，旋紧排气旋钮，此时压力即指柱前压力，旋转限压选择开关，使其值较柱前压大 980~2000 kPa 处。

（4）开启紫外检测器电源开关，电源指示灯亮，并把灵敏度选择开关置于所要求的档上。

（5）开启电平衡开关，电流表指针偏转，旋转电平衡粗调和微调，使电流表指针在"0"处，若调不到，表明检测器的测量池内有气泡，应予以排除。

（6）开启色谱数据工作站，设置各参数，待基线平直后，即可进样。

（7）旋转六通进样阀至进样位置。

（8）用微量进样器吸取一定试样溶液，插入六通进样阀的进样针孔中，把试样溶液缓慢推入，把进样阀切向分析位置。

（9）经过半分钟，拔出微量进样器并将切换手柄再切向进样位置。

（10）记录下色谱图，并用工作站对数据进行处理。

（11）实验完毕后，依次关闭计算机、检测器、恒流泵等电源开关。

注意事项 同离子色谱法使用注意事项。

实验四十八　HPLC 柱填充技术和柱性能考察

一、实验目的

（1）掌握匀浆法装柱技术；

（2）掌握考察色谱柱基本特性的方法。

二、测定意义

色谱柱分离效能的好坏，不仅与填料特性和填充方法有关，而且与从事装柱工作的经验有关。无论是自己装填的还是购买的色谱柱，使用前都要对其性能进行考察，使用期间或放置一段时间后也要重新检查。柱性能指标包括在一定实验条件（样品、流动相、流速、温度等）下的柱压、理论塔板高度和塔板数、对称因子、容量因子和选择性因子的重复性及分离度。一般说来容量因子和选择性因子的重复性应在 ±5% 或 ±10% 以内。进行柱效比较时，还要注意柱外效应是否有变化。一份合格的色谱柱评价报告应给出柱的基本参数，如柱长、内径、填料的种类、粒度、色谱柱的柱效、不对称度和柱压降等。

三、方法原理

（1）色谱柱的填充。目前，一般都采用匀浆法装柱。匀浆法就是选择一种合适的液体作为分散介质，制成微粒在介质中高度分散的固定相悬浮液，在整个填充过程中，微粒不沉降或凝聚。然后用高压输液泵在高于实际操作压力下，用顶替液将该悬浮液迅速压入柱内。

（2）柱性能考察。评价液相色谱柱的性能是否优良，有不同的方法和考察指标。本实验从理论塔板数和峰对称性二个方面进行考察。

①理论塔板数：色谱柱的分离效能简称柱效，可定量地用理论塔板数来表示，理论塔板数反映色谱柱本身的特性，表明柱效受填料颗粒度、柱内径、流动相流速和黏度、进样方式等影响，是一个具有综合性的参数。

②峰对称性：峰不对称性用峰不对称因子（Peak Asymmelry Factor）表示，用以衡量色谱峰的对称性，也称为拖尾因子。《中国药典》规定不对称因子应为 0.95 ~ 1.05，小于 0.95 为前延峰，大于 1.05 为拖尾峰。

四、仪器与试剂

岛津 LC - 20 高效液相色谱仪；紫外检测器；气动放大恒压泵（流量 $1\ L \cdot h^{-1}$）；超声波发生器；不锈钢色谱柱（15 cm × ϕ4 mm）；YWG - C18（5 μm 或 10 μm）。

甲醇:水 = 60:40,氯仿,丙酮。试验混合物:硝基苯—苯乙酮—甲苯。

五、实验内容

(1)色谱柱的填充。

①将色谱柱依次用氯仿、丙酮、甲醇、水、甲醇清洗,然后吹干,在柱下端装上过滤片及带密封垫的螺母,接好装置。

②检查泵系统是否正常,是否泄漏。

③采用甲醇作为匀浆顶替液,将 500 mL 顶替液置于超声波发生器上,脱气处理 15 ~ 20 min。

④称取超过色谱柱实际容量 15% 的 YWG - C18 填料,倒入小烧杯中,加入分散介质(本实验采用甲醇、水混合溶液为分散介质),摇匀,用超声波处理 10 min,制成均匀的匀浆液。

⑤迅速将匀浆液倒入匀浆罐中。

⑥压紧顶盖,打开放空阀,从出气口加入少量分散介质,使排气管充满液体,关闭放空阀。

⑦打开高压阀,使压力迅速升至 400 ~ 500 MPa,让顶替液迅速将匀浆液压入柱中,待流出 100 ~ 150 mL 液体后,逐渐降低压力,至停泵。待柱中不再流出液体时,卸下柱子,装上过滤片及密封螺母。

(2)色谱柱性能考察。

①将填充好的色谱柱接入色谱系统。

②启动仪器,待基线平稳后即可进样。

③检测器 UV - 254 nm,注入 3 ~ 5 μL 试验混合物溶液,记录色谱图。

六、数据处理

根据柱长(cm),组分的保留时间 t_R(min),组分的半高峰宽 $W_{h/2}$(mm),计算每米柱的理论塔板数、理论塔板高度和组分的不对称因子。

七、问题讨论

对于一个装填良好的色谱柱而言,随着所装填的填料平均粒径的减小,柱效提高,但是对于某台特定的 HPLC 仪器,如果引起峰展宽的柱外效应足够大,小粒径色谱柱的高柱效就不能实现。柱外峰展宽效应由除了填料本身以外的所有额外的体积引起,包括进样体积(进样环以及进样阀内的额外体积);从进样阀(器)出口到色谱柱入口的管路体积;保护柱内的间隙体积,如果有柱头,还包括柱头内体积;在线过滤器内体积;色谱柱入口到色谱填料之间的一段距离的体积,包括筛板孔隙和液流路径的体积;色谱柱色谱填料到出口的一段距离的体积，包括筛板孔隙和液流路径的体积；色谱柱出口到检测器入口的管路体积；检测器入口到流通池的管路体积；检测流通池体积。所以，要得到期望的分离效率，就要确保把 HPLC 体系的柱外效应减到最小。

八、注意事项

（1）所配制的匀浆液浓度不宜过高，否则将影响固定相在分散介质中的均匀分散。通常，悬浮液中含填料 10% 左右。

（2）填充过程所施加的压力，一般在 200 ~ 600 MPa 的范围内。压力过高，柱内填充床可能产生裂纹或结块，压力过低，固定相不够紧密，柱效降低。

九、思考题

（1）如果用填充好的柱子测得的色谱峰不对称应该怎样进行改善。

（2）如何保护色谱柱，延长使用寿命？

实验四十九　高效液相色谱定性定量分析芳香族化合物

一、实验目的

（1）了解高效液相色谱仪的构造、原理及操作技术；

（2）了解高效液相色谱仪和紫外检测器，或二极管阵列检测器 DAD 的使用范围、原理和使用方法；

（3）学会内标校准曲线法进行定量分析。

二、测定意义

水中的苯系物通常包括苯、甲苯、乙苯、间二甲苯、对二甲苯、邻二甲苯、异丙苯、苯乙烯等几种化合物。除苯是已知的致癌物外，其他几种化合物对人体和水生生物均有不同程度的毒性。室内空气污染是继"煤烟污染"和"光化学污染"之后的全球第三代污染重点，其中造成室内空气污染的一个重要污染源便是苯类物质（甲苯、二甲苯）。近年来，随着国民经济的日益发展，人民生活水平的逐步提高，买房装修已成为平常事，而且现代人 90% 的时间在室内工作或生活，室内空气污染问题不得不引起人们的高度警觉。因此，测定水中或空气中苯系物含量对环境保护具有重要的意义。气相色谱法和高效液相色谱法都能用于苯系物的测定，并具有很高的检测灵敏度。

三、方法原理

高效液相色谱法以液体作为流动相的色谱法。它是在经典液相色谱实验基础上引入气相色谱的理论，在技术上采用高压输液泵、高效固定相和高灵敏的检测器，而发展起来的快速分离分析技术。具有分离效能高，检出限低，操作自动化和应用范围广的特点。

苯系物为芳香烃化合物，具有紫外吸收官能团，样品不需要衍生，可以直接采用紫外光谱法进行检测。

本实验采用内标校准曲线法进行定量分析。

四、仪器与试剂

岛津 LC-20 高效液相色谱仪，具有可变波长紫外检测器，色谱工作站，微量进样器（10 μL），Hypersil BDS C18（4.6 mm×250 mm，5 μm）色谱柱，0.45 μm 孔径微孔过滤器。

苯，甲苯，二甲苯，甲醇（色谱纯），新蒸二次蒸馏水。

五、实验内容

(1)高效液相色谱操作条件。流动相甲醇:水 $= 7 : 3(V/V)$，使用前经 0.45 μm 滤膜过滤并超声脱气；柱温室温；流速 1.0 $mL \cdot min^{-1}$；检测波长 254 nm；进样量 10 μL。

(2)标准溶液配制。称取色谱纯苯，甲苯，二甲苯各 0.05 g(精确到 0.0001 g)于 50 mL 容量瓶中，用甲醇溶解并稀释至刻度，摇匀待用。此混合溶液苯，甲苯，二甲苯均为 1.00 $mg \cdot mL^{-1}$。

(3)试样溶液的配制。称取 1 g(精确到 0.0001 g)试样，置于 50 mL 容量瓶中，用甲醇溶解并稀释至刻度，超声振荡 20 min，取出，经 0.45 μm 滤膜过滤，备用。

(4)校准曲线的制作。分别吸取苯、甲苯和二甲苯标准混合溶液 0.50，1.00，1.50，2.00，2.50，3.00 mL 置于 50 mL 容量瓶中，用甲醇稀释至刻度，摇匀，配制成含苯，甲苯，二甲苯 10.00 $\mu g \cdot mL^{-1}$，20.00 $\mu g \cdot mL^{-1}$，30.00 $\mu g \cdot mL^{-1}$，40.00 $\mu g \cdot mL^{-1}$，50.00 $\mu g \cdot mL^{-1}$，60.00 $\mu g \cdot mL^{-1}$ 的标准溶液，经 0.45 μm 滤膜过滤待用。

在上述色谱条件下，待仪器基线稳定后进样 10 μL 标准系列溶液，记录色谱峰面积，以苯，甲苯，二甲苯的质量浓度为横坐标，相应的峰面积为纵坐标，绘制校准曲线，或求出线性回归方程。

(5)试样的测定。在与标准系列溶液相同的条件下注入待测溶液，根据色谱峰保留时间定性，记录色谱峰面积，并根据校准曲线或线性回归方程求得待测样品中各组分的浓度。

(6)测试完毕，先用 100% 水洗脱色谱柱至压力平衡，持续 10 min，改用 90% 甲醇水溶液洗脱至压力平衡，最后用纯甲醇平衡色谱柱。

六、数据处理

(1)利用保留时间对各组分定性。

(2)分别绘制各组方的校准曲线，确定线性范围，由校准曲线求出样品中各组分的浓度 ρ，计算样品中各组分含量。

苯、甲苯、二甲苯质量分数 $w\%$ 按下式计算

$$w\% = \frac{\rho \times V \times 10^{-6}}{m} \times 100$$

式中：m—试样的质量，ρ—样品中组分的浓度，V—进样体积(μL)。

七、问题讨论

(1)芳香烃混合物的分离检测可以采用气相色谱法，也可以采用高效液相

色谱法分析，高效液相色谱分析不需要对样品进行加热，只要将样品制成溶液，而气相色谱需加热气化或裂解；液相色谱采用紫外检测器，对样品无破坏，样品可以纯化回收，而气相色谱法采用氢火焰离子化检测器，是破坏型检测器。

（2）本实验采用的是反相色谱法，固定相极性大于流动相极性，在反相色谱体系中，极性强的组分，在流动相中溶解度较大，因此 k 值小，先出峰。极性弱的组分，在固定相中的溶解度较大，因此 k 值大，后出峰。标准试液组分的出峰顺序依次为苯，甲苯，二甲苯。在正相色谱中组分的出峰正好相反。

八、注意事项

（1）采用微量进样器进样时，不要将气泡引入色谱系统中，以免引起压力不稳定。

（2）及时添加流动相，工作状态时，切不可使液面低于泵头。

九、思考题

（1）从仪器构造、分离原理和应用范围比较 HPLC 和 GC 的异同点。

（2）试分析苯的保留时间为什么比甲苯的短？

实验五十　高效液相色谱法同时测定三种氨基酸

一、实验目的

（1）了解高效液相色谱在氨基酸分析中的应用；

（2）初步掌握梯度洗脱实验技术。

二、测定意义

氨基酸是组成蛋白质的基本单位，也是蛋白质的分解产物，氨基酸含量的测定在生命科学，植物学等领域都具有很重要的意义。在药物化学中，一般氨基酸原料药的测定仍然采用经典的高氯酸滴定法，由于滴定终点难以判别、受环境条件影响大、个人差异明显等原因，均会导致测试结果不准确。尤其是色氨酸和酪氨酸，准确测定的难度很大。酪氨酸不能用一般的滴定法测定，只在《中国药典》1995 年版才收录了电位滴定法测定的方法，所以很多实验室都未能对该项目进行检测。HPLC 法具有很好的分离能力，多波长紫外检测器对具有紫外吸收的化合物有较高的灵敏度。本实验所用方法可作为色氨酸，酪氨酸和苯丙氨酸直接测定的一种有效手段。

三、方法原理

利用色氨酸、酪氨酸、苯丙氨酸三种氨基酸均存在共轭双键，在紫外部分有吸收这一特性，针对不同的氨基酸选用适当波长进行检测，不需要衍生，可直接测定，分析时间短，且其他氨基酸在紫外无吸收，不影响测定。

在同一个分析周期中，按一定程度不断改变流动相的浓度配比，称为梯度洗脱。从而可以使一个复杂样品中的性质差异较大的组分能按各自适宜的容量因子 k 达到良好的分离目的。梯度洗脱的优点：①缩短分析周期；②提高分离能力；③峰型得到改善，很少拖尾；④增加灵敏度。但有时引起基线漂移。

四、仪器与试剂

岛津 LC – 20 高效液相色谱仪，色谱工作站，微量进样器（10 μL），Hypersil BDS C18（4.0 mm×200 mm，5 μm）色谱柱。

色氨酸、酪氨酸、苯丙氨酸、标准品，甲醇为液相色谱淋洗剂，流动相用 0.45 μm 微孔滤膜过滤，实验用水为二次去离子水，经玻璃系统重蒸馏。

五、实验内容

（1）标准溶液的制备：准确称取色氨酸、酪氨酸、苯丙氨酸、各 0.1000 g 于 1000 mL 容量瓶中，加水稀释至刻度。在漩涡搅拌器上混合均匀，此为 100 μg·mL^{-1}

的含有色氨酸、酪氨酸、苯丙氨酸、氨基酸标样,再逐级稀释成 50,10,5,1 $\mu g \cdot mL^{-1}$ 的标准溶液。

(2)样品溶液的制备。将复方氨基酸注射液分别稀释 1,5,10,50 倍,移入进样小瓶中。进样前经 0.45 μm 微孔膜过滤。

(3)色谱条件:色谱柱为 Hypersil BDS C18(4.0 mm×200 mm, 5 μm),另加一 20 mm C18 保护柱;流动相 A　8.5 mmol·L^{-1} NaAc 溶液,用磷酸调节 pH=4.0;流动相 B 甲醇,流速 1.2 mL·min^{-1};柱温室温;设置 3 波长监测,分别为 230 nm,210 nm 及 278 nm;进样体积 10 μL;梯度洗脱条件　95% A,5% B,10 min 后变为 50% A,50% B。

(4)进样氨基酸系列标准混合液,得到色谱图,计算各色谱峰面积。

(5)实际样品测定:进样实际样品,得色谱图,计算各色谱峰面积。

六、数据处理

(1)利用保留时间和紫外光谱图对各组分定性。

(2)分别绘制各组分的校准曲线,确定线性范围。根据校准曲线计算各组分含量。

七、问题讨论

在本实验中,测定的三种氨基酸含有紫外吸收官能团,所以可以直接采用紫外检测器进行检测。但自然界中大多数氨基酸缺乏天然的紫外或荧光吸收,故不能直接检测。一般需采用柱前通过化学衍生化提高该类化合物的检测灵敏度,这是在实际分析中要考虑的问题。

八、注意事项

(1)梯度洗脱所用的溶剂纯度要求更高,以保证好的重现性。进行样品分析前必须进行空白梯度洗脱,以辨认溶剂杂质峰。因为弱溶剂中的杂质富集在色谱柱头上后会被强的溶剂洗脱出来。用于梯度洗脱的溶剂需彻底脱气,以防止溶剂混合时产生气泡。

(2)每次梯度洗脱之后必须对色谱柱进行再生处理,使其恢复到初始的状态。需让 10 ~ 30 倍柱容积的初始流动相流经色谱柱,使固定相与初始流动相达到完全平衡。

九、思考题

(1)为什么要进行梯度洗脱?在梯度洗脱过程中要注意哪些问题?

(2)对生物样品进行高效液相色谱分析,应对进样溶液做那些预处理?

实验五十一 反相离子对色谱分离水溶性维生素

一、实验目的

(1)掌握反相离子对色谱分离水溶性维生素的方法;

(2)了解反相离子对色谱分离水溶性维生素的原理及方法特点。

二、测定意义

目前,含维生素药品制剂很多,且它们的组成复杂,所以对其分析是很有意义的,而反相离子对色谱分离方便简单,效果好,重现性好。

三、方法原理

水溶性维维素包括:VB_1(硫胺素),VB_2(核黄素),VB_5(烟酰胺,烟酸),VB_6(吡哆醛、吡哆醇),VB_{11}(叶酸),VB_{12}(钴胺素)和 V_C 等。在用反相离子对色谱法测定中,阳离子 A^+(样品离子)和反离子 B^-(烷基磺酸根离子)先形成离子对,再在流动相和固定相中分配。

保留时间为

$$t_R = t_M \left(\frac{K_{A,B}[B^-]}{\beta} + 1 \right)$$

式中,β 为相比,t_M 为死时间,$K_{A,B}$ 为平衡常数。

可见样品的保留时间受反离子的浓度和可逆过程的总平衡常数的影响。因此,对混合水溶性维生素分离的影响因素,除反离子的浓度外,还有流动相的 pH,甲醇与水的配比,有机添加剂三乙胺(TEA)浓度和柱温。TEA 作为流动相的添加剂,可减少碱性样品色谱峰的拖尾。

四、仪器与试剂

高效液相色谱仪;超声波发生器。

甲醇;十二烷基磺酸钠;三乙胺;水溶性维生素混合标样。

混合标样配制 将 VB$_1$、烟酸、烟酰胺、吡哆醛、吡哆醇、VB$_{12}$ 和 VC 溶于水配成含量均为 30 μg·mL^{-1} 的水溶液(溶液 1)。将 VB$_2$ 和 VB$_{11}$ 滴入少量 5% NaOH 溶解 VB$_2$ 和 VB$_{11}$,再用去离子水稀释至各含 100 μg·mL^{-1} 的混合液(溶液 2)。使用前,将溶液 1 和溶液 2 以 1:1 混合,配成含 9 种维生素的混合标样。以相应的方法制成各维生素的单个标样。

用相应的方法配制各维生素的单个标准,以供实验分析。

五、实验内容

(1)色谱条件。色谱柱 YWG—G18，10 μm，25 cm × φ4.6 mm；检测器 UV—254 nm；柱温 30℃；流动相　甲醇：水 = 40:60，十二烷基磺酸钠 1.5 mmol · L^{-1}，三乙胺 0.3%，用磷酸调节 pH 3.0；流动相流速 1.0 mL · min^{-1}。

(2)启动仪器，用大约 180 mL 流动相流经色谱柱，待基线稳定后，分别注入 10 μL 的各单个维生素标样，记录色谱图和出峰时间。

(3)注入 10 μL 混合试样，记录色谱图和各峰的出峰时间。

(4)实验结束，用 90% 甲醇—水溶液冲洗色谱柱 1 h 左右。

六、数据处理

根据标样的保留时间找出混合试样色谱图中各峰对应的样品名称。

七、问题讨论

本实验采用离子对反相色谱法分离水溶性维生素，用十二烷基磺酸钠作离子对试剂，在流动相中加入少量三乙胺以减少 VB$_1$ 和 VB$_2$ 的拖尾现象，使峰变窄。同时在流动相中加入醋酸调节流动相的 pH。流动相的 pH < 3 时，VB$_1$ 和 VB$_2$ 保留时间太短，峰形不好，分离差；pH > 5 时，VB$_1$ 和 VB$_2$ 的保留时间增长，并且 VB$_1$ 和 VB$_2$ 在碱性介质中不稳定。

八、注意事项

(1)制备流动相用试剂均为分析纯，水用二次蒸馏水，维生素为生物试剂。

(2)用庚烷盐作为离子对试剂效果更优，但其价格较贵。

九、思考题

(1)反相离子对色谱同时分离混合水溶性维生素有哪些影响因素？

(2)流动相的组成对分离有何影响？在实验中，若改变流动相中甲醇与水相之比，分离情况会怎样？

5.4 毛细管电泳法

5.4.1 概述

毛细管电泳(capillary electrophoresis, CE)又叫高效毛细管电泳(HPCE),是近年来发展最快的分析方法之一。1981 年 Jorgenson 和 Lukacs 首先提出在 75 μm内径毛细管柱内用高电压进行分离,创立了现代毛细管电泳。毛细管电泳是指溶质以电场为推动力,在毛细管中按淌度差别而实现的高效、快速分离的电泳技术。由于它符合了以生物工程为代表的生命科学各领域中对多肽、蛋白质(包括酶,抗体)、核苷酸乃至脱氧核糖核酸(DNA)的分离分析要求,得到了迅速的发展。毛细管电泳是经典电泳技术和现代微柱分离相结合的产物,和传统分离技术相比,毛细管电泳具有以下优点:

(1)仪器简单,操作方便,容易实现自动化。简易的毛细管电泳仪器组成及其简单,只要有一个高压电源、一根毛细管、一个检测器和两个缓冲溶液瓶,就能进行毛细管电泳实验。

(2)分离效率高,分离速度快。由于毛细管能抑制溶液对流,并具有很好的散热性,允许在很高的电场下进行电泳,因此可在很短时间内完成高效分离。

(3)操作模式多,分析方法开发容易。只要更换毛细管填充溶液的种类、浓度、酸度或添加剂等,就可以用一台仪器实现多种分离模式。

(4)实验成本低,消耗小。因为进样为纳升级或纳克级,分离在水介质中进行,消耗的大多是价格较低的无机盐,毛细管容积仅几微升。

(5)应用范围广。毛细管电泳广泛用于分子生物学、医学、药学、材料学以及与化学相关的化工、环保、食品、饮料等各个领域,从无机小分子到生物大分子,从带电物质到中性物质都可以用毛细管电泳进行分离分析。

5.4.2 毛细管电泳仪及其操作

毛细管电泳仪组成部分主要是高压电源、缓冲液瓶、样品瓶、毛细管和检测器(如图4-5)。高压电源是为分离提供动力的,为正、负和正负切换可调三种规格,仪器的输出直流电压为 0 ~ 30 kV。缓冲液瓶多采用塑料(如聚丙烯)或玻璃等绝缘材料制成,容积为 1 ~ 3 mL。考虑到分析过程中正负电极上发生的电解反应,体积大一些的缓冲液瓶有利于 pH 的稳定。进样时毛细管的一端伸入样品瓶，采用压力或电动方式将样品加载到毛细管入口，然后将样品瓶换为缓冲液瓶，接通高压电源开始分析。

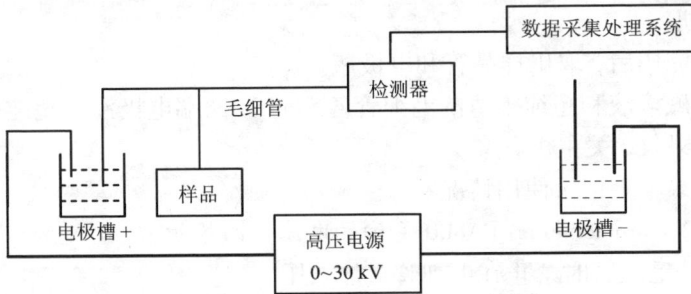

图 5 - 5　毛细管电泳仪仪器示意图

5.4.2.1　ProteomeLab PA800 电细管电泳仪的使用

（1）开机前准备。

①实验室温度应保持在 10～30℃之间，一天内室温变化不超过 ±2℃，湿度小于 80% 。

②打开仪器主机门，检查仪器各部分是否正常，更换合适的电源、毛细管和检测器。检查仪器和记录仪连线是否正确。

③更换清洗毛细管用的超纯水和酸、碱溶液。

（2）开机。

打开毛细管电泳仪开关，打开记录仪开关。

（3）操作过程及数据输出。

①设置记录仪参数：输入当前日期和时间，对 WIDTH、SLOPE、MIN AREA、DRIFT、LOCK、STOP TIME 等峰处理参数和 ATT2X、SPEED 等记录控制参数进行设置，最后确定样品分析方法。

②设置主机参数：确定样品分析次数，进样时间或进样电压，样品运行时间和电压。

③先用超纯水清洗毛细管 5 min，并检查毛细管是否畅通。然后根据所分析样品情况，用酸或碱溶液清洗毛细管 5 min，再用超纯水清洗毛细管 5 min。

④样品测试。

ⓐ按要求配制好所需电解质溶液，倒入电极瓶中。在样品管内配制好欲分析样品溶液。

ⓑ用分析用电解质溶液清洗毛细管 10 min。

ⓒ将各个样品管放入对应的样品槽内，关好主机门，按主机上开始键进行样品测试，记录仪自动开始采集并输出数据。

（4）关机。

①实验完毕后，取出样品管和电极瓶。

②用酸碱溶液和超纯水清洗毛细管各 5 min，两端电极浸于超纯水中。

③关记录仪，关主机。

④在记录本上记录使用情况。

5.4.2.2 ProteomeLab PA800 毛细管电泳仪的维护

（1）冲洗毛细管时禁止在毛细管上加电压。

（2）冲洗毛细管对于实验结果的可靠性和重现性至关重要，务必认真完成每一次冲洗，不允许缩短冲洗时间或者不冲洗。

（3）做完实验以后一定要用水冲洗毛细管，每天做完以后要用空气吹干，否则可能会导致毛细管堵塞。

（4）塑料样品管的里面容易产生气泡，轻敲管壁排出气泡以后方可放入托管架。

实验五十二　毛细管电泳法分析未知溶液组成

一、实验目的

（1）理解毛细管电泳的基本原理；

（2）熟悉毛细管电泳仪器的构成；

（3）了解影响毛细管电泳分离的主要操作参数。

二、测定意义

测定未知液的组成，主要是通过各种方法，确定未知液中的组分及其含量，这是科学研究的重要工作。

以高压电场为驱动力，以毛细管为分离通道，依据样品中各组分之间淌度和分配行为上的差异而实现分离的一类液相分离技术。毛细管电泳是近年来发展最快的分析方法之一，在工业和科研领域均有广泛应用，理解和掌握毛细管电泳的原理和使用方法具有重要意义。

三、方法原理

离子的电泳淌度与其荷电量呈正比，与其半径及介质粘度呈反比。带相反电荷的离子其电泳淌度的方向也相反。需要指出，在物理化学手册中可以查到的离子淌度常数是绝对淌度，即离子带最大电量时测定并外推至无限稀释条件下所得到的数值。在电泳实验中测定的值往往与此不同，故将实验值称为有效淌度（μ_e）。有些物质因为绝对淌度相同而难以分离，但可以通过改变介质的pH，使离子的荷电量发生改变，就可以使不同离子具有不同有效淌度，从而实现分离。

四、仪器与试剂

ProteomeLab PA 800 毛细管电泳仪，镊子，100 mL 烧杯。

苯甲醇、苯甲酸、水杨酸、对氨基水杨酸，溶于二次水中，浓度均为 1.00 mg · mL^{-1}，作为标准品，混合稀释作为标样。另有一个预先配制的未知浓度混合样品。

缓冲溶液　10 mmol · L^{-1} NaH$_2$PO$_4$ – Na$_2$HPO$_4$ 缓冲溶液（NaH$_2$PO$_4$ 和 Na$_2$HPO$_4$ 各 5 mmol · L^{-1}），20 mmol · L^{-1} HAc – NaAc（HAc : NaAc 约为 1 : 15）缓冲溶液，20 mmol · L^{-1} Na$_2$B$_4$O$_7$ 缓冲溶液。

1 mol · L^{-1} NaOH 溶液，二次去离子水。

五、实验内容

（1）仪器的预热和毛细管的冲洗。打开仪器和配套的工作站。工作温度设置为30℃，不加电压，冲洗毛细管，顺序依次是：1 mol · L⁻¹ NaOH 溶液 5 min，二次水 5 min，10 mmol · L⁻¹ NaH₂PO₄ – Na₂HPO₄ 1∶1 缓冲溶液 5 min，冲洗过程中出口对准废液瓶的位置，并不要升高托架。

（2）混合标样的配制。毛细管冲洗的同时，配制混合标样。分别用 5 mL 的吸量管移取 3 mL 苯甲醇、3 mL 苯甲酸，用 1 mL 的吸量管移取 1 mL 水杨酸、0.5 mL 对氨基水杨酸于 10 mL 容量瓶中，二次去离子水定容，得到苯甲醇、苯甲酸、水杨酸、对氨基水杨酸浓度分别为 300 μg · mL⁻¹、300 μg · mL⁻¹、100 μg · mL⁻¹、50.0 μg · mL⁻¹ 的混合溶液作为混合标样。

（3）混合标样的测定。待毛细管冲洗完毕，取 1 mL 混合标样，置于塑料样品管，放在电泳仪进口（Inlet）托架上 sample 的位置，然后调整出口（outlet）对准缓冲溶液（buffer），升高托架并固定，然后开始进样。进样压力 30 mbar，进样时间 5 s。进样后将进口托架的位置换回缓冲溶液，选择方法 2004 CE. mtw，修改合适的文件说明，然后开始分析，电压 25 kV，时间约 10 min。

（4）未知浓度混合样品的测定。方法与条件同上，测试未知浓度混合样品，分析时间约 10 min。

（5）不同缓冲溶液下迁移时间的变化。未知浓度混合样品的测定完毕后，冲洗毛细管，顺序依次是：1 mol · L⁻¹ NaOH 溶液 5 min，二次水 5 min，然后更换进出口两端的缓冲溶液为 20 mmol · L⁻¹ Na₂B₄O₇，冲洗 5 min；并在此条件下测试未知浓度混合样品，电压 25 kV，时间约 10 min。按照前面的顺序再次冲洗毛细管，再次更换进出口两端的缓冲溶液为 10 mmol · L⁻¹ NaH₂PO₄ – Na₂HPO₄ pH 为 6，冲洗 5 min；并在此条件下测试未知浓度混合样品，电压 25 kV，时间约 15 min。

（6）完成实验以后，用水冲洗毛细管 10 min。

六、数据处理

（1）根据电泳的原理，判断两组混合标样中各峰的归属（需要查找被分析物的 pK_a 值），找到在未知浓度混合样品中与之迁移时间一致的峰。

（2）按照已知浓度峰的积分面积之比计算未知浓度混合样品中各个组分的浓度（外标定量法）。

（3）计算各个组分的表观淌度和有效淌度，并说明哪个组分可以作为电渗流标记物。

（4）根据电泳的原理，判断在另外两种缓冲溶液下，各个峰的归属，并对各个组分迁移时间的变化做出合理分析和讨论。

七、问题讨论

（1）CE 所用的石英毛细管柱，在 pH>3 情况下，其内表面带负电，和溶液接触时形成了一双电层。在高电压作用下，双电层中的水合阳离子引起流体整体地朝负极方向移动的现象叫电渗，粒子在毛细管内电解质中的迁移速度等于电泳和电渗流（EOF）两种速度的矢量和，正离子的运动方向和电渗流一致，故最先流出；中性粒子的电泳流速度为"零"，故其迁移速度相当于电渗流速度；负离子的运动方向和电渗流方向相反，但因电渗流速度一般都大于电泳流速度，故它将在中性粒子之后流出，从而因各种粒子迁移速度不同而实现分离。

（2）CE 和普通电泳相比，由于其采用高电场，因此分离速度要快得多；检测器则除了未能和原子吸收及红外光谱连接以外，其他类型检测器均已和 CE 实现了连接检测。一般电泳定量精度差，而 CE 和 HPLC 相近。CE 操作自动化程度比普通电泳要高得多。

八、注意事项

（1）冲洗毛细管时禁止在毛细管上加电压。

（2）冲洗毛细管对于实验结果的可靠性和重现性至关重要，务必认真完成每一次冲洗，不允许缩短冲洗时间或者不冲洗。

九、思考题

（1）为什么不采用浓度一样的混合溶液作为混合标样？

（2）实验中应该注意哪些事项？

实验五十三　　苯二酚异构体电迁移行为研究

一、实验目的

(1)了解毛细管电泳仪的基本结构;

(2)掌握毛细管电泳紫外检测法测定苯二酚异构体的方法;

(3)了解电泳淌度的计算方法,并对苯二酚异构体电迁移行为进行预测。

二、测定意义

苯二酚有邻、间、对三种异构体,它们均是重要的有机合成中间体,被广泛应用于化工材料、农药、化妆品和医药等领域。由于这三种苯二酚为同分异构体,其物理、化学性质十分相似,在紫外区域的最大吸收波长相近,而且混合时存在相互作用,光谱的加和性受到扰动,给定量分析带来困难。因此,建立简便、灵敏而快速的苯二酚异构体的分离检测方法具有重要的意义。

目前常用的分析方法有分光光度法、高效液相色谱法、化学发光法、毛细管电泳法等,其中,毛细管电泳法作为一种强有力的分离、分析技术,因具备灵敏度高、选择性好、仪器简单、与高压液相色谱相比样品及溶剂消耗量小等优点而越来越受到重视。

三、方法原理

在酸性或中性环境下酚的离解受到抑制,带负电的 RO^- 很少,在毛细管电泳中只受电渗的推动,不能分离。在碱性环境下带负电荷的 RO^- 增多,在毛细管电泳中受到移向高压负极的电渗力和移向正极的电泳力的共同作用。由于电渗力远远大于电泳力,最终仍将达到高压负极。pK_a 越小,带负电荷的 RO^- 就越多,分子大小相同的情况下,电泳速度也就越快。但由于电泳方向是正极,因此在电渗力的作用下,最迟达到负极。可见,出峰顺序决定于酸性强弱。

有研究表明,在 pH 为 8 ~ 9 时,苯二酚可实现基本分离,出峰顺序为对、间、邻。但也发现,在磷酸缓冲液中添加硼砂作为改性剂可分离邻、间苯二酚,只有在 pH 12 时才能实现最佳分离,且分离顺序是对、邻、间。可见,现有研究结果不一致,有必要从理论与试验两方面进行深入探讨,并研究电泳缓冲液组成、浓度及 pH 值等因素对邻、间、对苯二酚迁移行为的影响。

四、仪器与试剂

CL1030 型毛细管电泳仪,未涂层石英毛细管,超声波清洗器;PHS – 3C 型酸度计。毛细管：内径 50 μm $\times$ 50 cm，有效长度 45 cm，未涂层。

对苯二酚，邻苯二酚，间苯二酚，硼砂，磷酸二氢钠，氢氧化钠，碳酸钠，甲醇，均为分析纯，二次蒸馏水。

五、实验内容

（1）试剂配制。

①标准溶液。准确称取邻苯二酚、间苯二酚和对苯二酚各 27 mg，分别用色谱纯甲醇溶解，二次蒸馏水稀释至 100 mL，得质量浓度为 0.27 mg $\cdot$ mL^{-1} 的标准储备液，避光保存。

②缓冲溶液。磷酸盐、硼砂缓冲溶液分别用磷酸二氢盐、硼砂配制，用氢氧化钠或碳酸钠调节至合适的 pH。

（2）电泳条件。毛细管在每次进样前分别用 0.1 mol $\cdot$ L^{-1} NaOH、二次蒸馏水冲洗 2 min，用缓冲溶液冲洗 2 min；更换缓冲体系时，依次用 0.1 mol $\cdot$ L^{-1} NaOH、二次蒸馏水及新配缓冲溶液各冲洗毛细管 3 min。同一缓冲溶液运行 10 次后更换。实验所需溶液均经超声脱气。控制进样高度为 20 cm，进样时间为 10 s。

（3）以标准溶液进行试验，控制电压为 20 kV，在 225 nm 检测波长下，重力进样 10 s，以 30 mmol $\cdot$ L^{-1}硼砂为缓冲体系，3 种苯二酚异构体可在 5 min 内完全分离，如图 1 所示。用硼酸或氢氧化钠溶液调节缓冲溶液 pH，测定在不同 pH 下苯酚异构体的电迁移行为。

六、数据处理

（1）记录苯二酚三种异构体在不同缓冲溶液中的迁移时间。

（2）讨论 pH 及缓冲溶液的组成对苯二酚异构体电迁移行为的影响。

七、问题讨论

（1）迁移顺序预测　邻、间、对苯二酚的 pK_{a1} 分别为 9.12，9.15，9.91，pK_{a2}分别为 13.0，11.06，11.56，由于三者的 pK_{a1} 比较相近，因此要在较低的 pH 条件下实现三者的分离比较困难。

根据毛细管区带电泳分离机理可以预测苯二酚出峰顺序为对苯二酚先于间苯二酚、邻苯二酚出峰。

（2）理论分析与计算　电泳迁移淌度可根据所测的迁移时间按下式计算

$$\mu_{ep} = \frac{L_d L_t}{V}\left(\frac{1}{t_m} - \frac{1}{t_{eo}}\right)$$

式中，μ_{ep} 是待测样的电泳迁移率，t_m 是可直接从色谱图上得到的迁移时间，t_{eo} 是中性电渗介质的迁移时间，L_t 是毛细管的总长度，L_d 是进样端与检测端的有效长度，V 是施加的电压。

对于二元酸，涉及到以下两个解离平衡

$$H_2A \underset{K_{a1}}{\rightleftharpoons} HA^- \underset{K_{a2}}{\rightleftharpoons} A^{2-}$$

作为酸性试剂，其有效电泳淌度可用下式计算

$$\mu_{\text{eff}} = \alpha_{HA^-}\mu_{HA^-} + \alpha_{A^{2-}}\mu_{A^{2-}}$$

$$= \frac{K_{a1}[H_3O^+]\mu_{HA^-} + K_{a1}K_{a2}\mu_{A^{2-}}}{[H_3O^+]^2 + K_{a1}[H_3O^+] + K_{a1}K_{a2}}$$

式中，μ_{HA^-} 和 $\mu_{A^{2-}}$ 分别是 HA^- 和 A^{2-} 的绝对电泳淌度，α_{HA^-} 和 $\alpha_{A^{2-}}$ 分别是 HA^- 和 A^{2-} 的摩尔分数。利用苯二酚的 μ_{HA^-}、$\mu_{A^{2-}}$、K_{a1}、K_{a2} 等参数，可定量计算得到电泳淌度与 pH 间的关系曲线，如图 2 所示。

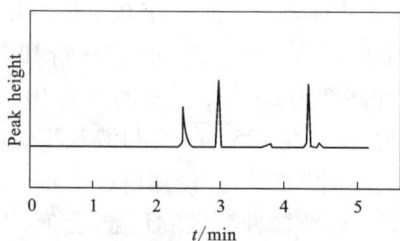

图 1　苯二酚异构体电泳图

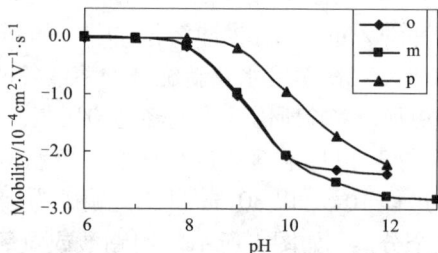

图 2　电泳淌度与 pH 间的关系曲线

由图 2 可见，当 pH 大于 10 以后，三者可以明显分离，其分离顺序是对、邻、间；而 pH 在 8 ~ 10 之间，似乎邻、间苯二酚难以分开，从 pH 为 9 时，邻、间位的有效淌度值分别为 -1.00946×10^{-4}、-0.9601×10^{-4} cm$^2 \cdot$V$^{-1} \cdot$s^{-1} 可知，二者虽然很接近，但是仍存在的 0.04936×10^{-4} cm$^2 \cdot$V$^{-1} \cdot$s^{-1} 的差别，说明二者还是可以分离的，其分离顺序是对、间、邻。可见，通过理论计算可以合理地解释文献报道中不同条件下所得到的实验结果。

八、注意事项

紫外光谱实验表明，邻、间、对苯二酚在 200 ~ 230 nm 及 270 ~ 290 nm 左右均有较强的紫外吸收，为得到均衡的灵敏度，选择 225 nm 为检测波长，可以获得较大的信噪比和较高的检测灵敏度。

九、思考题

(1) 毛细管电泳法测定苯二酚异构体时哪些因素对测定结果影响较大？

(2) 本实验中，有哪些因素可以改变苯二酚异构体的迁移顺序？

附　录

附录1　元素的相对原子质量(2005)

按照原子序数排列，以 $Ar(^{12}C) = 12$ 为基准

元素		原子序	相对原子质量	元素		原子序	相对原子质量
名称	符号			名称	符号		
氢	H	1	1.00794(7)	锌	Zn	30	65.409(4)
氦	He	2	4.002602(2)	镓	Ga	31	69.723(1)
锂	Li	3	6.941(2)	锗	Ge	32	72.64(1)
铍	Be	4	9.012182(3)	砷	As	33	74.92160(2)
硼	B	5	10.811(7)	硒	Se	34	78.96(3)
碳	C	6	12.0107(8)	溴	Br	35	79.904(1)
氮	N	7	14.0067(2)	氪	Kr	36	83.798(2)
氧	O	8	15.9994(3)	铷	Rb	37	85.4678(3)
氟	F	9	18.9984032(5)	锶	Sr	38	87.62(1)
氖	Ne	10	20.1797(6)	钇	Y	39	88.90585(2)
钠	Na	11	22.98976928(2)	锆	Zr	40	91.224(2)
镁	Mg	12	24.3050(6)	铌	Nb	41	92.90638(2)
铝	Al	13	26.9815386(8)	钼	Mo	42	95.94(2)
硅	Si	14	28.0855(3)	锝	Tc	43	[98]
磷	P	15	30.973762(2)	钌	Ru	44	101.07(2)
硫	S	16	32.065(5)	铑	Rh	45	102.90550(2)
氯	Cl	17	35.453(2)	钯	Pd	46	106.42(1)
氩	Ar	18	39.948(1)	银	Ag	47	107.8682(2)
钾	K	19	39.0983(1)	镉	Cd	48	112.411(8)
钙	Ca	20	40.078(4)	铟	In	49	114.818(3)
钪	Sc	21	44.955912(6)	锡	Sn	50	118.710(7)
钛	Ti	22	47.867(1)	锑	Sb	51	121.760(1)
钒	V	23	50.9415(1)	碲	Te	52	127.60(3)
铬	Cr	24	51.9961(6)	碘	I	53	126.904447(3)
锰	Mn	25	54.938045(5)	氙	Xe	54	131.293(6)
铁	Fe	26	55.845(2)	铯	Cs	55	132.9054519(2)
钴	Co	27	58.933195(5)	钡	Ba	56	137.327(7)
镍	Ni	28	58.6934(2)	镧	La	57	138.90547(7)
铜	Cu	29	63.546(3)	铈	Ce	58	140.116(1)

续附录 1

元素		原子序	相对原子质量	元素		原子序	相对原子质量
名称	符号			名称	符号		
镨	Pr	59	140.90765(2)	锕	Ac	89	[227]
钕	Nd	60	144.242(3)	钍	Rh	90	232.03806(2)
钷	Pm	61	[145]	镤	Pa	91	231.03588(2)
钐	Sm	62	150.36(2)	铀	U	92	238.02891(3)
铕	Eu	63	151.964(1)	镎	Np	93	[237]
钆	Gd	64	157.25(3)	钚	Pu	94	[244]
铽	Tb	65	158.92535(2)	镅	Am	95	[243]
镝	Dy	66	162.500(1)	锔		96	[247]
钬	Ho	67	164.93032(2)	锫		97	[247]
铒	Er	68	167.259(3)	锎		98	[251]
铥	Tm	69	168.93421(2)	锿		99	[252]
镱	Yb	70	173.04(3)	镄	Fm	100	[257]
镥	Lu	71	174.967(1)	钔	Md	101	[258]
铪	Hf	72	178.49(2)	锘	No	102	[259]
钽	Ta	73	180.94788(2)	铹	Lr	103	[262]
钨	W	74	183.84(1)		Rf	104	[267]
铼	Re	75	186.207(1)		Db	105	[268]
锇	Os	76	190.23(3)		Sg	106	[271]
铱	Ir	77	192.217(3)		Bh	107	[272]
铂	Pt	78	195.084(9)		Hs	108	[270]
金	Au	79	196.966569(4)		Mt	109	[276]
汞	Hg	80	200.59(2)		Ds	110	[281]
铊	Tl	81	204.3833(2)		Rg	111	[280]
铅	Pb	82	207.2(1)		Uub	112	[285]
铋	Bi	83	208.98040(1)		Uut	113	[284]
钋	Po	84	[209]		Uuq	114	[289]
砹	At	85	[210]		Uup	115	[288]
氡	Rn	86	[222]		Uuh	116	[293]
钫	Fr	87	[223]		Uuo	118	[294]
镭	Ra	88	[226]				

注:( )表示最后一位的不确定性,[ ]中的数值为没有稳定同位素元素的半衰期最长同位素的质量数。

附录 2　常用化合物的相对分子质量
（根据 2005 年公布的相对原子质量计算）

分子式	相对分子质量	分子式	相对分子质量	分子式	相对分子质量
$AgBr$	187.77	K_2CO_3	138.21	Na_3PO_4	163.94
$AgCl$	143.32	K_2CrO_4	194.19	$Na_2S_2O_3$	158.11
AgI	234.77	$K_2Cr_2O_7$	294.19	$Na_2S_2O_3 \cdot 5H_2O$	248.19
$AgNO_3$	169.87	$KHC_2O_4 \cdot H_2O$	146.14	NH_3	17.031
Al_2O_3	101.96	$KHC_2O_4 \cdot H_2C_2O_4 \cdot 2H_2O$	254.19	NH_4Cl	53.491
As_2O_3	197.84	KH_2PO_4	136.09	$(NH_4)_2C_2O_4$	124.10
CaO	56.077	$KHSO_4$	136.17	$(NH_4)_2C_2O_4 \cdot H_2O$	142.11
$Ca(OH)_2$	74.093	KI	166.00	$(NH_4)_2CO_3$	96.09
CO_2	44.010	KIO_3	214.00	NH_4HCO_3	79.06
CuO	79.545	$KIO_3 \cdot HIO_3$	389.91	$(NH_4)_2MoO_4$	196.01
Cu_2O	143.09	$KMnO_4$	158.03	NH_4OH	35.046
$CuSO_4 \cdot 5H_2O$	249.68	KNO_2	85.100	$(NH_4)_2HPO_4$	132.06
$Cu(NO_3)_2$	187.56	KOH	56.106	$(NH_4)_3PO_4 \cdot 12MoO_3$	1876.4
FeO	71.844	K_2PtCl_6	486.00	$(NH_4)_2SO_4$	132.14
Fe_2O_3	159.69	$KSCN$	97.182	$PbCrO_4$	323.19
Fe_3O_4	231.54	$MgCl_2$	95.211	PbO_2	239.20
$Fe(NH_4)_2(SO_4)_2 \cdot 6H_2O$	392.14	$MgCO_3$	84.314	$PbSO_4$	303.26
H_3BO_3	61.833	$MgSO_4 \cdot 7H_2O$	246.48	P_2O_5	141.94
HCl	36.461	$MgNH_4PO_4 \cdot 6H_2O$	245.41	SiO_2	60.085
$HClO_4$	100.46	MgO	40.304	SO_2	64.065
$H_2C_2O_4$	90.04	$Mg(OH)_2$	58.320	SO_3	80.064
$H_2C_2O_4 \cdot 2H_2O$	126.07	$Mg_2P_2O_7$	222.55	ZnO	81.408
H_2CO_3	62.03	$Na_2B_4O_7$	201.23	CH_3COOH	60.052
HNO_3	63.013	$Na_2B_4O_7 \cdot 10H_2O$	381.37	$C_6H_4COOHCOOK$ （苯二甲酸氢钾）	204.23
H_2O	18.015	$NaBr$	102.89		
H_2O_2	34.015	$NaCl$	58.489	$Na_3C_6H_5O_7 \cdot 2H_2O$ （枸橼酸钠）	294.12
H_3PO_4	97.995	Na_2CO_3	105.99		
H_2SO_4	98.080	$Na_2CO_3 \cdot 10H_2O$	286.14	$NaC_7H_5O_2$ （苯甲酸钠）	144.11
I_2	253.81	$Na_2C_2O_4$	134.00		
$KAl(SO_4)_2 \cdot 12H_2O$	474.39	$NaHCO_3$	84.007	$K(SbO)C_4H_4O_6 \cdot 1/2H_2O$ （酒石酸锑钾）	333.93
KBr	119.00	$Na_2HP_4 \cdot 12H_2O$	358.14		
$KBrO_3$	167.00	$Na_2H_2Y \cdot 2H_2O$	372.24	$KHC_4H_4O_6$ （酒石酸氢钾）	188.18
KCl	74.551	$NaNO_2$	69.000		
$KClO_3$	122.55	Na_2O	61.979	$(C_9H_7N)_3H_3(PO_4 \cdot 12MoO_3)$ （磷钼酸喹啉）	2212.74
$KClO_4$	138.55	$NaOH$	39.997		

附录3 常用基准物质的干燥条件及应用

| 基准物质 | | 干燥后组成 | 干燥条件（℃） | 标定对象 |
名称	分子式			
碳酸氢钠	$NaHCO_3$	Na_2CO_3	270～300℃ 干燥至恒重	酸
碳酸钠	$Na_2CO_3 \cdot 10H_2O$	Na_2CO_3	270～300℃ 干燥至恒重	酸
硼砂	$Na_2B_4O_7 \cdot 10H_2O$	$Na_2B_4O_7 \cdot 10H_2O$	放在含 NaCl 和蔗糖饱和液的干燥器中至恒重	酸
碳酸氢钾	$KHCO_3$	K_2CO_3	270～300℃ 干燥至恒重	酸
草酸	$H_2C_2O_4 \cdot 2H_2O$	$H_2C_2O_4 \cdot 2H_2O$	室温空气干燥至恒重	碱或 $KMnO_4$
邻苯二甲酸氢钾	$KHC_8H_4O_4$	$KHC_8H_4O_4$	110～120℃ 干燥至恒重	碱
重铬酸钾	$K_2Cr_2O_7$	$K_2Cr_2O_7$	140～150℃ 干燥至恒重	还原剂
溴酸钾	$KBrO_3$	$KBrO_3$	180℃ 干燥 1～2 h	还原剂
碘酸钾	KIO_3	KIO_3	130℃ 干燥至恒重	还原剂
铜	Cu	Cu	室温干燥器保存	还原剂
三氧化二砷	As_2O_3	As_2O_3	室温干燥器保存	氧化剂
草酸钠	$Na_2C_2O_4$	$Na_2C_2O_4$	130℃ 干燥至恒重	氧化剂
碳酸钙	$CaCO_3$	$CaCO_3$	110℃ 干燥至恒重	EDTA
锌	Zn	Zn	室温干燥器保存	EDTA
氧化锌	ZnO	ZnO	900～600℃ 干燥至恒重	EDTA
氯化钠	NaCl	NaCl	500～600℃ 干燥至恒重	$AgNO_3$
氯化钾	KCl	KCl	500～600℃ 干燥至恒重	$AgNO_3$
硝酸银	$AgNO_3$	$AgNO_3$	280～290℃ 干燥至恒重	氯化物
氨基磺酸	$HOSO_2NH_2$	$HOSO_2NH_2$	在真空 H_2SO_4 干燥器中保存 48 h	碱
氟化钠	NaF	NaF	铂坩埚中 500～550℃ 下保存 40～45 min 后 H_2SO_4 干燥器中干燥至恒重	

附录4　弱酸、弱碱在水中的解离常数（25℃，$I = 0$）

弱酸或弱碱	化学式	K_a 或 K_b	pK_a 或 pK_b
砷酸	H_3AsO_4	6.3×10^{-3} (K_{a1}) 1.2×10^{-7} (K_{a2}) 3.2×10^{-12} (K_{a3})	2.20 6.94 11.50
亚砷酸	$HAsO_2$	6.0×10^{-10}	9.22
硼酸	H_3BO_3	5.8×10^{-10}	9.24
焦硼酸	$H_2B_4O_7$	1.0×10^{-4} (K_{a1}) 1.0×10^{-9} (K_{a2})	4.0 9.0
碳酸	H_2CO_3 ($CO_2 + H_2O$)	4.3×10^{-7} (K_{a1}) 5.6×10^{-11} (K_{a2})	6.37 10.25
氢氰酸	HCN	4.93×10^{-10}	9.31
铬酸	H_2CrO_4	1.8×10^{-1} (K_{a1}) 3.2×10^{-7} (K_{a2})	0.74 6.50
氢氟酸	HF	3.53×10^{-4}	3.45
亚硝酸	HNO_2	5.1×10^{-4}	3.29
过氧化氢	H_2O_2	2.4×10^{-12}	11.62
磷酸	H_3PO_4	7.52×10^{-3} (K_{a1}) 6.32×10^{-8} (K_{a2}) 4.8×10^{-13} (K_{a3})	2.12 7.21 12.32
氢硫酸	H_2S	1.1×10^{-7} (K_{a1}) 1.0×10^{-14} (K_{a2})	6.59 14.0
硫酸	H_2SO_4	1.2×10^{-2}	1.92
亚硫酸	H_2SO_3 ($SO_2 + H_2O$)	1.3×10^{-2} (K_{a1}) 6.3×10^{-8} (K_{a2})	1.90 7.20
偏硅酸	H_2SiO_3	1.7×10^{-10} (K_{a1}) 1.6×10^{-12} (K_{a2})	9.77 11.8
甲酸	$HCOOH$	1.77×10^{-4}	3.75
乙酸	CH_3COOH	1.76×10^{-5}	4.75
一氯乙酸	$CH_2ClCOOH$	1.4×10^{-3}	2.86

续附录 4

弱酸或弱碱	化学式	K_a 或 K_b	pK_a 或 pK_b
二氯乙酸	$CHCl_2COOH$	5.5×10^{-2}	1.26
氨基乙酸盐	$^+NH_3CH_2COOH$	4.5×10^{-3} (K_{a1}) 1.7×10^{-10} (K_{a2})	2.35 9.78
乳酸	$CH_3CHOHCOOH$	1.4×10^{-4}	3.86
苯甲酸	C_6H_5COOH	6.2×10^{-5}	4.21
草酸	$H_2C_2O_4$	5.9×10^{-2} (K_{a1}) 6.4×10^{-5} (K_{a2})	1.23 4.19
琥珀酸	CH_2COOH | CH_2COOH	6.2×10^{-5} (K_{a1}) 2.3×10^{-6} (K_{a2})	4.21 5.64
α-酒石酸	$CH(OH)COOH$ | $CH(OH)COOH$	9.1×10^{-4} (K_{a1}) 4.3×10^{-5} (K_{a2})	3.04 4.37
邻苯二甲酸	⬡—COOH —COOH	1.1×10^{-3} (K_{a1}) 3.9×10^{-6} (K_{a2})	2.95 5.41
柠檬酸	CH_2COOH | $C(OH)COOH$ | CH_2COOH	7.4×10^{-4} (K_{a2}) 1.7×10^{-5} (K_{a2}) 4.0×10^{-7} (K_{a3})	3.13 4.76 6.40
苯酚	C_6H_5OH	1.1×10^{-10}	9.95
氨	$NH_3 \cdot H_2O$	1.77×10^{-5}	4.75
联氨	N_2N-NH_2	9.8×10^{-7} (K_{b1}) 1.3×10^{-15} (K_{b2})	6.01 14.88
羟氨	NH_2OH	9.1×10^{-9}	8.04
甲胺	CH_3NH_2	4.2×10^{-4}	3.38
乙胺	$C_2H_5NH_2$	4.3×10^{-4}	3.37
苯胺	$C_6H_5NH_2$	4.2×10^{-10}	9.38
乙二胺	$N_2NCH_2CH_2NH_2$	8.5×10^{-5} (K_{b1}) 7.1×10^{-8} (K_{b2})	4.07 7.15
六次甲基甲胺	$(CH_2)_6N_4$	1.4×10^{-9}	8.85
吡啶	⬡N	1.8×10^{-9}	8.74

附录 5　金属配合物的稳定常数（18～25℃）

金属离子		离子强度	n	$\lg\beta_n$
氨配合物	Ag^+	0.1	1,2	3.40,7.40
	Cd^{2+}	0.1	1,…,6	2.60,4.65,6.04,6.92,6.6,4.9
	Co^{2+}	0.1	1,…,6	2.05,3.62,4.61,531,5.43,4.75
	Cu^{2+}	2	1,…,4	4.13,7.61,10.48,12.59
	Ni^{2+}	0.1	1,…,6	2.75,4.95,6.64,7.79,8.50,8.49
	Zn^{2+}	0.1	1,…,4	2.27,4.61,7.01,9.06
氟配合物	Al^{3+}	0.5	1,…,6	6.13,11.15,15.00,17.75,19.37,19.84
	Fe^{3+}	0.5	1,2,3	5.2,9.2,11.9
	Th^{4+}	0.5	1,2,3	7.7,13.5,18.0
	TiO^{2+}	3	1,…,4	5.4,9.8,13.7,17.4
	Sn^{4+}		6	25
	Zr^{4+}	2	1,2,3	8.8,16.1,21.9
氯配合物	Ag^+	0	1,…,4	2.9,4.7,5.0,5.9
	Hg^{2+}	0.5	1,…,4	6.74,13.22,14.07,15.07
	Sn^{2+}	0	1,…,4	1.51,2.24,2.03,1.48
碘配合物	Cd^{2+}		1,…,4	2.4,3.4,5.0,6.15
	Hg^{2+}	0.5	1,…,4	12.9,23.8,27.6,29.8
氰配合物	Ag^+	0	1,…,4	−,21.1,21.8,20.7
	Cd^{2+}	3	1,…,4	5.5,10.6,15.3,18.9
	Cu^{2+}	0	1,…,4	−,24.0,28.6,30.3
	Fe^{2+}	0	6	35.4
	Fe^{3+}	0	6	43.6
	Hg^{2+}	0.1	1,…,4	18.0,34.7,38.5,1.5
	Ni^{2+}	0.1	4	31.3
	Zn^{2+}	0.1	4	16.7
硫氰酸配合物	Fe^{2+}		1,…,5	2.3,4.2,5.6,6.4,6.4
	Hg^{2+}	0.1	1,…,4	−,16.1,19.0,20.9

续附录 5

金属离子		离子强度	n	$\lg\beta_n$
硫代硫酸配合物	Ag^+	0	1,2	8.82,13.5
	Hg^{2+}	0	1,2	29.86,32.26
枸橼酸配合物	Al^{3+}	0.5	1	20.0
	Cu^{2+}	0.5	1	18
	Fe^{3+}	0.5	1	25
	Ni^{2+}	0.5	1	14.3
	Pb^{2+}	0.5	1	12.3
	Zn^{2+}	0.5	1	11.4
磺基水杨酸配合物	Al^{3+}	0.1	1,2,3	12.9,22.9,29.0
	Fe^{3+}	3	1,2,3	14.4,25.2,32.2
乙酰丙酮配合物	Al^{3+}	0.1	1,2,3	8.1,15.7,21.2
	Cu^{2+}	0.1	1,2	7.8,14.3
	Fe^{3+}	0.1	1,2,3	9.3,17.9,25.1
邻二氮菲配合物	Ag^+	0.1	1,2	5.02,12.07
	Cd^{2+}	0.1	1,2,3	6.4,11.6,15.8
	Co^{2+}	0.1	1,2,3	7.0,13.7,20.1
	Cu^{2+}	0.1	1,2,3	9.1,15.8,21.0
	Fe^{3+}	0.1	1,2,3	5.9,11.1,21.3
	Hg^{2+}	0.1	1,2,3	$-$,19.65,23.35
	Ni^{2+}	0.1	1,2,3	8.8,17.1,24.8
	Zn^{2+}	0.1	1,2,3	6.4,12.15,17.0
乙二胺配合物	Ag^+	0.1	1,2	4.7,7.7
	Cd^{2+}	0.1	1,2	5.47,10.02
	Cu^{2+}	0.1	1,2	10.55,19.60
	Co^{2+}	0.1	1,2,3	5.89,10.72,13.82
	Hg^{2+}	0.1	2	23.42
	Ni^{2+}	0.1	1,2,3	7.66,14.06,18.59
	Zn^{2+}	0.1	1,2,3	5.71,10.37,12.08

附录6 金属离子与氨羧配位剂形成的配合物稳定常数的对数值

（ $18 \sim 25\text{℃}$ ， $I = 0.1 \text{ mol} \cdot \text{L}^{-1}$ ）

金属离子	EDTA			EGTA		HEDTA	
	$\lg K_{\text{MHL}}^{\text{H}}$	$\lg K_{\text{ML}}$	$\lg K_{\text{MOHL}}^{\text{OH}}$	$\lg K_{\text{MHL}}$	$\lg K_{\text{ML}}$	$\lg K_{\text{ML}}$	$\lg K_{\text{MOHL}}^{\text{OH}}$
Ag^+	6.0	7.3					
Al^{3+}	2.5	16.1	8.1				
Ba^{2+}	4.6	7.8		5.4	8.4	6.2	
Bi^{3+}		27.9					
Ca^{2+}	3.1	10.7		3.8	11.0	8.0	
Ce^{3+}		16.0					
Cd^{2+}	2.9	16.5		3.5	15.6	13.0	
Co^{2+}	3.1	16.3			12.3	14.4	
Co^{3+}	1.3	36					
Cu^{3+}	2.3	23	6.6				
Cu^{2+}	3.0	18.8	2.5	4.4	17	17.4	
Fe^{2+}	2.8	14.3				12.2	5.0
Fe^{3+}	1.4	25.1	6.5			19.8	10.1
Hg^{2+}	3.1	21.8	4.9	3.0	23.2	20.1	
La^{3+}		15.4			15.6	13.2	
Mg^{2+}	3.9	8.7			5.2	5.2	
Mn^{2+}	3.1	14.0		5.0	11.5	10.7	
Ni^{2+}	3.2	18.6		6.0	12.0	17.0	
Pb^{2+}	2.8	18.0		5.3	13.0	15.5	
Sn^{2+}		22.1					
Sr^{2+}	3.9	8.6		5.4	8.5	6.8	
Th^{4+}		23.2					8.6
Ti^{3+}		21.3					
TiO^{2+}		17.3					
Zn^{2+}	3.0	16.5		5.2	12.8	14.5	

附录 7　难容电解质的溶度积($18 \sim 25\text{℃}, I = 0$)

化合物		容度积 $K_{sp}^{\ominus}$	化合物		容度积 $K_{sp}^{\ominus}$	化合物		容度积 $K_{sp}^{\ominus}$
氟化物	CaF_2	3.9×10^{-11}	硫化物	$\beta - CoS$	2.5×10^{-26}	磷酸盐	$ZnCO_3$	1×10^{-10}
	MgF_2	6.6×10^{-9}		Cu_2S	3.2×10^{-49}		Ag_3PO_4	2.8×10^{-18}
	PbF_2	3.6×10^{-8}		CuS	8×10^{37}		$Ba_3(PO_4)_2$	5×10^{-30}
	SrF_2	2.9×10^{-9}		FeS	8×10^{-19}		$BiPO_4$	1.3×10^{-19}
氯化物	$AgCl$	1.8×10^{-10}		HgS 黑色	2×10^{-53}		$LaPO_4$	3.7×10^{-23}
	$BiOCl$	6.9×10^{-35}		HgS 红色	5×10^{-54}		$MgNH_4PO_4$	2.5×10^{-13}
	Hg_2Cl_2	1.2×10^{-18}		PbS	3.4×10^{-28}		$Pb_3(PO_4)_2$	3.0×10^{-44}
	$PbCl_2$	1.7×10^{-5}		MnS 无定形	3.2×10^{-11}	草酸盐	$Ag_2C_2O_4$	1×10^{-11}
溴化物	$AgBr$	5.0×10^{-13}		MnS 晶形	3.2×10^{-14}		BaC_2O_4	1×10^{-6}
	$BiOBr$	6.9×10^{-35}		$\alpha - NiS$	4×10^{-20}		CaC_2O_4	2.3×10^{-9}
	$CuBr$	5×10^{-9}		$\beta - NiS$	1.3×10^{-25}		CdC_2O_4	1.5×10^{-8}
	$HgBr_2$	1.3×10^{-19}		$\gamma - NiS$	2.5×10^{-27}		CuC_2O_4	2.9×10^{-8}
	Hg_2Br_2	5.2×10^{-23}		PbS	3.2×10^{-28}		MgC_2O_4	8.57×10^{-5}
碘化物	AgI	8.3×10^{-17}		Sb_2S_3	1×10^{-93}		$La_2(C_2O_4)_3$	1×10^{-25}
	BiI_3	8.1×10^{-19}		$\alpha - ZnS$	2×10^{-25}		PbC_2O_4	3.2×10^{-11}
	$CuBr$	1×10^{-12}		$\beta - ZnS$	3.2×10^{-23}		SrC_2O_4	4×10^{-7}
	Hg_2I_2	4.7×10^{-29}	铬酸盐	Ag_2CrO_4	1.2×10^{-12}		ZnC_2O_4	1.3×10^{-9}
	HgI_2	1.1×10^{-28}		$BaCrO_4$	2.1×10^{-10}		$Al(OH)_3$ 无定形	4.6×10^{-33}
	PbI_2	7.9×10^{-9}		Hg_2CrO_4	2.0×10^{-9}		$Al(OH)_3$	3×10^{-48}
氰化物	$AgCN$	2.2×10^{-16}		$PbCrO_4$	1.8×10^{-14}		$Ca(OH)_2$	5.5×10^{-6}
	$CuCN$	3×10^{-20}		$SrCrO_4$	2.2×10^{-5}		$\beta - Cd(OH)_2$	4.5×10^{-15}
	$Hg_2(CN)_2$	5×10^{-40}	碳酸盐	Ag_2CO_3	6.5×10^{-12}		$\gamma - Cd(OH)_2$	7.9×10^{-15}
硫氰化物	$AgSCN$	1.1×10^{-12}		$BaCO_3$	5×10^{-9}		$Co(OH)_2$	1.3×10^{-15}
	$Hg_2(SCN)_2$	3.0×10^{-20}		$CaCO_3$	4.5×10^{-9}		$Co(OH)_3$	3.2×10^{-45}
	$CuSCN$	2×10^{-13} $I = 0.1$		$CdCO_3$	3.4×10^{-14}		$Cr(OH)_3$	6×10^{-31}
硫酸盐	Ag_2SO_4	1.5×10^{-5}		$CoCO_3$	1.05×10^{-10}		$Cu(OH)_2$	4.8×10^{-20}
	$BaSO_4$	1.1×10^{-10}		$CuCO_3$	2.3×10^{-10}		$Fe(OH)_2$	8×10^{-16}
	$CaSO_4$	2.4×10^{-5}		Hg_2CO_3	8.9×10^{-17}		$Fe(OH)_3$	1.6×10^{-39}
	$PbSO_4$	1.6×10^{-8}		$La_2(CO_3)_3$	4×10^{-34}		$Mg(OH)_2$	7.1×10^{-12}
	$SrSO_4$	3.2×10^{-7}		$MgCO_3$	3.5×10^{-8}		$Mn(OH)_2$	1.6×10^{-13}
硫化物	Ag_2S	8×10^{-51}		$MnCO_3$	5.0×10^{-10}		$Ni(OH)_2$	6.3×10^{-16}
	Bi_2S_3	1×10^{-100}		$NiCO_3$	1.3×10^{-7}		$Pb(OH)_2$	1.6×10^{-17}
	CdS	1×10^{-27}		$PbCO_3$	7.4×10^{-14}		$Zn(OH)_2$	1.2×10^{-17}
	$\alpha - CoS$	5×10^{-22}		$SrCO_3$	9.3×10^{-10}			

附录 8　某些氧化还原电对的条件电极电势

半　反　应	$\varphi^{\ominus\prime}(\mathrm{V})$	介　质
$\mathrm{Ag(\,II\,)+e\rightarrow Ag^+}$	1.927	$4\ \mathrm{mol\cdot L^{-1}\ HNO_3}$
$\mathrm{Ce(\,IV\,)+e\rightarrow Ce(\,III\,)}$	1.70	$1\ \mathrm{mol\cdot L^{-1}\ HClO_4}$
	1.61	$1\ \mathrm{mol\cdot L^{-1}\ HNO_3}$
	1.44	$0.5\ \mathrm{mol\cdot L^{-1}\ H_2SO_4}$
	1.28	$1\ \mathrm{mol\cdot L^{-1}\ HCl}$
$\mathrm{Co^{3+}+e\rightarrow Co^{2+}}$	1.85	$4\ \mathrm{mol\cdot L^{-1}\ HNO_3}$
$\mathrm{Co(\,乙二胺\,)_3^{3+}+e\rightarrow Co(\,乙二胺\,)_3^{3+}}$	-0.2	$0.1\ \mathrm{mol\cdot L^{-1}\ KNO_3}+0.1\ \mathrm{mol\cdot L^{-1}乙二胺}$
$\mathrm{Cr(\,III\,)+e\rightarrow Cr(\,II\,)}$	-0.40	$5\ \mathrm{mol\cdot L^{-1}\ HCl}$
$\mathrm{Cr_2O_7^{2-}+14H^++6e\rightarrow 2Cr^{3+}+7H_2O}$	1.00	$1\ \mathrm{mol\cdot L^{-1}\ HCl}$
	1.025	$1\ \mathrm{mol\cdot L^{-1}\ HClO_4}$
	1.08	$3\ \mathrm{mol\cdot L^{-1}\ HCl}$
	1.05	$2\ \mathrm{mol\cdot L^{-1}\ HCl}$
	1.15	$4\ \mathrm{mol\cdot L^{-1}\ H_2SO_4}$
$\mathrm{CrO_4^{2-}+2H_2O+3e\rightarrow CrO_2^-+4OH^-}$	-0.12	$1\ \mathrm{mol\cdot L^{-1}\ NaOH}$
$\mathrm{Fe(\,III\,)+e\rightarrow Fe(\,II\,)}$	0.73	$1\ \mathrm{mol\cdot L^{-1}\ HClO_4}$
	0.71	$0.5\ \mathrm{mol\cdot L^{-1}\ HCl}$
	0.68	$1\ \mathrm{mol\cdot L^{-1}\ H_2SO_4}$
	0.68	$1\ \mathrm{mol\cdot L^{-1}\ HCl}$
	0.46	$2\ \mathrm{mol\cdot L^{-1}\ H_3PO_4}$
	0.51	$1\ \mathrm{mol\cdot L^{-1}\ HCl}$
		$0.25\ \mathrm{mol\cdot L^{-1}\ H_3PO_4}$
$\mathrm{H_3AsO_4+2H^++2e\rightarrow H_3AsO_3+H_2O}$	0.557	$1\ \mathrm{mol\cdot L^{-1}\ HCl}$
	0.557	$1\ \mathrm{mol\cdot L^{-1}\ HClO_4}$
$\mathrm{Fe(EDTA)^-+e\rightarrow Fe(EDTA)^{2-}}$	0.12	$0.1\ \mathrm{mol\cdot L^{-1}\ EDTA}$ pH4~6

续附录 8

半　反　应	$\varphi^{\ominus}{}'(\mathrm{V})$	介　　　质
$\mathrm{Fe(CN)}_6^{3-} + e \rightarrow \mathrm{Fe(CN)}_6^{4-}$	0.48 0.56 0.71 0.72	$0.01\ \mathrm{mol \cdot L^{-1}\ HCl}$ $0.1\ \mathrm{mol \cdot L^{-1}\ HCl}$ $1\ \mathrm{mol \cdot L^{-1}\ HCl}$ $1\ \mathrm{mol \cdot L^{-1}\ HClO_4}$
$\mathrm{I_2(水)} + 2e \rightarrow 2\mathrm{I}^-$	0.628	$1\ \mathrm{mol \cdot L^{-1}\ H^+}$
$\mathrm{I_3^-} + 2e \rightarrow 3\mathrm{I}^-$	0.545	$1\ \mathrm{mol \cdot L^{-1}\ H^+}$
$\mathrm{MnO_4^-} + 8\mathrm{H}^+ + 5e \rightarrow \mathrm{Mn}^{2+} + 4\mathrm{H_2O}$	1.45 1.27	$1\ \mathrm{mol \cdot L^{-1}\ HClO_4}$ $8\ \mathrm{mol \cdot L^{-1}\ H_3PO_4}$
$\mathrm{Os(\mathrm{VIII})} + 4e \rightarrow \mathrm{Os(\mathrm{IV})}$	0.79	$5\ \mathrm{mol \cdot L^{-1}\ HCl}$
$\mathrm{SnCl_6^{2-}} + 2e \rightarrow \mathrm{SnCl_4^{2-}} + 2\mathrm{Cl}^-$	0.14	$1\ \mathrm{mol \cdot L^{-1}\ HCl}$
$\mathrm{Sn}^{2+} + 2e \rightarrow \mathrm{Sn}$	-0.16	$1\ \mathrm{mol \cdot L^{-1}\ HClO_4}$
$\mathrm{Sb(V)} + 2e \rightarrow \mathrm{Sb(III)}$	0.75	$3.5\ \mathrm{mol \cdot L^{-1}\ HCl}$
$\mathrm{Sb(OH)_6^-} + 2e \rightarrow \mathrm{SbO_2^-} + 2\mathrm{OH}^- + 2\mathrm{H_2O}$	-0.428	$3\ \mathrm{mol \cdot L^{-1}\ NaOH}$
$\mathrm{SbO_2^-} + 2\mathrm{H_2O} + 3e \rightarrow \mathrm{Sb} + 4\mathrm{OH}^-$	-0.675	$10\ \mathrm{mol \cdot L^{-1}\ KOH}$
$\mathrm{Ti(IV)} + e \rightarrow \mathrm{Ti(III)}$	-0.01 0.12 -0.04 -0.05	$0.2\ \mathrm{mol \cdot L^{-1}\ H_2SO_4}$ $2\ \mathrm{mol \cdot L^{-1}\ H_2SO_4}$ $1\ \mathrm{mol \cdot L^{-1}\ HCl}$ $1\ \mathrm{mol \cdot L^{-1}\ H_3PO_4}$
$\mathrm{Pb(II)} + 2e \rightarrow \mathrm{Pb}$	-0.32 -0.14	$1\ \mathrm{mol \cdot L^{-1}\ NaAc}$ $1\ \mathrm{mol \cdot L^{-1}\ HClO_4}$
$\mathrm{UO_2^{2+}} + 4\mathrm{H}^+ + 2e \rightarrow \mathrm{U(IV)} + 2\mathrm{H_2O}$	0.41	$0.5\ \mathrm{mol \cdot L^{-1}\ H_2SO_4}$

附录9　基准缓冲溶液的 pH

温度 (℃)	0.05 mol·kg^{-1} 四草酸氢钾	25℃饱和 酒石酸氢钾	0.05 mol·kg^{-1} 邻苯二甲 酸氢钾	0.025 mol·L^{-1} KH$_2$PO$_4$ +0.025 mol·L^{-1} Na$_2$HPO$_4$	0.01 mol·kg^{-1} 硼砂	25℃饱和 氢氧化钙
0	1.666		4.003	6.984	9.464	13.423
5	1.668		3.999	6.951	9.395	13.207
10	1.670		3.998	6.923	9.333	13.003
15	1.672		3.999	6.900	9.276	12.810
20	1.675		4.002	6.881	9.225	12.627
25	1.679	3.557	4.008	6.865	9.180	12.454
30	1.683	3.552	4.015	6.853	9.139	12.289
35	1.688	3.549	4.024	6.844	9.102	12.133
38	1.691	3.548	4.030	6.840	9.081	12.043
40	1.694	3.547	4.035	6.838	9.068	11.984
45	1.700	3.547	4.047	6.834	9.038	11.841
50	1.707	3.549	4.060	6.833	9.011	11.705
55	1.715	3.554	4.075	6.834	8.985	11.574
60	1.723	3.560	4.091	6.838	8.962	11.449
70	1.743	3.580	4.126	6.845	8.921	
80	1.766	3.609	4.164	6.859	8.885	
90	1.792	3.650	4.205	6.877	8.850	
95	1.806	3.674	4.227	6.885	8.833	

附录 10 常用 pH 缓冲溶液的配制

缓冲溶液组成	pK_a	缓冲溶液 pH	缓冲溶液配制法
氨基乙酸 – HCl	2.35 (pK_{a1})	2.3	取 150 g 氨基乙酸溶于 500 mL 水中后加 180 mL 浓 HCl,加水稀释至 1 L
H_3PO_4 – 柠檬酸盐		2.5	取 113 g $Na_2HPO_4 \cdot 12H_2O$ 溶于 200 mL 水后加 387 g 柠檬酸,溶解,过滤后,稀释至 1 L
一氯乙酸 NaOH⁻	2.86	2.8	取 200 g 一氯乙酸溶于 200 mL 水中,加 40 g NaOH,溶解后,稀释至 1 L
邻苯二甲酸氢钾 – HCl	2.95 (pK_{a1})	2.9	取 500 g 邻苯二甲酸氢钾溶于 500 mL 水中加 80 mL 浓 HCl,稀释至 1 L
甲酸 – NaOH	3.76	3.7	取 95 g 甲酸和 40 g NaOH 于 500 mL 水中,溶解,稀释至 1 L
NH_4Ac – HAc		4.5	取 77 g NaAc 溶于 200 mL 水中,加 89 mL 冰 HAc,稀释至 1 L
NaAc – HAc	4.74	4.7	取 83 g NaAc 溶于水中,加 60 mL 冰 HAc,稀释至 1 L
NaAc – HAc	4.74	5.0	取 180 g 无水 NaAc 溶于水中,加 60 mL 冰 HAc,稀释至 1 L
NH_4Ac – HAc		5.0	取 250 g NH_4Ac 溶于水中,加 25 mL 冰 HAc,稀释至 1 L
六次甲基四胺 – HCl	5.15	5.4	取 40 g 六次甲基四胺溶于 200 mL 水中,加 10 mL 浓 HCl,稀释至 1 L
NH_4Ac – HAc		6.0	取 600 g NH_4Ac 溶于水中,加 20 mL 冰 HAc,稀释至 1 L
NaAc – H_3PO_4 盐		8.0	取 50 g 无水 NaAc 和 50 g $Na_2HPO_4 \cdot 12H_2O$ 溶于水中,稀释至 1 L
TriS – HCl (三羟甲基氨甲烷) $CNH_2 (HOCH_3)_3$	8.21	8.2	取 25 g TriS 试剂溶于水中,加 18 mL 浓 HCl,稀释至 1 L
NH_3 – NH_4Cl	9.26	9.2	取 54 g NH_4Cl 溶于水中,加 63 mL 浓氨水,稀释至 1 L
NH_3 – NH_4Cl	9.26	9.5	取 54 g NH_4Cl 溶于水中,加 126 mL 浓氨水,稀释至 1 L
NH_3 – NH_4Cl	9.26	10.0	取 54 g NH_4Cl 溶于水中,加 350 mL 浓氨水,稀释至 1 L

注:(1)缓冲溶液配制可用 pH 试纸检查,如 pH 不对,可用共轭酸或碱调节 pH。欲调节精确时,可用 pH 计调节。(2)若需增加或减少缓冲溶液的缓冲量时,可相应增加或减少共轭酸碱对物质的量,再调节之。

附录 11　常用指示剂

酸碱指示剂

指示剂名称	变色 pH 范围	颜色变化	溶液配制方法
甲基紫(第一变化范围)	0.13 ~ 0.5	黄 – 绿	0.1% 或 0.05% 的水溶液
苦味酸	0.0 ~ 1.3	无色 – 黄	0.1% 的水溶液
甲基绿	0.1 ~ 2.0	黄 – 绿 – 浅蓝	0.05% 的水溶液
孔雀绿(第一变化范围)	0.13 ~ 2.0	黄 – 浅蓝 – 绿	0.1% 的水溶液
甲酚红(第一变化范围)	0.2 ~ 1.8	红 – 黄	0.04 g 指示剂溶于 100 mL 50% 乙醇中
甲基紫(第二变化范围)	1.0 ~ 1.5	绿 – 蓝	0.1% 的水溶液
百里酚蓝(麝香草酚蓝)(第一变化范围)	1.2 ~ 2.8	红 – 黄	0.1 g 指示剂溶于 100 mL 20% 乙醇中
甲基紫(第三变化范围)	2.0 ~ 3.0	蓝 – 紫	0.1% 的水溶液
茜素黄 R(第一变化范围)	1.9 ~ 3.3	红 – 黄	0.1% 的水溶液
二甲基黄	2.9 ~ 4.0	红 – 黄	0.1 或 0.01 g 指示剂溶于 100 mL 90% 乙醇中
甲基橙	3.1 ~ 4.4	红 – 橙黄	0.1% 的水溶液
溴酚蓝	3.0 ~ 4.6	黄 – 蓝	0.1 g 指示剂溶于 100 mL 20% 乙醇中
刚果红	3.0 ~ 5.2	蓝紫 – 红	0.1% 的水溶液
茜素红 S(第一变化范围)	3.7 ~ 5.2	黄 – 紫	0.1% 的水溶液
溴甲酚绿	3.8 ~ 5.4	黄 – 蓝	0.1 g 指示剂溶于 100 mL 20% 乙醇中

续附录 11

指示剂名称	变色 pH 范围	颜色变化	溶液配制方法
甲基红	4.4 ~ 6.2	红 – 黄	0.1 或 0.2 g 指示剂溶于 100 mL 60% 乙醇中
溴酚红	5.0 ~ 6.8	黄 – 红	0.1 或 0.04 g 指示剂溶于 100 mL 20% 乙醇中
溴甲酚紫	5.2 ~ 6.8	黄 – 紫红	0.1 g 指示剂溶于 100 mL 20% 乙醇中
溴百里酚蓝	6.0 ~ 7.6	黄 – 蓝	0.05 g 指示剂溶于 100 mL 20% 乙醇中
中性红	6.8 ~ 8.0	红 – 亮黄	0.1 g 指示剂溶于 100 mL 60% 乙醇中
酚红	6.8 ~ 8.0	黄 – 红	0.1 g 指示剂溶于 100 mL 20% 乙醇中
甲酚红	7.2 ~ 8.8	亮黄 – 紫红	0.1 g 指示剂溶于 100 mL 50% 乙醇中
百里酚蓝(麝香草酚蓝)(第二变化范围)	8.0 ~ 9.0	黄 – 蓝	参看第一变色范围
酚酞	8.2 ~ 10.0	无色 – 紫红	0.1 g 指示剂溶于 100 mL 60% 乙醇中
百里酚酞	9.4 ~ 10.6	无色 – 蓝	0.1 g 指示剂溶于 100 mL 90% 乙醇中
茜素红 S(第二变化范围)	10.0 ~ 12.0	紫 – 淡黄	参看第一变色范围
茜素黄 R(第二变化范围)	10.0 ~ 12.1	黄 – 淡紫	0.1% 的水溶液
孔雀绿(第二变化范围)	11.5 ~ 13.2	蓝绿 – 无色	参看第一变色范围
达旦黄	12.0 ~ 13.0	黄 – 红	溶于水、乙醇

混合酸碱指示剂

指示剂溶液的组成	变色点 pH	颜色		备　注
		酸色	碱色	
一份 0.1% 甲基黄酒精溶液与一份 0.1% 次甲基蓝酒精溶液	3.25	蓝紫	绿	pH3.2 蓝紫色 pH3.4 绿色
一份 0.1% 甲基橙溶液与一份 0.25% 靛蓝(二磺酸)水溶液	4.1	紫	黄绿	
一份 0.1% 溴百里酚绿钠盐水溶液与一份 0.2% 甲基橙水溶液	4.3	黄	蓝绿	pH3.5 黄色 pH4.0 黄绿色 pH4.3 绿色
三份 0.1% 溴甲酚绿酒精溶液与一份 0.2% 次甲基蓝酒精溶液	5.1	酒红	绿	
一份 0.1% 甲基红酒精溶液与一份 0.1% 次甲基蓝酒精溶液	5.4	红紫	绿	pH5.2 红紫 pH5.4 暗蓝 pH5.6 绿
一份 0.1% 溴甲酚绿钠盐水溶液与一份 0.1% 氯酚红钠盐水溶液	6.1	黄绿	蓝紫	pH5.4 蓝绿 pH5.8 蓝 pH6.2 蓝紫
0.1% 溴甲酚紫钠盐水溶液	6.7	黄	蓝紫	pH6.2 黄紫 pH6.6 紫 pH6.8 蓝紫
一份 0.1% 中性红酒精溶液与一份 0.1% 次甲基蓝酒精溶液	7.0	蓝紫	绿	pH7.0 蓝紫
一份 0.1% 溴百里酚蓝钠盐水溶液与一份 0.1% 氯酚红钠盐水溶液	7.5	黄	绿	pH7.2 暗绿 pH7.4 淡紫 pH7.6 深紫
一份 0.1% 甲酚红钠盐水溶液与三份 0.1% 百里酚蓝钠盐水溶液	8.3	黄	紫	pH8.2 玫瑰色 pH8.4 紫色

金属离子指示剂

指示剂名称	离解平衡和颜色变化	溶液配制方法
二甲酚橙 （XO）	$H_3In^{4-} \xrightleftharpoons[\hphantom{xx}]{pK_{a_2}=6.3} H_2In^{5-}$ 黄　　　　　　　　红	0.2%的水溶液
K－B指示剂	$H_2In \xrightleftharpoons[\hphantom{xx}]{pK_{a_1}=8} HIn \xrightleftharpoons[\hphantom{xx}]{pK_a=13} In^{2-}$ 红　　　　　蓝　　　　　紫红 （酸性铬蓝K）	0.2%酸性铬蓝K与0.4 g萘酚绿B溶于100 mL水中
钙指示剂	$H_2In^- \xrightleftharpoons[\hphantom{xx}]{pK_{a_2}=7.4} HIn^{2-} \xrightleftharpoons[\hphantom{xx}]{pK_{a_3}=13.5} In^{3-}$ 酒红　　　　蓝　　　　酒红	0.5%的乙醇溶液
吡啶偶氮萘酚 （PAN）	$H_2In^+ \xrightleftharpoons[\hphantom{xx}]{pK_{a_1}=1.9} HIn \xrightleftharpoons[\hphantom{xx}]{pK_{a_2}=12.2} In$ 黄绿　　　　黄　　　　淡红	0.1%的乙醇溶液
Cu－PAN （CuY－PAN溶液）	$CuY + PANN + M^{n+} \xrightleftharpoons[\hphantom{xx}]{} MY + Cu-PAN$ 浅绿　　　无色　　　　　　　红色	将0.05 mol·L^{-1} Cu^{2+}液10 mL加pH5～6的HAc缓冲液5 mL,1滴PAN指示剂,加热到6℃左右,用EDTA滴到绿色,得到约0.025 mol·L^{-1}的CuY溶液,使用时取2～3 mL试样溶液中,再加数滴PAN溶液
磺基水杨酸	$H_2In \xrightleftharpoons[\hphantom{xx}]{pK_{a_2}=2.7} HIn \xrightleftharpoons[\hphantom{xx}]{pK_{a_3}=13.1} In^{2-}$ 无色	1%的水溶液
钙镁试剂	$H_2In \xrightleftharpoons[\hphantom{xx}]{pK_{a_2}=8.1} HIn^{2-} \xrightleftharpoons[\hphantom{xx}]{pK_{a_3}=12.4} In^3$ 红　　　　蓝　　　　红橙	0.5%的水溶液

注：EBT、钙镁指示剂、K－B指示剂等在水溶液中稳定性较差,可以配成指示剂与NaCl比为1∶100或1∶200的固体粉末。

氧化还原指示剂

指示剂名称	$\varphi^{\ominus\prime}$(V) $[H^+]=1\ mol\cdot L^{-1}$	颜色变化		溶液配制方法
		氧化态	还原态	
中性红	0.24	红	无色	0.05% 的中性红 60% 乙醇溶液
次甲基蓝	0.36	蓝	无色	0.05% 的次甲基蓝水溶液
变胺蓝	0.59(pH=2)	无色	蓝色	0.05% 的变胺蓝水溶液
二苯胺	0.76	紫	无色	1% 的二苯胺的浓硫酸溶液
二苯胺磺酸钠	0.85	紫红	无色	0.5% 二苯胺磺酸钠水溶液
邻苯氨基苯甲酸	1.08	紫红	无色	0.1 g 指示剂加 20 mL 15% 的 Na_2CO_3 溶液，用水稀释至 100 mL
邻二氮菲 – Fe (Ⅱ)	1.06	浅蓝	红	1.485 g 邻二氮菲加 0.965 g $FeSO_4$ 溶于 100 mL 水中(0.025 $mol\cdot L^{-1}$ 水溶液)
5 – 硝基邻二氮菲 – Fe(Ⅱ)	1.25	浅蓝	紫红	1.608 g 5 – 硝基邻二氮菲加 0.695 g $FeSO_4$ 溶于 100 mL 水中(0.025 $mol\cdot L^{-1}$ 水溶液)

沉淀滴定指示剂

指示剂	被测离子	滴定剂	滴定条件	溶液配制方法
荧光黄	Cl^-	Ag^+	pH7~10(一般 7~8)	0.2% 乙醇溶液
二氯荧光黄	Cl^-	Ag^+	pH4~10(一般 5~8)	0.1% 的水溶液
曙红	SCN^-,Br^-,I^-	Ag^+	pH2~10(一般 3~8)	0.5% 的水溶液
溴甲酚绿	SCN^-	Ag^+	pH4~5	0.1% 的水溶液
甲基紫	Ag^+	Cl^-	酸性溶液	0.1% 的水溶液
罗丹明 6G	Ag^+	Br^-	酸性溶液	0.1% 的水溶液
钍试剂	SO_4^{2-}	Ba^{2+}	pH1.5~3.5	0.5% 的水溶液
溴酚蓝	Hg_2^{2+}	Cl^-,Br^-	酸性溶液	0.1% 的水溶液

附录 12　常用参比电极在水溶液中的电极电势（ V , vs. SHE）

温度 (℃)	甘汞电极			Ag/AgCl 的电极		$Hg \mid Hg_2SO_4$, H_2SO_4 $a(SO_4^{2-})$ = 1 mol·L^{-1}	氢醌电极
	0.1 mol·L^{-1} KCl	1 mol·L^{-1} KCl	饱和 KCl	3.5mol·L^{-1} KCl	饱和 KCl		
0	0.2888	0.2888	0.2602			0.63495	0.6807
5	0.2876	0.2876	0.2568			0.63097	0.6844
10	0.2864	0.2864	0.2536	0.2152	0.2138	0.62704	0.6881
15	0.2852	0.2852	0.2503	0.2117	0.2089	0.62307	0.6918
20	0.2840	0.2840	0.2471	0.2082	0.2040	0.61930	0.6955
25	0.2828	0.2828	0.2438	0.2046	0.1989	0.61515	0.6922
30	0.2816	0.2816	0.2405	0.2009	0.1939	0.61107	0.7029
35	0.2804	0.2804	0.2373	0.1971	0.1887	0.60701	0.7066
40	0.2879	0.2879	0.2340	0.1933	0.1835	0.60305	0.7103
45	0.2880	0.2880	0.2308			0.59900	0.7140
50	0.2868	0.2868	0.2275			0.59487	0.7177

附录 13　极谱半波电势表

电活性物质	底　　　液	价态变化	$\varphi_{1/2}(V)(vs.SCE)$
Al^{3+}	$0.2\ mol\cdot L^{-1}Li_2SO_4$, $5\times10^{-3}\ mol\cdot L^{-1}H_2SO_4$	$3\to0$	-1.64
As(Ⅲ)	$1\ mol\cdot L^{-1}HCl$	$3\to0$ $0\to-3$	-0.43 -0.60
Bi(Ⅲ)	$1\ mol\cdot L^{-1}$酒石酸钠, $0.8\ mol\cdot L^{-1}NaOH$ $1\ mol\cdot L^{-1}HCl,0.01\%$明胶 $0.1\ mol\cdot L^{-1}NaOH,0.01\%$明胶	$3\to5$ $3\to0$ $3\to0$	-0.31 -0.09 -1.00
$[CdCl_x]^{(2-x)}$	$3\ mol\cdot L^{-1}HCl$	$2\to0$	-0.70
$[Cd(NH_3)_x]^{2+}$	$1\ mol\cdot L^{-1}NH_3,1\ mol\cdot L^{-1}NH_4Cl$	$2\to0$	-0.81
$[Co(NH_3)_6]^{3+}$	$2.5\ mol\cdot L^{-1}NH_3$, $0.1\ mol\cdot L^{-1}NH_4Cl$	$3\to2$	-0.53
$[Co(NH_3)_5H_2O]^{2+}$	$1\ mol\cdot L^{-1}NH_3,1\ mol\cdot L^{-1}NH_4Cl$	$2\to0$	-1.32
Co^{2+}	$1\ mol\cdot L^{-1}KCl$	$2\to0$	-1.3
Cr^{3+}	$1\ mol\cdot L^{-1}K_2SO_4$	$3\to2$	-1.03
$[Cr(NH_3)_x]^{3+}$	$1\ mol\cdot L^{-1}NH_3,1\ mol\cdot L^{-1}NH_4Cl$ 0.005%明胶	$3\to2$ $2\to0$	-1.42 -1.70
$[Cu(NH_3)_2]^+$	$1\ mol\cdot L^{-1}NH_3,1\ mol\cdot L^{-1}NH_4Cl$	$1\to2$ $1\to0$	-0.25 -0.54
Cu^{2+}	$0.5\ mol\cdot L^{-1}H_2SO_4,0.01\%$明胶	$2\to0$	0.00
Fe^{3+} - 柠檬酸	$0.5\ mol\cdot L^{-1}$柠檬酸钠, $0.05\ mol\cdot L^{-1}NaOH,0.005\%$明胶	$3\to2$ $2\to0$	-0.87 -1.62
Fe^{3+}	$0.1\ mol\cdot L^{-1}HCl$	$3\to2$	$+0.52$ (Pt 电极)
$[Fe(C_2O_4)_3]^{3-}$	$0.05\ mol\cdot L^{-1}Na_2C_2O_4,NaClO_4$, pH5.6	$3\to2$	-0.27
Fe^{2+}	$1\ mol\cdot L^{-1}KCl$	$2\to0$	-1.30
H^+	$0.1\ mol\cdot L^{-1}KCl$	$1\to0$	-1.58
Hg_2Cl_2	$0.1\ mol\cdot L^{-1}Na_2SO_4$, $5\times10^{-3}\ mol\cdot L^{-1}Na_2SO_4$, $1\times10^{-3}\ mol\cdot L^{-1}Cl^-$	$1\to0$	$+0.25$

续附录 13

电活性物质	底　　液	价态变化	$\varphi_{1/2}(V)(vs.SCE)$
$[InCl_x]^{(3-x)}$	$1\ mol\cdot L^{-1}HCl$	$3\to0$	-0.60
K^+	$0.1\ mol\cdot L^{-1}$四甲基氯化铵	$1\to0$	-2.13
Mg^{2+}	四甲基氯化铵	$2\to0$	-2.20
Mn^{2+}	$0.1\ mol\cdot L^{-1}KCl$	$2\to0$	-1.50
$Mo(VI)$	$0.5\ mol\cdot L^{-1}H_2SO_4$	$6\to5$ $5\to3$	-0.29 -0.84
Na^+	$0.1\ mol\cdot L^{-1}$四甲基氯化铵	$1\to0$	-2.10
Ni^{2+}	$HClO_4,pH0\sim2$	$2\to0$	-1.1
$[Ni(NH_3)_6]^{2+}$	$1\ mol\cdot L^{-1}NH_3,$ $0.2\ mol\cdot L^{-1}NH_4Cl$	$2\to0$	-1.06
$[Ni(吡啶)_6]^{2+}$	$1\ mol\cdot L^{-1}KCl,0.5\ mol\cdot L^{-1}$吡啶, 0.01%明胶	$2\to0$	-0.78
O_2	缓冲介质,$pH1\sim10$	$0\to-1$ $-1\to-2$	-0.05 -0.94
$[PbCl_x]^{(2-x)}$	$1\ mol\cdot L^{-1}HCl$	$2\to0$	-0.44
$Pb-$柠檬酸	$1\ mol\cdot L^{-1}$柠檬酸钠, $0.1\ mol\cdot L^{-1}NaOH$	$2\to0$	-0.78
S^{2-}	$0.1\ mol\cdot L^{-1}KOH$ 或 $NaOH$	$\to HgS$	-0.76
$Sb(III)$	$1\ mol\cdot L^{-1}HCl,0.01\%$明胶	$3\to0$	-0.15
Sn^{4+}	$1\ mol\cdot L^{-1}NH_3,4\ mol\cdot L^{-1}NH_4Cl,$ 0.005%明胶	$4\to0\ 2\to0$	-0.25 -0.52
Ti^{4+}	$0.2\ mol\cdot L^{-1}$酒石酸	$4\to3$	-0.38
Tl^+	$0.02\ mol\cdot L^{-1}KCl,0.004\%$明胶	$1\to0$	-0.45
UO_2^{2+}	$0.1\ mol\cdot L^{-1}HCl$	$6\to5$ $5\to3$	-0.18 -0.94
Zn^{2+}	$1\ mol\cdot L^{-1}KCl,1\ mol\cdot L^{-1}NH_3,$ $1\ mol\cdot L^{-1}NH_4Cl,0.005\%$明胶	$2\to0$ $2\to0$	-1.02 -1.35

附录 14　元素的原子吸收线

元素	吸收线波长（nm）	相对灵敏度	元素	吸收线波长（nm）	相对灵敏度	元素	吸收线波长（nm）	相对灵敏度
Ag	328.07	1.0		428.97	4.5		404.08	5.2
	338.29	1.9	Cs	852.11	1.0		412.72	11
Al	309.27	1.0		455.54	85		395.57	45
	396.15	1.0	Cu	324.75	1.0	In	303.94	1.0
	394.40	2.4		216.51	6.0		325.61	1.0
	236.71	6.3		224.43	157		256.02	12
	256.80	12.6	Dy	421.17	1.0		275.39	29
As	139.7	1.0		419.49	1.6	Ir	263.97	1.0
	197.2	2.0		416.80	6.8		254.40	2.1
Au	242.80	1.0	Er	400.80	1.0		351.36	8.6
	267.60	1.8		389.27	5.0	K	766.49	1.0
	312.28	900		390.54	20		769.90	2.3
B	249.68		Eu	400.80			404.41	500
	249.77			321.06		La	550.13	1.0
Ba	553.55	1.0		333.43			357.44	4.0
	350.11	16	Fe	248.32	1.0		392.76	4.0
Be	234.86			371.99	5.7	Li	670.78	1.0
Bi	233.06	1.0		373.71	10		323.26	235
	222.82	2.4		346.59	110	Lu	335.96	1.0
	306.77	3.7	Ga	287.42	1.0		337.65	2.0
	227.66	14		294.36	1.0		451.86	11
Ca	422.67	1.0		245.01	9.6	Mg	285.21	1.0
	239.86	120		271.96	20		202.5	24
Cd	228.80	1.0	Gd	407.87	1.0	Mn	279.48	1.0
	326.11	435		368.41	1.1		280.11	1.9
Co	240.72	1.0		394.55	6.5		403.08	9.5
	252.14	2.0	Ge	265.16	1.0	Mo	313.26	1.0
	304.40	12		269.14	3.8		315.82	4.0
	346.58	30	Hf	286.64			311321	20
	301.76	110		307.29		Na	589.00	1.0
Cr	357.87	1.0	Hg	253.65			589.59	1.0
	360.53	2.2	Ho	410.38	1.0		330.23	185

续附录 14

元素	吸收线波长（nm）	相对灵敏度	元素	吸收线波长（nm）	相对灵敏度	元素	吸收线波长（nm）	相对灵敏度
	330.30	185		345.19	2.4	Te	214.28	1.0
Nb	334.37	1.0	Rh	343.49	1.0		225.90	15
	357.58	2.5		365.80	6.0		238.58	50
	415.26	5.1		350.73	45	Ti	365.35	1.0
Nd	463.42	1.0	Ru	349.89	1.0		364.27	1.1
	471.90	2.1		379.94	2.2		398.98	1.9
Ni	232.00	1.0		392.59	11	Tl	276.79	1.0
	305.08	4.5	Sb	217.58	1.0		237.97	6.7
	217.00	0.4		231.15	2.1		258.01	24
	261.42	10	Sc	391.18	1.0	Tm	371.79	1.0
	368.35	25		390.75	1.0		420.37	3.0
Os	290.91	1.0		327.36	12		341.00	14
	301.80	3.2	Se	196.03	1.0	U	358.49	1.0
	426.08	30		203.98	3.0		351.46	2.8
P	213.55	1.0		207.48	35	V	318.34	1.0
	213.62	1.0	Si	251.61	1.0		318.40	1.0
Pb	283.31	1.0		252.85	3.2		318.54	1.0
	217.00	0.4		221.09	8		390.22	6.5
	261.42	10	Sm	429.67	1.0	W	400.88	1.0
	368.35	25		472.84	2.0		255.14	0.5
Pd	247.64	1.0	Sn	224.60	1.0		283.14	1.0
	340.46	3.0		254.66	5.4		430.21	4.2
Pr	495.14	1.0		266.12	29	Y	410.24	1.0
	502.70	2.5	Sr	460.72			362.09	2.0
	503.34	3.7	Ta	274.17	1.0	Yb	398.80	1.0
	503.34	3.7		293.36	2.5		246.45	7.5
Pt	265.94	1.0	Tb	432.65	1.0		267.20	40
	248.72	5.0		410.54	3.6	Zn	213.86	1.0
	271.90	8.2	Tc	261.42	1.0		307.59	4700
Rb	780.02	1.0		261.59	1.0	Zr	360.12	1.0
	420.18	120		318.24	10		298.54	1.7
Re	346.05	1.0		317.33	100		362.39	1.9

附录 15　主要基团的红外特征吸收峰

基团	振动类型	波数（cm^{-1}）	波长（μm）	强度	备注
一、烷烃类	CH 伸	3000 ~ 2843	3.33 ~ 3.52	中、强	分为反称与
	CH 伸（反称）	2972 ~ 2880	3.37 ~ 3.47	中、强	对称
	CH 伸（对称）	2882 ~ 2843	3.49 ~ 3.52	中、强	
	CH 弯（面内）	1490 ~ 1350	6.71 ~ 7.41		
	C—C 伸	1250 ~ 1140	8.00 ~ 8.77		
甲基	CH 伸（反称）	2962 ± 10	3.38 ± 0.01	强	
	CH 伸（对称）	2872 ± 10	3.40 ± 0.01	强	
	CH 弯（反称、面内）	1450 ± 20	6.90 ± 0.10	中	
	CH 弯（对称、面内）	1380 ~ 1365	7.25 ~ 7.33	强	
亚甲基	CH 伸（反称）	2926 ± 10	3.42 ± 0.01	强	
	CH 伸（对称）	2853 ± 10	3.51 ± 0.01	强	
	CH 弯（面内）	1465 ± 20	6.83 ± 0.10	中	
叔丁基	CH 伸	2890 ± 10	3.46 ± 0.01	弱	
	CH 弯（面内）	~1340	~7.46	弱	
二、烯烃类	CH 伸	3100 ~ 3000	3.23 ~ 3.33	中、弱	
	C=C 伸	1695 ~ 1630	5.90 ~ 6.13	不定	
	CH 弯（面内）	1430 ~ 1290	7.00 ~ 7.75	中	
	CH 弯（面外）	1010 ~ 650	9.90 ~ 15.4	强	
单取代	CH 伸（反称）	3092 ~ 3077	3.23 ~ 3.25	中	
	CH 伸（对称）	3025 ~ 3012	3.31 ~ 3.32	中	
	CH 弯（面外）	995 ~ 985	10.02 ~ 10.15	强	
	CH$_2$ 弯（面外）	910 ~ 905	10.99 ~ 11.05	强	
双取代 顺式	CH 伸	3050 ~ 3000	3.28 ~ 3.33	中	
	CH 弯（面内）	1310 ~ 1295	7.63 ~ 7.72	中	
	CH 弯（面外）	730 ~ 650	13.70 ~ 15.38	强	
反式	CH 伸	3050 ~ 3000	3.28 ~ 3.33	中	
	CH 弯（面外）	980 ~ 650	10.20 ~ 10.36	强	
三、炔烃类	CH 伸	~3300	~3.03	中	
	C≡C 伸	2270 ~ 2100	4.41 ~ 4.76	中	
	CH 弯（面内）	1260 ~ 1245	7.94 ~ 8.03		
	CH 弯（面外）	645 ~ 615	15.50 ~ 16.25	强	

续附录 15

基团	振动类型	波数(cm⁻¹)	波长(μm)	强度	备注
四、取代苯类	CH 伸	3100~3000	3.23~3.33	变	三、四个峰,特征
	泛频峰	2000~1667	5.00~6.00		
	骨架振动($\nu_{C=C}$)	1600±20	6.25±0.08		
		1500±25	6.67±0.10		
		1580±10	6.33±0.04		
		1450±20	6.90±0.10		
	CH 弯(面内)	1250~1000	8.00~10.00	弱	
	CH 弯(面外)	910~665	10.99~15.03	强	确定取代位置
单取代	CH 弯(面外)	770~730	12.99~13.70	极强	五个相邻氢
邻双取代	CH 弯(面外)	770~730	12.99~13.70	极强	四个相邻氢
间双取代	CH 弯(面外)	810~750	12.35~13.33	极强	三个相邻氢
		900~860	11.12~11.63	中	一个氢(次要)
对双取代	CH 弯(面外)	860~800	11.63~12.50	极强	二个相邻氢
1,2,3-三取代	CH 弯(面外)	810~750	12.35~13.33	强	三个相邻氢与间双易混
1,3,5-三取代	CH 弯(面外)	874~835	11.44~11.98	强	一个氢
1,2,4-三取代	CH 弯(面外)	885~860	11.30~11.63	中	一个氢
		860~800	11.63~12.50	强	二个相邻氢
*1,2,3,4-四取代	CH 弯(面外)	860~800	11.63~12.50	强	二个相邻氢
*1,2,4,5-四取代	CH 弯(面外)	860~800	11.63~12.50	强	一个氢
*1,2,3,5-四取代	CH 弯(面外)	865~810	11.56~12.35	强	一个氢
*五取代	CH 弯(面外)	~860	~11.63	强	一个氢
五、醇类、酚类	OH 伸	3700~3200	2.70~3.13	变	
	OH 弯(面内)	1410~1260	7.09~7.93	弱	
	C—O 伸	1260~1000	7.94~10.00	强	
	O—H 弯(面外)	750~650	13.33~15.38	强	液态有此峰
OH 伸缩频率					
游离 OH	OH 伸	3650~3590	2.74~2.79	强	锐峰
分子间氢键	OH 伸	3500~3300	2.86~3.03	强	钝峰(稀释向低频移动*)
分子内氢键	OH 伸(单桥)	3570~3450	2.80~2.90	强	钝峰(稀释无影响)
OH 弯或 C—O 伸					
伯醇(饱和)	OH 弯(面内)	~1400	~7.14	强	
	C—O 伸	1250~1000	8.00~10.00	强	
仲醇(饱和)	OH 弯(面内)	~1400	~7.14	强	
	C—O 伸	1125~1000	8.89~10.00	强	
叔醇(饱和)	OH 弯(面内)	~1400	~7.14	强	
	C—O 伸	1210~1100	8.26~9.09	强	
酚类(ΦOH)	OH 弯(面内)	1390~1330	7.20~7.52	中	
	Φ—O 伸	1260~1180	7.94~8.47	强	

续附录 15

基团	振动类型	波数(cm⁻¹)	波长(μm)	强度	备注
六、醚类	C—O—C 伸	1270~1010	7.87~9.90	强	或标 C—O 伸
脂链醚					
饱和	C—O—C 伸	1150~1060	8.70~9.43	强	
不饱和	=C—O—C 伸	1225~1200	8.16~8.33	强	
脂环醚					
四元环	C—O—C 伸(反称)	~1030	~9.71	强	
	C—O—C 伸(对称)	~980	~10.20	强	
五元环	C—O—C 伸(反称)	~1050	~9.52	强	
	C—O—C 伸(对称)	~900	~11.11	强	
六元以上环	C—O—C 伸	~1100	~9.09	强	
芳醚	=C—O—C 伸(反称)	1270~1230	7.87~8.13	强	氧与侧链碳相连
(氧与芳环相连)	=C—O—C 伸(对称)	1050~1000	9.52~10.00	中	的芳醚同脂醚
	CH 伸	~2825	~3.53	弱	O—CH₃的特征峰
七、醛类	CH 伸	2850~2710	3.51~3.69	弱	一般 ~2820 及
	C=O 伸	1755~1665	5.70~6.00	很强	~2720cm⁻¹ 两个
	CH 弯(面外)	975~780	10.2~12.80	中	峰
饱和脂肪醛	C=O 伸	~1725	~5.80	强	
α,β-不饱和醛	C=O 伸	~1685	~5.93	强	
芳醛	C=O 伸	~1695	~5.90	强	
八、酮类	C=O 伸	1700~1630	5.78~6.13	极强	
	C—C 伸	1250~1030	8.00~9.70	弱	
	泛频	3510~3390	2.85~2.95	很弱	
脂酮					
饱和链状酮	C=O 伸	1725~1705	5.80~5.86	强	
α,β-不饱和酮	C=O 伸	1690~1675	5.92~5.97	强	C=O 与 C=C
β 二酮	C=O 伸	1640~1540	6.10~6.49	强	共轭向低频移动
芳酮类	C=O 伸	1700~1630	5.88~6.14	强	谱带较宽
Ar—CO	C=O 伸	1690~1680	5.92~5.95	强	
二芳基酮	C=O 伸	1670~1660	5.99~6.02	强	
1-酮基-2-羟基	C=O 伸	1665~1635	6.01~6.12	强	
(或氨基)芳酮					
脂环酮					
四环元酮	C=O 伸	~1775	~5.63		
五元环酮	C=O 伸	1750~1740	5.71~5.75	强	
六元、七元环酮	C=O 伸	1745~1725	5.73~5.80	强	
九、羧酸类	OH 伸	3400~2500	2.94~4.00	中	在稀溶液中,单
	C=O 伸	1740~1650	5.75~6.06	强	体酸为锐峰在
	OH 弯(面内)	~1430	~6.99	弱	~3350cm⁻¹;二聚
	C—O 伸	~1300	~7.69	中	体以 ~3000cm⁻¹
	OH 弯(面外)	950~900	10.53~11.11	弱	为中心的宽峰

续附录 15

基团	振动类型	波数(cm⁻¹)	波长(μm)	强度	备注
脂肪酸					
R—COOH	C=O 伸	1725 ~ 1700	5.80 ~ 5.88	强	
α,β-不饱和酸	C=O 伸	1705 ~ 1690	5.87 ~ 5.91	强	
芳酸	C=O 伸	1700 ~ 1680	5.88 ~ 5.95	强	分子间氢键
	C=O 伸	1670 ~ 1650	5.99 ~ 6.06	强	分子内氢键
十、羧酸盐	C=O 伸(反称)	1610 ~ 1550	6.21 ~ 6.45	强	
	C=O 伸(对称)	1440 ~ 1360	6.94 ~ 7.35	中	
十一、酸酐					
链酸酐	C=O 伸(反称)	1850 ~ 1800	5.41 ~ 5.56	强	共轭时每个谱
	C=O 伸(对称)	1780 ~ 1740	5.62 ~ 5.75	强	带降 20cm⁻¹
	C—O 伸	1170 ~ 1050	8.55 ~ 9.52	强	
环酸酐	C=O 伸(反称)	1870 ~ 1820	5.35 ~ 5.49	强	共轭时每个谱
(五元环)	C=O 伸(对称)	1800 ~ 1750	5.56 ~ 5.71	强	带降 20cm⁻¹
	C—O 伸	1300 ~ 1200	7.69 ~ 8.33	强	
十二、酯类	C=O 伸(泛频)	~3450	~2.90	弱	
	C=O 伸	1770 ~ 1720	5.65 ~ 5.81	强	多数酯
	C—O—C 伸	1280 ~ 1100	7.81 ~ 9.09	强	
C=O 伸缩振动					
正常饱和酯	C=O 伸	1744 ~ 1739	5.73 ~ 5.75	强	
α,β-不饱和酯	C=O 伸	~1720	~5.81	强	
δ-内酯	C=O 伸	1750 ~ 1735	5.71 ~ 5.76	强	
γ-内酯(饱和)	C=O 伸	1780 ~ 1760	5.62 ~ 5.68	强	
β-内酯	C=O 伸	~1820	~5.50	强	
十三、胺	NH 伸	3500 ~ 3300	2.86 ~ 3.03	中	伯胺强,中;仲胺极弱
	NH 弯(面内)	1650 ~ 1550	6.06 ~ 6.45	中	
	C—N 伸	1340 ~ 1020	7.46 ~ 9.80	强	
	NH 弯(面外)	900 ~ 650	11.1 ~ 15.4		
伯胺类	NH 伸(反称)	~3500	~2.86	中	双峰
	NH 伸(对称)	~3400	~2.94	中	
	NH 弯(面内)	1650 ~ 1590	6.06 ~ 6.29	强、中	
	C—N 伸(芳香)	1380 ~ 1250	7.25 ~ 8.00	强	
	C—N 伸(脂肪)	1250 ~ 1020	8.00 ~ 9.80	中、弱	
仲胺类	NH 伸	3500 ~ 3300	2.86 ~ 3.03	中	一个峰
	NH 弯(面内)	1650 ~ 1550	6.06 ~ 6.45	极弱	
	C—N 伸(芳香)	1350 ~ 1280	7.41 ~ 7.81	强	
	C—N 伸(脂肪)	1220 ~ 1020	8.20 ~ 9.80	中、弱	
叔胺类	C—N 伸(芳香)	1360 ~ 1310	7.35 ~ 7.63	中	
	C—N 伸(脂肪)	1220 ~ 1020	8.20 ~ 9.80	中、弱	

续附录 15

基团	振动类型	波数(cm⁻¹)	波长(μm)	强度	备注
十四、酰胺(脂肪与芳香酰胺数据类似)	NH 伸	3500 ~ 3100	2. 86 ~ 3. 22	强	伯酰胺双峰 仲酰胺单峰
	C =O 伸	1680 ~ 1630	5. 95 ~ 6. 13	强	谱带 I
	NH 弯(面内)	1640 ~ 1550	6. 10 ~ 6. 45	强	谱带 II
	C—N 伸	1420 ~ 1400	7. 04 ~ 7. 14	中	谱带 III
伯酰胺	NH 伸(反称)	~3350	~2. 98	强	
	NH 伸(对称)	~3180	~3. 14	强	
	C =O 伸	1680 ~ 1650	5. 95 ~ 6. 06	强	
	NH 弯(剪式)	1650 ~ 1620	6. 06 ~ 6. 15	强	
	C—N 伸	1420 ~ 1400	7. 04 ~ 7. 14	中	
	NH₂面内摇	~1150	~8. 70	弱	
	NH₂面外摇	750 ~ 600	1. 33 ~ 1. 67	中	
仲酰胺	NH 伸	~3270	~3. 09	强	
	C =O 伸	1680 ~ 1630	5. 95 ~ 6. 13	强	
	NH 弯 + C—N 伸	1570 ~ 1515	6. 37 ~ 6. 60	中	两峰重合
	C—N 伸 + NH 弯	1310 ~ 1200	7. 63 ~ 8. 33	中	两峰重合
叔酰胺	C =O 伸	1670 ~ 1630	5. 99 ~ 6. 13		
十五、氰类化合物					
脂肪族氰	C ≡N 伸	2260 ~ 2240	4. 43 ~ 4. 46	强	
α,β 芳香氰	C ≡N 伸	2240 ~ 2220	4. 46 ~ 4. 51	强	
α,β 不饱和氰	C ≡N 伸	2235 ~ 2215	4. 47 ~ 4. 52	强	
十六、硝基化合物					
脂肪硝基化合物	NO₂伸(反称)	1590 ~ 1530	6. 29 ~ 6. 54	强	
	NO₂伸(对称)	1390 ~ 1350	7. 19 ~ 7. 41	强	
	C—N 伸	920 ~ 800	10. 87 ~ 12. 50	中	
芳香硝基化合物	NO₂伸(反称)	1530 ~ 1510	6. 54 ~ 6. 62	强	
	NO₂伸(对称)	1350 ~ 1330	7. 41 ~ 7. 52	强	
	C—N 伸	860 ~ 840	11. 63 ~ 11. 90	强	

注:"---"线以上主要相关峰出现区间,线以下为具体基团主要振动形式出现的区间。

引自李发美主编《分析化学》第七版. 人民卫生出版社,2011 年

附录 16　气相色谱法用表

附表 16-1　气相色谱法重要固定液

固定液	说　明	使用温度（℃）	McReynolds 常数					CP 值[1]
			x'	y'	z'	u'	s'	
Squalane	角鲨烷	0/150	0	0	0	0	0	0
Nujol	液体石腊	0/100	9	5	2	6	11	1
Apiezon M	饱和烃润滑脂	50/300	31	22	15	30	40	3
SF-96	100% 甲基硅氧烷	0/250	12	53	42	6	37	5
SE-30	100% 甲基硅氧烷	50/350	15	53	44	64	41	5
OV-1	100% 甲基硅氧烷	100/350	16	55	44	65	42	5
OV-101	100% 甲基硅氧烷	0/350	17	57	45	67	43	5
SP-2100	100% 甲基硅氧烷	0/350	17	57	45	67	43	5
CP tm Sil 5	100% 甲基硅氧烷	50/350	15	53	44	64	41	5
DC-410	100% 甲基硅氧烷	0/200	18	57	47	68	44	6
DC-11	100% 甲基硅氧烷	0/300	17	86	48	69	56	7
SE-52	5% 苯基,95% 甲基硅氧烷	50/300	32	72	65	98	67	8
SE-54	1% 乙烯基,5% 苯基,94% 甲基硅氧烷	50/300	33	72	66	99	67	8
DC-560	11% 氯苯基,89% 甲基硅氧烷	0/200	32	72	70	100	68	8
OV-73	5.5% 苯基,94.5% 甲基硅氧烷	50/350	40	86	76	114	85	10
OV-3	10% 苯基,90% 甲基硅氧烷	0/350	44	86	81	124	88	10
OV-105	5% 氰乙基,95% 甲基硅氧烷	20/275	36	108	93	139	86	11
Dexsil 300	25% 聚甲基碳硼,75% 甲基硅氧烷	50/400	47	80	103	148	96	11
OV-7	20% 苯基,80% 甲基硅氧烷	0/350	69	113	111	171	128	14
DC-550	25% 苯基,75% 甲基硅氧烷	0/200	74	116	117	178	135	15
Dioctyl sebacate	癸二酸二辛酯	0/125	72	168	108	180	123	15
Diisodecyl phthalate	苯二甲酸二壬酯	0/150	83	183	147	231	159	19
DC-710	50% 苯基,50% 甲基硅氧烷	5/250	107	149	153	228	190	19
OV-17	50% 苯基,50% 甲基硅氧烷	0/350	119	158	162	243	202	21
SP-2250	50% 苯基,50% 甲基硅氧烷	0/350	119	158	162	243	202	21
Versamid 930	聚酰胺树脂	115/150	109	313	144	211	209	23
Span 80	山梨糖醇单油酸酯	25/150	97	226	170	216	268	24
OV-22	65% 苯基,35% 甲基硅氧烷	0/350	160	188	191	283	253	25
PEG-1500	聚丙二醇	0/170	128	294	173	264	226	26
Amin 220	1-乙醇-2(十七烷基)-2-异咪唑	0/180	117	380	181	293	133	26
Ucon LB 1715	聚乙二醇-聚丙二醇	0/200	132	297	180	275	235	27
Citroflex A-4	乙酰基柠檬酸三正丁酯	0/180	135	268	202	314	233	27
Didecyl phthalate	苯二甲酸二癸酯	50/150	136	255	213	320	235	27
OV-25	75% 苯基,25% 甲基硅氧烷	0/350	178	204	208	305	280	28
OS-124	五环聚对苯基醚	0/200	176	227	224	306	283	29

续附录 16-1

固定液	说　　明	使用温度（℃）	McReynolds 常数					CP值[1]
			x'	y'	z'	u'	s'	
OS-138	六环聚对苯基醚	0/200	182	233	228	313	293	30
NPGS	新戊二醇丁二酸酯	50/225	172	327	225	344	326	33
QF-1	50%三氟丙基,50%甲基硅氧烷	0/250	144	233	355	463	305	36
OV-210	50%三氟丙基,50%甲基硅氧烷	0/275	146	238	358	468	310	36
SP-2410	50%三氟丙基,50%甲基硅氧烷	0/275	146	238	358	468	310	36
OV-202	50%三氟丙基,50%甲基硅氧烷	0/275	146	238	358	468	310	36
Ucon 50 HB 2000	40%聚乙二醇-60%聚丙二醇	0/200	202	394	253	392	341	37
OV-215	50%三氟丙基,50%甲基硅氧烷	0/275	149	240	363	478	315	37
Ucon 50 HB 5100	50%聚乙二醇-50%聚丙二醇	0/200	214	418	278	421	375	40
OV-330	苯基硅氧烷-聚乙二醇共聚物	0/250	222	391	273	417	368	40
XE-60	25%氰乙基,75%甲基硅氧烷	0/250	204	381	340	493	367	42
OV-225	25%苯基,25%氰乙基,50%甲基硅氧烷	0/275	228	369	338	492	386	43
NPGA	新戊二醇己二酸酯	50/225	232	421	311	461	424	44
NPGS	新戊二醇丁二酸酯	50/225	272	467	365	539	472	50
Carbowax 20MTPA	聚乙二醇20000 对苯二酸酯	60/250	321	537	367	573	520	54
Carbowax 20M	聚乙二醇,M=2万	60/250	322	536	368	572	510	55
Carbowax 6000	聚乙二醇,M=6万~7.5万	60/200	322	540	369	577	512	55
Carbowax 4000	聚乙二醇,M=3万~3.7万	60/200	325	551	375	582	520	56
OV-351	聚乙二醇 20000-硝基对苯二酸反应物	60/275	335	552	382	583	540	57
EFAP	同上	60/275	340	580	397	602	627	60
EGA	乙二醇己二酸酯	100/200	372	576	453	655	617	63
DEGA	二乙二醇己二酸酯	20/190	378	603	460	665	658	66
SP-2310	45%苯基,55%氰丙基硅氧烷	25/275	440	637	605	840	670	76
SP-2330	32%苯基,68%氰丙基硅氧烷	25/275	490	725	630	913	778	84
THEED	N,N,N',N'-四(2-羟乙基)乙二胺	0/150	463	924	626	801	893	88
OV-275	100%二氰丙烯基硅氧烷	100/275	629	872	763	1106	849	100

$$[1] CP \text{ 值} = \frac{\sum_{i}^{5} \Delta I_{\text{固定液}}}{\sum_{i}^{5} \Delta I_{\text{ov}-275}} \times 100 = \frac{\sum_{i}^{5} \Delta I_{\text{固定液}}}{629 + 872 + 763 + 1106 + 849} \times 100$$

附表16-2　相对重量校正因子(f)

物质名称	热导①	氢焰②	物质名称	热导①	氢焰②
一、正构烷			异丁烷	0.91	
甲烷	0.58	1.03	异戊烷	0.91	0.95
乙烷	0.75	1.03	2,2-二甲基丁烷	0.95	0.96
丙烷	0.86	1.02	2,3-二甲基丁烷	0.95	0.97
丁烷	0.87	0.91	2-甲基戊烷	0.92	0.95
戊烷	0.88	0.96	3-甲基戊烷	0.93	0.96
己烷	0.89	0.97	2-甲基己烷	0.94	0.98
庚烷*	0.89	1.00*	3-甲基己烷	0.96	0.98
辛烷	0.92	1.03	三、环烷		
壬烷	0.93	1.02	环戊烷	0.92	0.96
二、异构烷			甲基环戊烷	0.93	0.99

续附录 16-2

物质名称	热导[1]	氢焰[2]	物质名称	热导[1]	氢焰[2]
环己烷	0.94	0.99	叔丁醇	0.98	1.35
甲基环己烷	1.05	0.99	正戊醇		1.39
1,1-甲基环己烷	1.02	0.97	戊醇-2	1.02	
乙基环己烷	0.99	0.99	正己醇	1.11	1.35
环庚烷		0.99	正庚醇	1.16	
四、不饱和烃			正辛醇		1.17
乙烯	0.75	0.98	正癸醇		1.19
丙烯	0.83		环己醇	1.14	
异丁烯	0.88		七、醛		
正丁烯-1	0.88		乙醛	0.87	
戊烯-1	0.91		丁醛		1.61
己烯-1		1.01	庚醛		1.30
乙炔		0.94	辛醛		1.28
五、芳香烃			癸醛		1.25
甲苯	1.02	0.94	八、酮		
乙苯	1.05	0.97	丙酮	0.87	2.04
间二甲苯	1.04	0.96	甲乙酮	0.95	1.64
对二甲苯	1.04	1.00	二乙基酮	1.00	
邻二甲苯	1.08	0.93	苯*	1.00*	0.89
异丙苯	1.09	1.03	2-己酮	0.98	
正丙苯	1.05	0.99	甲基正戊酮	1.10	
联苯	1.16		环戊酮	1.01	
萘	1.19		环己酮	1.01	
四氢萘	1.16		九、酸		
六、醇			乙酸		4.17
甲醇	0.75	4.35	丙酸		2.5
乙醇	0.82	2.18	丁酸		2.09
正丙醇	0.92	1.67	己酸		1.58
异丙醇	0.91	1.89	庚酸		1.64
正丁醇	1.00	1.52	辛酸		1.54
异丁醇	0.98	1.47	十、酯		
仲丁醇	0.97	1.59	乙酸甲酯		5.0

续附录 16 – 2

物质名称	热导①	氢焰②	物质名称	热导①	氢焰②
乙酸乙酯	1.01	2.64	氯仿	1.41	
乙酸异丙酯	1.08	2.04	四氯化碳	1.64	
乙酸正丁酯	1.10	1.81	三氯乙烯	1.45	
乙酸异丁酯		1.85	1-氯丁烷	1.10	
乙酸异戊酯	1.10	1.61	氯苯	1.25	
乙酸正戊酯	1.14		邻氯甲苯	1.27	
乙酸正庚酯	1.19		氯代环己烷	1.27	
十一、醚			溴乙烷	1.43	
乙醚	0.86		碘甲烷	1.89	
异丙醚	1.01		碘乙烷	1.89	
正丙醚	1.00		**十四、杂环化合物**		
乙基正丁基醚	1.01		四氢呋喃	1.11	
正丁醚	1.04		砒咯	1.00	
正戊醚	1.10		吡啶	1.01	
十二、胺与腈			四氢吡咯	1.00	
正丁胺	0.82		喹啉	0.86	
正戊胺	0.73		哌啶	1.06	1.75
正己胺	1.25		**十五、其他**		
二乙胺		1.64	水	0.70	无信号
3-己酮	1.04		硫化氢	1.14	无信号
乙腈	0.68		氨	0.54	无信号
丙腈	0.83		二氧化碳	1.18	无信号
正丁胺	0.84		一氧化碳	0.86	无信号
苯胺	1.05	1.03	氩	0.22	无信号
十三、卤素化合物			氮	0.86	无信号
二氯甲烷	1.14		氧	1.02	无信号

* 基准：f_g 也可用 f_m 表示。

① 以苯为基准，其 $f = 1$，载气为氦气。

② 以正庚烷为基准，其 $f = 1$。

引自李发美主编《分析化学》第七版. 人民卫生出版社，2001 年

参考文献

[1] 邓珍灵主编. 现代分析化学实验. 长沙：中南大学出版社, 2002 年
[2] 北京大学化学系分析化学教学组. 基础分析化学实验(第二版). 北京：北京大学出版社, 2003 年
[3] 武汉大学化学与分子科学学院实验中心编. 分析化学实验. 武汉：武汉大学出版社, 2004 年
[4] 许禄著. 化学计量的方法. 北京：科学出版社, 1995 年
[5] 李发美主编. 分析化学实验指导. 北京：人民卫生出版社, 2004 年
[6] 蓝琪田主编. 分析化学实验与指导. 北京：中国医药科技出版社, 1991 年
[7] 孙毓庆主编. 分析化学实验. 北京：科学出版社, 2004 年
[8] 陆光汉. 电分析化学实验. 武汉：华中师范大学出版社, 2000 年
[9] 王少林, 姜维云主编. 分析化学与药物分析实验. 济南：山东大学出版社, 2003 年
[10] 张晓丽主编. 仪器分析实验. 北京：化学工业出版社, 2006 年
[11] 张树永, 贝逸翎, 王洪鉴主编. 综合化学实验. 北京：化学工业出版社, 2006 年
[12] 蔡武成, 袁厚积主编. 生物物质常用化学分析法. 北京：科学出版社, 1982 年
[13] 张龙翔, 张庭芳, 李令媛等编著. 生化实验方法和技术. 北京：高等教育出版社, 1981 年
[14] 四川大学化工学院, 浙江大学化学系编, 分析化学实验(第三版). 北京：高等教育出版社, 2003 年
[15] 史景江. 色谱分析法实验与习题(第一版). 重庆：重庆大学出版社, 1993 年
[16] 刘虎威. 气相色谱方法及应用(第一版). 北京：化学工业出版社, 2000 年
[17] 张祥民. 现代色谱分析. 上海：复旦大学出版社, 2006 年
[18] 王永华. 气相色谱分析应用. 北京：科学出版社, 2006 年